职业教育数字媒体技术应用专业系列教材

三维数字动画制作项目教程——3ds Max

第 2 版

主 编 周永忠

参 编 范云龙 何颖佳 刘兰迎

唐宁若

机械工业出版社

本书是3ds Max的入门教材，采用项目教学法，以真实项目为例，使读者以设计人员的身份直接参与到项目的实施中，在完成项目实施的过程中掌握3ds Max的使用方法，以尽快上岗。

本书共4个学习单元10个项目，内容包括：学习单元1道具设计，主要介绍了游戏中道具的建模、材质、大气环境和基础动画的制作；学习单元2影视片头设计，主要介绍了路径变形、曲线编辑和基本动画的设置；学习单元3场景设计，主要介绍了室内外游戏场景模型建造、贴图、灯光和摄像机的使用；学习单元4角色设计，主要介绍了游戏中角色的建模、骨骼建造和角色动画的制作。

本书适合作为各类职业院校数字媒体技术应用及相关专业的教材，也可作为广大三维动画游戏制作爱好者的参考用书。

本书配有素材和电子课件，选用本书作为教材的教师，可登录机械工业出版社教材服务网www.cmpedu.com以教师身份免费注册并下载，或联系编辑（010-88379194）咨询。

图书在版编目（CIP）数据

三维数字动画制作项目教程：3ds Max / 周永忠主编 . —2版 . —北京：机械工业出版社，2024.5
职业教育数字媒体技术应用专业系列教材
ISBN 978-7-111-75799-3

Ⅰ . ①三… Ⅱ . ①周… Ⅲ . ①三维动画软件—职业教育—教材 Ⅳ . ①TP391.414

中国国家版本馆CIP数据核字（2024）第096002号

机械工业出版社（北京市百万庄大街22号 邮政编码100037）
策划编辑：徐梦然 　　　　　责任编辑：徐梦然
责任校对：王荣庆　张昕妍 　　封面设计：鞠 杨
责任印制：刘 媛
北京中科印刷有限公司印刷
2024年8月第2版第1次印刷
210mm×297mm · 13印张 · 303千字
标准书号：ISBN 978-7-111-75799-3
定价：55.00元

电话服务 　　　　　　　　网络服务
客服电话：010-88361066 　机 工 官 网：www.cmpbook.com
　　　　　010-88379833 　机 工 官 博：weibo.com/cmp1952
　　　　　010-68326294 　金 书 网：www.golden-book.com
封底无防伪标均为盗版 　机工教育服务网：www.cmpedu.com

3D Studio Max 简称为3ds Max，是Autodesk公司开发的基于个人计算机系统的三维动画制作软件，是目前应用最广泛的三维动画制作软件之一，可应用于产品设计、动漫游戏、建筑设计、室内设计和影视制作等。

为了能使学生在短时间内掌握3ds Max的使用操作，本书采用项目教学法，以一个个项目贯穿全文，让学生既能完成一个项目，又能掌握3ds Max的操作技能。而且，在项目中展现的是真实工作中可能遇到的实际工作情境，让学生尽量贴近将来工作中可能遇到的情况，进入工作角色中开展后续的学习，还帮助学生掌握与客户沟通、分析客户需求的方法。编者在总结多年数字动画设计工作及教学经验的基础上，精选出各类典型的项目供学生学习，以使学生更全面地了解和学习数字动画制作的基本技能和综合知识，提高学生的学习兴趣和效率。

本书除了能满足学生学习3ds Max基本操作技能及动画设计基本知识的需求外，还具有以下特色。

1）项目实施，贴近工作环境。

2）除了少数由教师讲授的内容之外，以学生动手为主的项目都给出了任务要求及实施过程等内容，具有较强的可操作性。

3）练习丰富有趣，实用性强。

4）在保障教学内容完整性的基础上，注重学生综合素质的培养，特别是使学生具备"数字动画技术人员基本素质"的培养。

本书主要内容

岗前培训：帮助学生尽快掌握动画制作的步骤，熟悉3ds Max的操作环境，为开展项目制作做好准备。

学习单元1　道具设计。通过4个项目的实施过程，介绍3ds Max的基本操作方法、基本建模和修改方法、基本动画的制作方法。

学习单元2　影视片头设计。通过影视片头项目的设计，掌握动态影视广告的设计制作方法。

学习单元3　场景设计。通过对室内与室外场景制作的学习，介绍使用3ds Max制作场景的基本方法。

学习单元4　角色设计。通过对2个项目的学习，介绍动画角色的建模与修改方法，以及添加骨骼制作动画的方法。

教学建议

采用工学结合的方式教学，共68学时。

单 元	项 目	建 议 学 时
岗前培训		2
学习单元1 道具设计	项目1 制作魔法瓶子	4
	项目2 制作卡通闹钟	2
	项目3 制作面具与弓箭	6
	项目4 制作飞镖动画	6
学习单元2 影视片头设计	项目5 制作影视片头	4
学习单元3 场景设计	项目6 设计游戏室内场景——卡通书房	12
	项目7 设计游戏室外场景	12
	项目8 制作展柜	8
学习单元4 角色设计	项目9 制作玩具模型	6
	项目10 设置角色骨骼、蒙皮与动画	6

本书由广州市信息技术职业学校周永忠担任主编；珠海市理工职业技术学校范云龙，汕头市澄海职业技术学校刘兰迎，广州市信息技术职业学校何颖佳、唐宁若参与编写。其中，岗前培训、学习单元1的项目1、项目2、项目4由周永忠编写；学习单元1的项目3、学习单元2的项目5和学习单元3的项目8由刘兰迎编写；学习单元3的项目6由唐宁若编写；学习单元3的项目7和学习单元4的项目9由范云龙编写；学习单元4的项目10由何颖佳编写；全书由周永忠统稿。

本书的所有编写人员在总结多年的数字动画设计工作及教学经验的基础上，精选出各典型的项目供学生学习，便于学生更全面地了解和学习数字动画制作的基本技能和综合知识，提高学生的学习兴趣和学习效率。

由于计算机技术发展迅速，加上编者水平和经验有限，书中难免有不妥和错误之处，敬请读者批评指正。

编 者

CONTENTS 目录

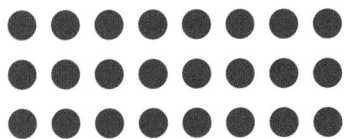

1. 三维数字动画制作在电子游戏设计过程中充当的角色

电子游戏本质是一种虚拟现实技术，是科技发展到相当程度后诞生的新娱乐形式。游戏设计工作是一个广泛复杂的范畴，在游戏发展的不同阶段，游戏设计工作的内容也在不断变化。其中，游戏美术师分为主美术、原画师、建模师、贴图人员、场景制作人员以及特效和界面制作人员。掌握三维数字动画制作，可以成为游戏设计中的人物建模师、贴图人员、动作制作人员、场景制作人员以及特效和界面制作人员。

（1）人物建模师

在实际工作过程中，人物建模师的主要工作是构建游戏人物及怪物等角色体系。相比原画师，人物建模师更侧重于实现过程而不是创造过程，如何将策划者的要求转换为具体的效果表现，是人物建模师的工作重点。绝大多数人物建模师都是通过计算机软件来进行创作的，因此，软件的使用是人物建模师很重要的一项基本能力。

（2）贴图人员

在目前游戏开发技术的限制下，游戏的模型一般都要求以低精度模型来制作，这时贴图成为最终视觉效果的决定因素，行业内甚至有"三分建模、七分贴图"的说法，由此可见贴图的重要性。贴图人员的工作通常是和建模人员交叉进行的，很多情况下建模和贴图由同一人来完成。贴图师同样要具备对色彩体系的理解能力、计算机软件使用能力和对艺术风格的领悟能力。

（3）动作制作人员

动作制作人员主要是完成游戏角色的动作设计工作。游戏动作是一款电子游戏最重要的表现形式之一，在现在的电子游戏中，人物和角色都是以一种动态的形式展现在玩家的眼前。随着新技术的不断涌现和硬件功能的不断完善，游戏中的角色动作变得更细腻和自然。例如，现在某些高端的游戏制作中引入了"动态捕捉"技术，效果逐渐向以假乱真的方向发展，在提高开发效率的同时也减少了制作人员的工作量。对于动作制作人员，要求其至少有对动作美感的鉴赏能力、对设计工具的高级应用能力和对不同角色动作的创造能力。

（4）场景制作人员

在电子游戏中，场景的制作往往是工作量最大的部分，因为场景制作包含的元素是最多的。场景制作包括游戏世界地图的制作、游戏世界中建筑物的建模以及游戏世界整体感觉的确立。

由于网络游戏的群体特性，在游戏场景的制作方面，制作人员往往会在系统允许的情况下，尽量将场景制作得更庞大，以便让大量玩家同时身处游戏中而不觉得拥挤。虽然在场景制作过程中，策划组会在游戏世界地形、建筑、风景、色调等方面为场景制作人员制订一个具体的规则，程序组也会为场景制作人员专门制作地图编辑器，但场景制作的工作量依然是超乎想象得大。

另外，场景制作的难点在于，制作者所构建的游戏场景就是游戏中的生活和战斗基础。如果游戏场景的变化过于单调或平常，那么游戏者很容易对这款游戏产生厌倦，因为通常游戏者玩游戏追求的是对不同世界的全新体验。

因此，一个合格的游戏场景制作人员必须能够承受大工作量带来的工作压力，还要有对游戏世界场景的创造能力、通过有限的设计元素达到更多场景风格变化的能力、对设计工具的使用能力等。

（5）特效和界面制作人员

不论是界面制作还是特效制作，都要求制作者对游戏表现效果有足够的把握能力和创造能力。在大多数情况下，特效的制作是由2D效果生成的。因此，特效制作人员必须具备对游戏表现效果的把握能力和创造能力、基本的计算机软件使用能力、足够的效果评论鉴赏能力。

2．三维数字动画制作流程介绍

前期准备

1 与客户一起探讨制作的内容、制作背景和制作目的。

2 依据客户的设想，提供初步项目规划建议以及预算。

3 客户提供详细的产品资料，包括图样、图片等的介绍。

4 确定制作意向，签订合同，收取预付款。

5 制作详细创意方案、生产计划书，交付给客户确认。

进入制作

1 文案脚本策划

根据客户要求，制作出创意文案与客户沟通并通过确认。依据创意文案，绘制出分镜头脚本。

2 3D建模

建模组根据客户提供的资料，制作出动画所需的模型。建模人员将完成的模型输出成单帧图片，提交客户确认。

3 动画设定

动画组根据分镜头脚本开始制作动画镜头，动画人员将完成的动画输出成"小样"，提交给客户确认。

4 材质灯光调配

根据产品风格定位，由灯光师对动画场景进行照亮、细致的描绘、材质的精细调节，结合产品的自身特点进行材质及灯光的调配。

5 3D特效

根据动画需求，特效师制作3D特效，如水、烟、雾、火、光效的表现方法等。

6 渲染输出

动画、灯光制作完成后，由渲染人员根据后期合成师的意见把各镜头文件分层渲染，输出合成用的图层和通道。

7 配音配乐

根据动画需要，由专业配音师依照配音稿配音，基于动画的需要配上合适的背景音乐和各种音效。

8 后期剪辑

后期人员将渲染好的各图层影像合成、校色，并根据脚本的内容及客户的意见剪辑，最终输出完整的成片。

产品交付

填写产品交付确认单，并与客户沟通解决后续服务。

3．3ds Max基本介绍

3ds Max是一款应用于PC的三维建模、动画制作和渲染软件。使用此软件不仅可以很方便地在PC上快速创建专业品质的3D模型、照片级真实感的静止图像以及电影级品质的动画，还可以很容易地制作出几乎所有见过和想象到的对象，并把它们放入经过渲染的类似真实场景中，从而创造出一个美丽的3D世界。

要想精通并灵活地应用3ds Max，首先应该从其基本操作入手。下面首先全面认识3ds Max的工作界面，学会3ds Max的基本功能设置，为接下来的学习打下基础，如图0-1所示。

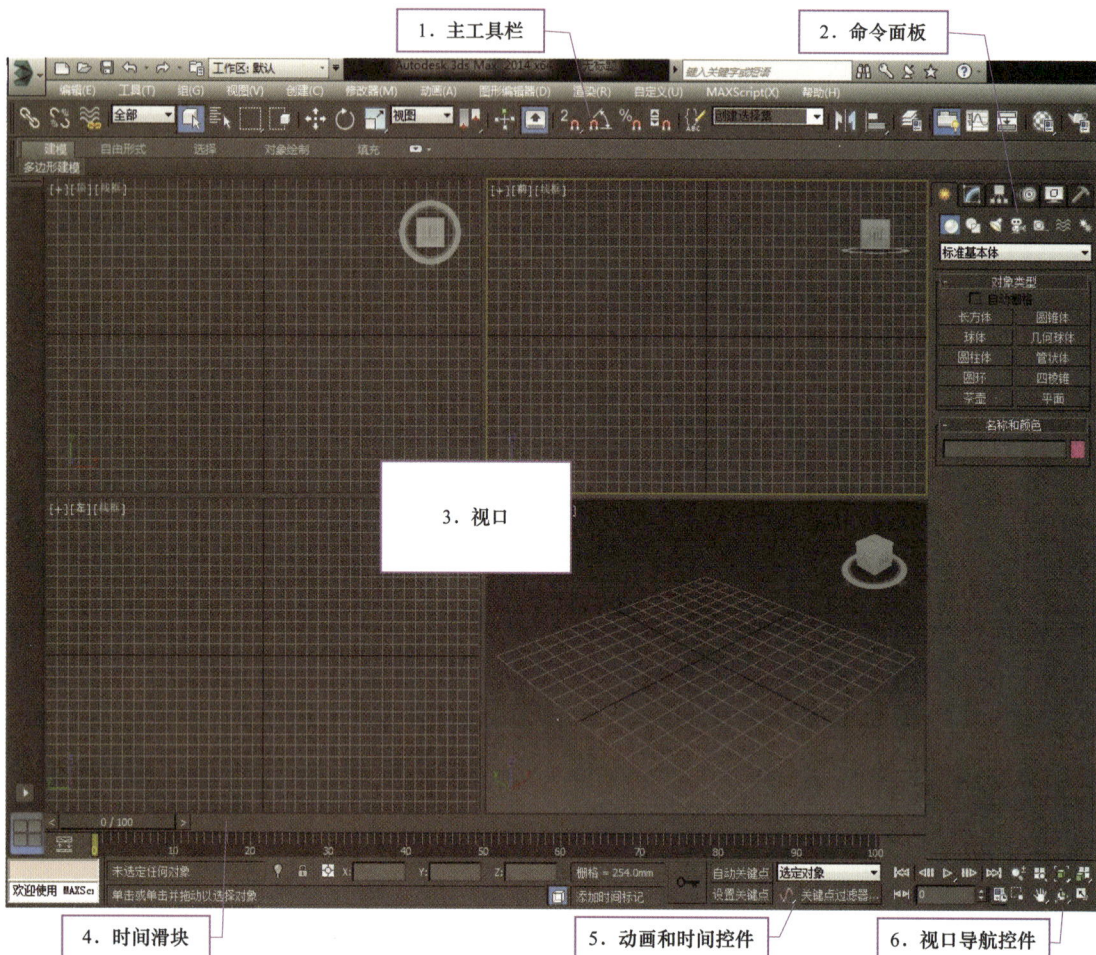

图0-1　3ds Max工作界面

1 主工具栏

通过主工具栏可以快速访问3ds Max中执行常见任务的工具和对话框。

2 命令面板

命令面板由多个用户界面面板组成，使用这些面板可以访问 3ds Max 的大多数建模功能，以及一些动画功能、显示选择和其他工具。单击各命令面板顶端的选项卡可以切换不同面板。

3 视口

启动3ds Max后，主屏幕包含4个视口，分别从不同角度显示场景。可以设置视口以显示场景的简单线框或明暗处理的视图，也可以利用高级且易于使用的预览功能，如"阴影"（硬边或软边），"曝光控制"和"环境光阻挡"以实时显示高度真实、近似渲染的结果。

4 时间滑块

时间滑块可沿时间轴导航，并跳转到场景中的任意动画帧。可以通过右键单击时间滑块，然后从"创建关键点"对话框选择所需的关键点，快速设置位置和旋转或缩放关键点。

5 动画和时间控件

状态栏和视口导航控件之间的是动画控件，以及用于在视口中进行动画播放的时间控件。使用这些控件可以创建和调整动画效果。

6 视口导航控件

使用这些按钮可在视口中导航场景。

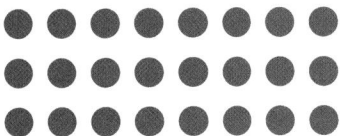

学习单元1
道具设计

→ 单元概述

　　本单元通过制作4个项目，学习3ds Max从二维图形的绘制到三维模型的建造过程。在二维建模中，要掌握点、线、面的绘制与修改等操作；在三维建模中，要掌握几何体的建立、修改和变形等操作。学习不同的建模方法，包括基础建模、放样建模、合成建模、修改建模和复制建模等方法。

→ 学习目标

（1）知识目标

- ○ 认识和掌握3ds Max中点、线、面的概念与操作方法。
- ○ 掌握创建二维模型命令的使用，熟悉二维模型的编辑和修改方法。
- ○ 掌握创建三维模型命令的使用，熟悉三维模型的编辑和修改方法。
- ○ 掌握基础建模、放样建模、合成建模、修改建模和复制建模等方法。

（2）技能目标

- ○ 熟练地进行3ds Max的基本操作。
- ○ 掌握二维模型的建立、编辑和修改操作方法。
- ○ 掌握三维模型的建立、编辑和修改操作方法。
- ○ 掌握并能熟练操作一些基本的修改模型方法，包括Lathe（车削）、Loft（放样）、Extrude（拉伸）、Bevel（倒角）建模等。

（3）素养目标

- ○ 严谨求实，培养学生良好的学习习惯与职业道德。
- ○ 分组实训，互帮互教，培养学生的团队协作能力和沟通能力。
- ○ 培养学生的审美情趣和艺术修养，感受艺术与美的熏陶，在科技与艺术所营造的现代艺术设计过程中享受成功与快乐。

项目1
制作魔法瓶子

项目描述

本项目要完成一个道具瓶子的制作,分成五个任务。第一个任务是绘制瓶子的截面曲线。道具的设计一般是从线条开始绘制,再把二维的线条变为三维的作品,所以先要完成基本的线条绘制。第二个任务是生成瓶子,把绘制好的线条变成三维图形,从而形成三维的瓶子图形。第三个任务是给瓶子增加材质、添加质感。第四个任务是制作魔术棒和星星,给瓶子增加动感。第五个任务是渲染输出,渲染出瓶子的效果图交给客户,并与客户分享你的设计理念。设计草图如图1-1所示。

图1-1　设计草图

一般客户的要求有两种:一种是为游戏设计一个全新的道具,要产生多种效果图供客户选择使用。这种方式要求学生详细了解和尊重客户的需求,在设计过程中及时与客户沟通,让客户知道你的设计理念,最后设计出多个效果图供客户选用。客户确定某个(些)效果图后如果还需修改,则进一步对作品进行完善和优化,直到客户满意为止。另一种是游戏公司参照某动画而写的游戏,这样的游戏要求学生模仿动画里的道具,绘制出该道具的三维模型,以用于游戏设计。这种情况下就必须还原道具的真实效果,必要时还要使用其他技术手段,比如,拍摄、扫描等。

任务 1　绘制瓶子的截面曲线

任务分析

在设计三维产品的时候,首先要分析道具,这个道具是否有规律?比如,是否对称,是否规整,与3ds Max中现有的基本图形是否接近?如果接近,则可以利用现有的基本图形进行修改,这样就可以用更快更完美的方式去完成任务。现在的任务是设计瓶子,如果不是艺术瓶子,那么一般都是对称的,因此,只要绘制出瓶子的一半截面图,就可以利用3ds Max中的对称功能来完成整个瓶子的图形,事半功倍。

任务实施

如果初次接触3ds Max绘画,那么请跟着老师的"笔迹"耐心地操作。如果对于制作的作品不满意,则一定要删掉重新制作。经过多次练习,学生一定能熟练地使用3ds Max来绘画。

1．准备工作：打开栅格捕捉、视口呈单屏显示

在用线绘制草图的时候，为了能精确地接近草图，可以设定并打开栅格捕捉，系统此时会把定位点锁在栅格点上运动。这种方法最适合初学者，帮助初学者在视口中准确定位。

1 单击屏幕左上角的 ● 按钮，在菜单中执行 ⟳重置（重置）命令重新设定系统。

2 单击激活前视图，单击屏幕右下角的 按钮（最大化视口切换）按钮，使前视图呈单屏显示。

3 在上方工具栏中，按住 （捕捉开关）按钮不放，从中选择 （2D栅格捕捉），打开栅格锁定控制，这样鼠标定位点就锁定在栅格点上。

2．绘制截图草图

现在开始学习用"线"工具来绘制图案。画出线条，只要相似就可以了，如图1-2所示。注意：绘制线条的时候要以视口的中心线为参考作对称，瓶子的底线要平行。

1 选择二维图形的建立方式，单击命令面板中的 （创建）命令下的 （图形）按钮。

2 开启画线工具，单击 线 （线）按钮。

3 参照图1-2进行逐点绘制，在最后接口处，系统提示"是否闭合样条线？"时，单击 是(Y) （是）按钮得到封闭的截面图形，结果如图1-3所示。

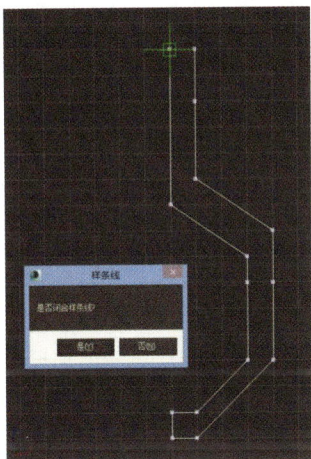

图1-2　绘制截面图　　　　　图1-3　参考效果

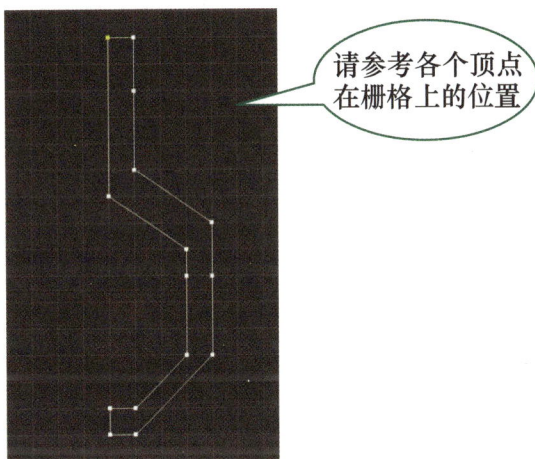

> 请参考各个顶点在栅格上的位置

3．完善截面图形

使用"修改"功能对截面图形进行修改，使它变成圆滑的线。

1 单击 （2D栅格捕捉）按钮，关闭栅格捕捉。因为要细改，所以操作不能指定在栅格上。

2 单击命令面板中的 （修改）按钮，进入修改命令面板。

3 单击 （顶点）按钮，进入顶点的子对象级别，准备对线条的顶点进行修改。

4 单击工具栏中的 （选择并移动）按钮。

选择瓶子中部的点，在这点上单击鼠标右键，弹出快捷方式，如图1-4所示。使用 Bezier 曲线调节方式进行调节，能看到这一点两边的直线都变成了圆滑曲线，再将调节点上的两个调节杆上下左右移动，使曲线的弧度满足要求，结果如图1-5所示。如果点的一边是直线，一边是曲线，那么可以使用 Bezier 角点 调节方式。

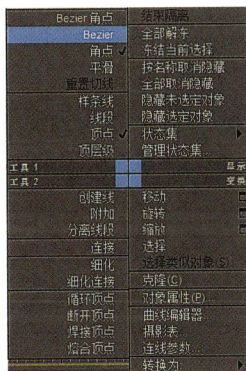

图1-4　选择修改方式　　图1-5　圆滑处理

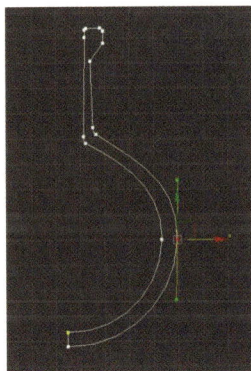

用鼠标框选瓶子顶端的两个顶点，在命令面板上单击 ■圆角■ 按钮，在顶点上按住鼠标左键向上移动，使顶点变成圆角，从而使瓶子的顶端不那么锋利。如果顶点比较小难以看清楚，则可以利用屏幕右下角的 ■（缩放区域）工具放大视口的指定部分，这样就看得很清楚了，如图1-6所示。

同样，也可以选择其他点，让它所在的线段变得圆滑，但瓶子底部在中心线的点不能做圆角，因为做了圆角瓶子的底部就不能闭合了。

⑤ 利用 ✛（选择并移动）工具，移动各个点，让它符合要求，结果如图1-7所示。至此，瓶子的基本截面图完成。

4. 用同样的方法绘制瓶塞的截面图（见图1-8）

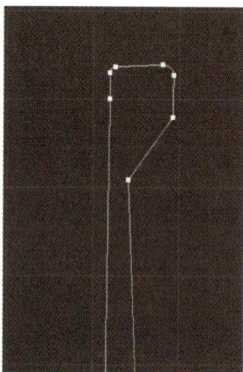

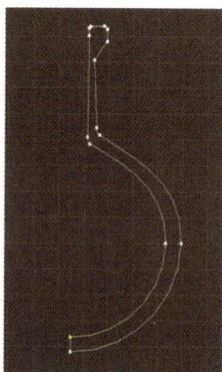

图1-6 放大细改　　　图1-7 修改完成　　　图1-8 瓶塞截面图

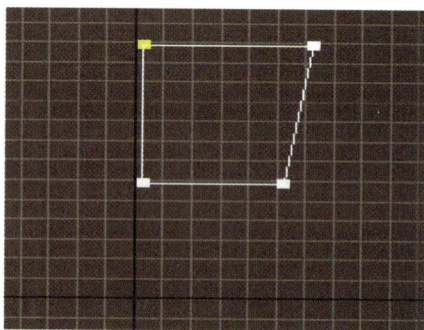

必备知识

1. 线条的绘制

在"创建"命令面板中单击 ■（图形）按钮，进入"图形创建"面板，在下拉列表中选择"样条线"命令。二维图形的创建包括线、矩形、圆、椭圆、弧、圆环、多边形、星形、文本、螺旋线、卵形以及截面的模型，这些线条都称为样条线，如图1-9所示。可以根据不同的设计要求，采用不同的样条线。下面来尝试一下每种线形的用法，结果如图1-10所示。

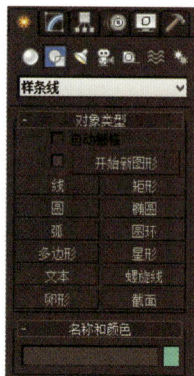

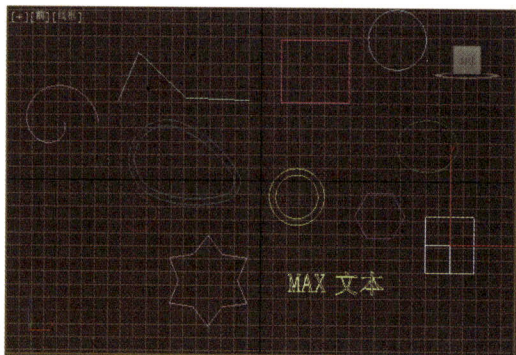

图1-9 创建面板　　　　　　图1-10 各种线条

2. 认识修改面板

创建一个初步的几何对象后，单击 ■（修改）按钮，可进入修改面板。在修改面板中，可以通过修改几何对象的参数来改变其几何形状，也可以使用一系列的功能来对它进行编辑修改，从而生成更为复杂的对象。修改器就是实现这一功能的重要工具，其功能非常强大。

例如，在创建命令面板中，创建一个多边形的二维模型，如图1-11所示，单击（修改）按钮，进入参数面板，如图1-12所示，可以对多边形的"渲染""插值"和"参数"等项进行设置。

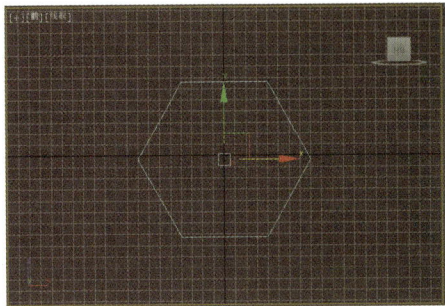

图1-11　多边形

在修改面板中，最上面的一栏可以修改所选择对象的名称和颜色。往下则是编辑修改器的面板部分，主要包括一个下拉列表、一个编辑修改器堆栈窗口和5个用于管理编辑修改器堆栈的按钮。

在修改面板的"修改器列表"下拉列表中，罗列了3ds Max所包含的大部分"编辑修改器"。

编辑修改器堆栈位于"修改器列表"下拉列表的下方，在这里罗列了最初创建的几何体对象和作用于该对象的所有编辑修改器。

在编辑修改器面板下方是各个编辑修改器对应的参数卷展栏部分，卷展栏中可以设置修改器使用的具体参数。

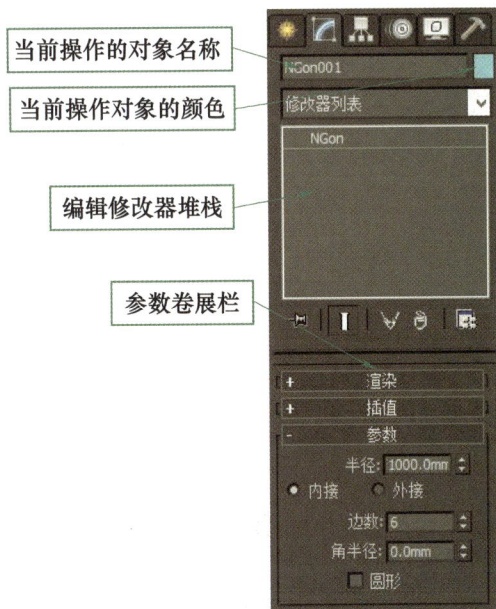

图1-12　参数面板

3. 修改器的使用之一："编辑样条线"修改器的使用

❶ 建立一个多边形的二维模型，然后单击（修改）按钮，进入"选择"卷展栏，如图1-13所示。单击修改器列表，选择"编辑样条线"，在"修改命令"面板中的"选择"卷展栏中单击（顶点）按钮，此时可以看到在前视图中的多边形的6个顶点均显示出方点，如图1-14所示，这样就可以对多边形的各个顶点进行编辑操作。

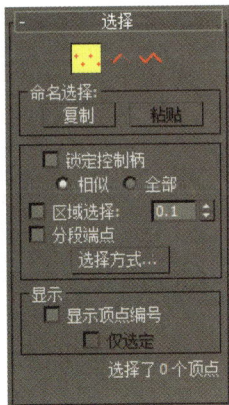

图1-13　"选择"卷展栏

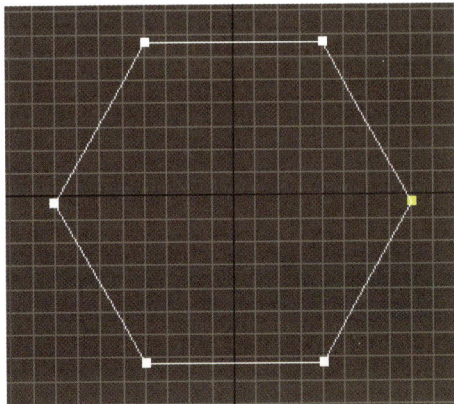

图1-14　多边形的顶点

❷ 在工具栏中单击（选择并移动）按钮，再单击图形中的一个顶点，此顶点的旁边就会出现两个绿色的小方块，拖动顶点使图形产生变化，也可以拖动绿色的小方块使矩形的边线产生弯曲，如图1-15所示。

❸ 将光标移到一个顶点上，单击鼠标右键，弹出快捷菜单，如图1-16所示，这里有5个命

令可以用来调节顶点，其中常用的4个命令如下。

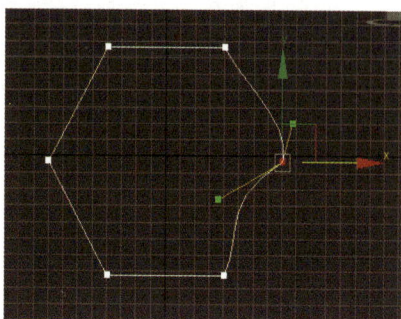

图1-15 修改顶点

图1-16 快捷菜单

① Bezier角点：两根调整杆可以随意调整，选择编辑样条线后，3ds Max中默认此选项已经被激活，可以通过移动两条调整杆完成对图形的改变，如图1-17所示。

② Bezier：为顶点提供两根调整杆，但两根调整杆成一直线并与顶点相切，使点两侧的曲线总保持平滑；可以通过鼠标拖动的方式调整顶点两端线段的弧度，如图1-18所示。

③ 角点：让顶点两边的线段能呈现任何角度，这样通过拖动顶点可以改变角度效果和角度大小，如图1-19所示。

④ 平滑：强制地把线段变成平滑的曲线，但仍和顶点呈相切状态，无调节手柄，如图1-20所示。

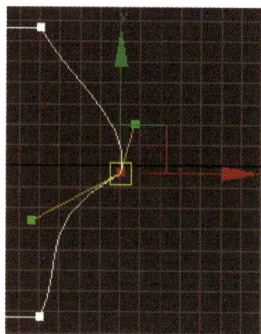

图1-17 Bezier角点

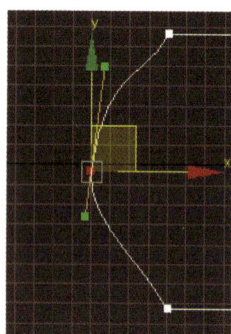

图1-18 Bezier

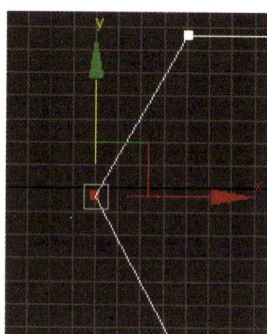

图1-19 角点

图1-20 平滑

任 务拓展

任务完成，你能领略到3ds Max中一些绘画的关键点吗？下面来总结一下。

● 善于利用 (捕捉开关)，它会让你更轻松更精确地完成任务。

● 掌握如图1-21所示的五种曲线调节方式的使用，它会使你在绘制曲线时得心应手。

图1-21 曲线调节方式

● 掌握如图1-22所示的八种视口显示方式。根据不同情况改变视口的显示方式，这样可以在视口中放大、缩小图形，可以整体或局部地查看图形，有助于更清晰、更准确地观看设计的作品。

图1-22 视口显示方式

● 3D图形的设计制作工作要耐心细致。

下面再练习一下3ds Max绘制图形，参考如图1-23所示的图形进行练习。

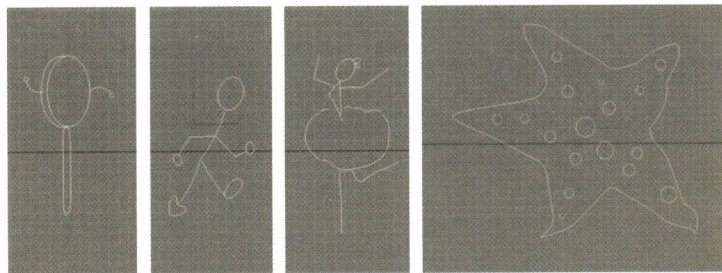

图1-23　练习图

任务 2　生成瓶子

任务分析

完成瓶子的二维设计后，现在要生成其三维图形。在3ds Max中有多种方法可以把二维图形转换成三维图形，其中一种方法是使用"车削"修改器。

本任务要使用修改器中的"车削"修改器，制作轴对称的图形，把3D瓶子"变"出来，下面一起来"变魔术"。

任务实施

1️⃣ 车削。选择绘制好的曲线，单击"修改器列表"弹出下拉列表，选择"车削"修改器。

2️⃣ 设置参数，选择"焊接内核"使图形的中心点能够平滑，将"参数"栏中的"分段"值设为60，使图形圆润自然。参数设置如图1-24所示。

3️⃣ 在"方向"栏中单击 Y 按钮，以Y轴为中心进行旋转成形，然后单击"对齐"栏中的 最小 按钮成形，这样就可以轻易地完成一个简单的瓶子了。

4️⃣ 用同样的方法"车削"瓶子塞，结果如图1-25所示。

图1-24　车削参数面板

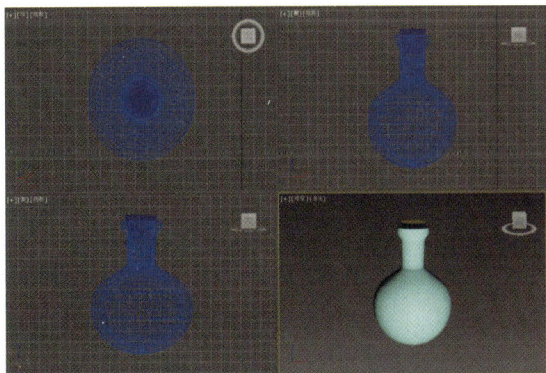

图1-25　车削成形

必备知识

"车削"修改器的使用

"车削"修改器可以让闭合或没闭合的图形围绕某根轴旋转，从而生成三维对象。当使用

"车削"修改器对已经创建好的二维图形进行修改后，将在"编辑修改器堆栈"中显示出"车削"，而在编辑修改器面板下则会弹出其对应的参数卷展栏，如图1-26所示。对参数进行修改，会产生不同的"车削"效果。

度数：确定对象绕轴旋转多少度（范围：0°～360°，默认值是360°）。可以给"度数"设置关键点，来设置"车削"对象圆环增强的动画。"车削"轴自动将尺寸调整到与要"车削"图形同样的高度。

焊接内核：通过将旋转轴中的顶点焊接来简化网格。如果要创建一个变形目标，则此选项禁用。

翻转法线：依赖图形上顶点的方向和旋转方向，旋转对象可能会内部外翻。切换"翻转法线"复选框可修复此问题。

分段：在始末点之间，确定在曲面上创建多少插补线段。此参数也可以设置动画，默认值为16。

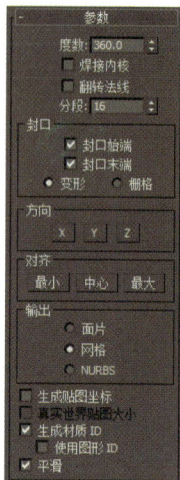

图1-26　车削参数面板

封口始端：封口设置的"度"小于360°的"车削"对象的始点，并形成闭合图形。

封口末端：封口设置的"度"小于360°的"车削"对象的终点，并形成闭合图形。

变形：按照创建变形目标所需的可预见且可重复的方案排列封口面。渐进封口可以产生细长的面，而不像栅格封口需要渲染或变形。如果要"车削"出多个渐进目标，则主要使用渐进封口的方法。

栅格：在图形边界上的方形修剪栅格中排列封口面。此方法产生尺寸均匀的曲面，可使用其他修改器将这些曲面变形。

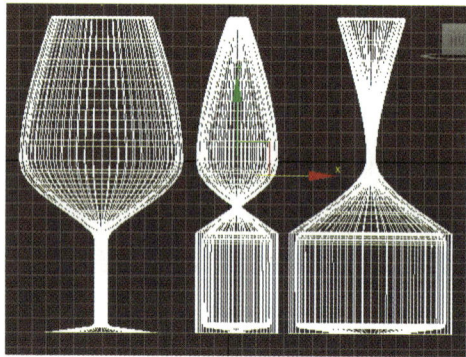

X/Y/Z：相对对象轴点，设置轴的旋转方向。

最小/中心/最大：将旋转轴与图形的最小、中心、最大范围对齐。

设置不同的参数，"车削"产生的效果就不一样，如图1-27所示。同样酒杯的"车削"，不同的参数，效果都不一样。

图1-27　酒杯

▌任务拓展▌

请参照图1-28画出酒杯的截面图，再设计一个酒杯，然后完成"车削"功能，结果如图1-29所示。

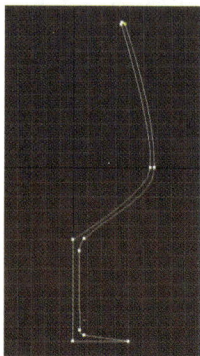

图1-28　截面图

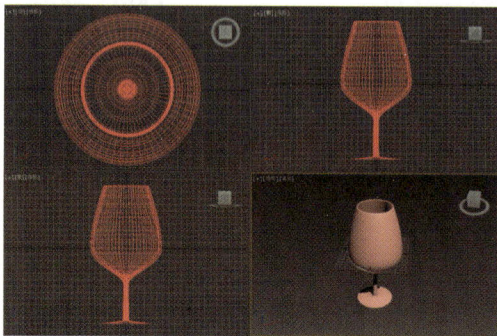

图1-29　酒杯成形

任务 3 给瓶子增加材质、添加质感

任务分析

在上一个任务中，完成了瓶子的基本形状，但这只是瓶子的泥坯，不好看。下面给它上点"颜色"，这样才美观。

一个完美的模型设计，不光是形状接近实物，关键是要靠材质和贴图来使它更加逼真。材质就是用来表现物体表面视觉特征的图案。无论多么简单的物体（或场景），无一例外都需要用材质来模拟真实的视觉效果，如果没有恰当的材质与之配合，那么再精巧细致的模型都会大为失色，而一个糟糕的材质甚至会破坏模型和场景的艺术效果。

现在，把在任务2中绘制好的瓶子变为一个透明的玻璃瓶。

任务实施

如果3ds Max系统中还没有设置好材质编辑器，请参照本任务"必备知识"中"材质编辑器"的内容进行操作。

1 打开材质编辑器。单击屏幕上面工具栏中的 ![icon] （材质编辑器）按钮。

2 选择"示例球"。打开材质编辑器下面的"示例窗"面板，单击第1个示例球以选择它，如图1-30所示。

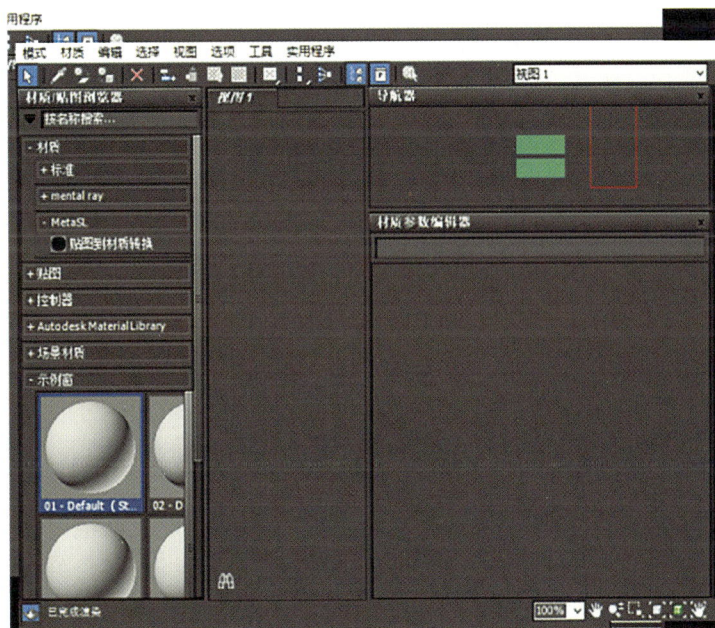

图1-30　材质编辑器

3 执行"Autodesk Material Library"→"玻璃"→"清晰"命令，打开材质编辑器的"Autodesk Material Library"面板（这是3ds Max自带的材质），单击下面的"玻璃"面板，选择"清晰—浅色"，如图1-31所示。这样就可以利用3ds Max中现有的材质给作品上光。

4 给示例球设置材质。单击 ![清晰] （玻璃清晰材质）图标并按住鼠标左键不放，拖动到"示例球01"上，这时示例球上会显示一条红线，松开鼠标。这样，第一个示例球的材质就是

"冰白色陶瓷"了。到此为止，就编辑完成了一个简单的材质，如图1-32所示。在"示例球01"上单击鼠标右键，在弹出的快捷菜单中选择"重命名"→"瓶子"命令，把"示例球01"的材质重命名为"瓶子"。

注意

在设计产品的时候，要养成给图形和材质修改名字的习惯，这样可以很快地找到想要的图形和材质。

5 把编辑好的材质指定给瓶子。单击"瓶子"示例球并按住鼠标左键不放，拖动到任意一个视口的瓶子上，这时瓶子的颜色会闪动一下，说明"把材质指定给瓶子"的操作成功。

6 用同样的方法，选择一种木质材料，给瓶盖添加材质。单击工具栏上的 （快速渲染）按钮，快速渲染模型，渲染后的效果如图1-33所示。

图1-31 设置材质　　　图1-32 示例球　　　图1-33 渲染后的瓶子

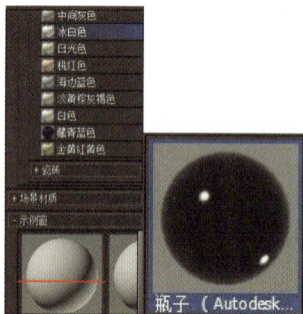

必备知识

材质编辑器

3ds Max的材质是一个比较独立的概念，它像染色工具一样，为模型表面加入色彩、光泽和纹理。在3ds Max中，材质是在材质编辑器中创建和编辑的。打开"材质编辑器"，如图1-34所示。

通常，在创建新材质并将其应用于对象时，应该遵循以下步骤：

1 选择要使用的渲染器，并使其成为活动渲染器。最好使用特定渲染器设计材质。如果需要对物理上精确的照明进行建模，那么 mental ray 渲染器是最佳选择。3ds Max默认的扫描线渲染器不要求精确照明，它支持 mental ray 渲染器无法实现的一些效果，它能实现一些 mental ray 渲染器无法实现的效果。

2 选择材质类型。对于 mental ray 渲染，建议使用 Autodesk 材质组中的材质。它们都是具有精确现实世界属性的，贴近现实生活的常用材质（例如，陶瓷、混凝土、硬木等）。

3 决定了要使用的材质类型后，请打开"材质编辑器"。

4 将所需类型的材质从"材质/贴图浏览器"面板拖动到活动视图中。

5 在"参数编辑器"面板中双击材质节点可显示其参数。

6 使用"参数编辑器"可以设置各种材质组件，如漫反射颜色、光泽度、不透明度等。

7 使用贴图来增强材质，指定给要设置贴图的组件并调整贴图参数。

8 在"材质编辑器"工具栏上，单击 （将材质指定给选定对象）按钮将材质应用于对象。

9 如果有必要，则应调整 UV 贴图坐标，以便正确定位带有对象的贴图。

10 保存材质。

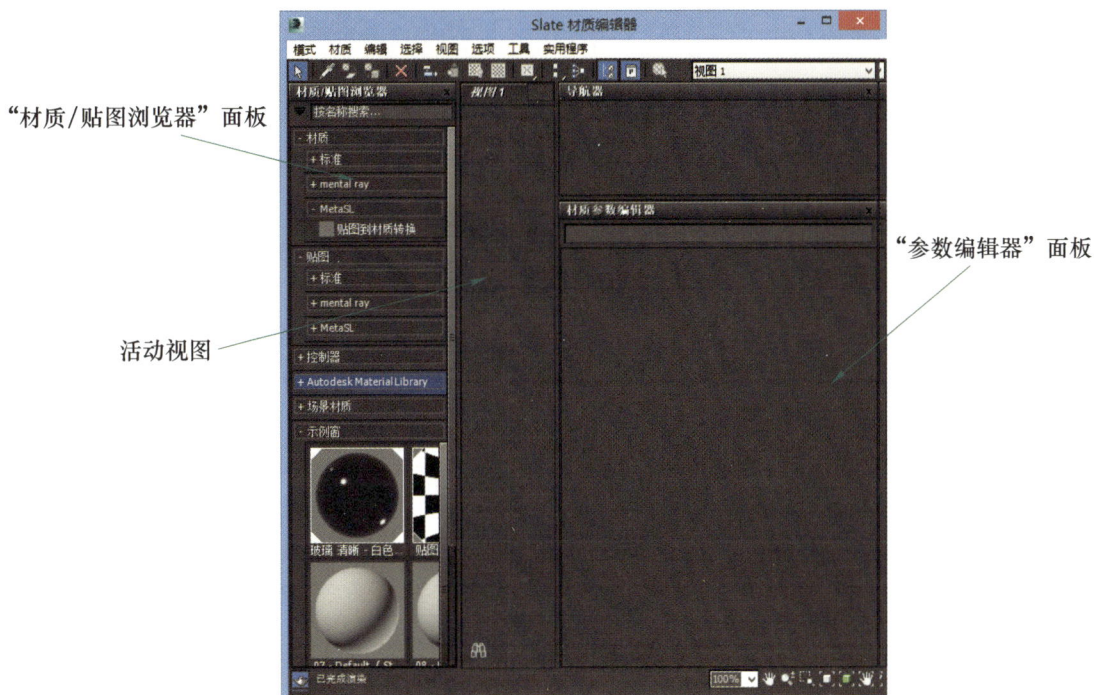

"材质/贴图浏览器"面板

活动视图

"参数编辑器"面板

图1-34　材质编辑器

任务拓展

为上一个任务的酒杯添加材质，让它变成玻璃酒杯。可以参考图1-35和图1-36，也可以发挥想象力做出更多效果。

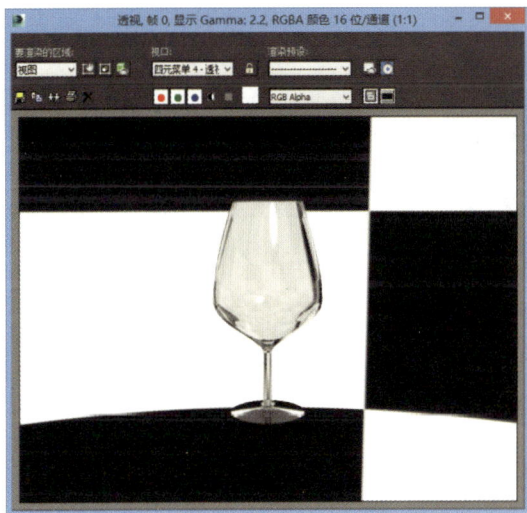

图1-35　效果图1

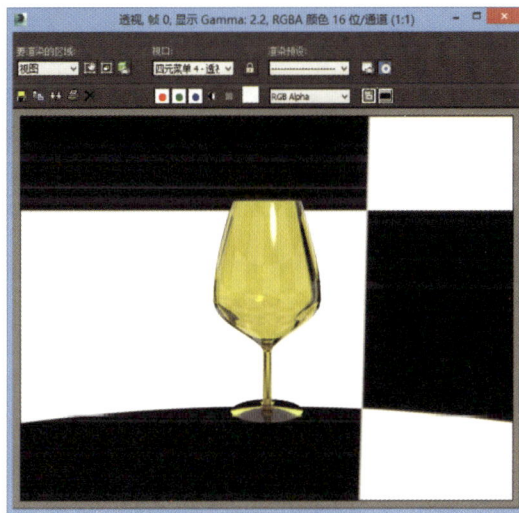

图1-36　效果图2

任务 4　制作魔术棒和星星

任务分析

在动漫游戏中，魔法瓶子是经常出现的，它是游戏中重要的道具，瓶子里的东西决定了魔法瓶子的魔力。比如，如果瓶子里是闪亮的星星，那么它能实现美好的愿望；如果瓶子里是恶毒的蝎子，那么它可能代表的是阴鸷的咒语。当然，这个最重要的是按照用户的要求完成。本任务就是通过星星实现"许一个美好愿望"的效果。

任务实施

在3ds Max中有星形的二维图形，所以可以直接使用星形，再利用倒角功能把它变成三维图形。同样，魔术棒也有现成的三维图形，也可以直接使用。

子任务一：制作星星

1 选择二维图形的建立方式。单击命令面板中的（创建）命令下的（图形）按钮。

2 开启星形工具，单击 星形 按钮。

3 在前视图拉出一个星形，修改参数栏的参数，如图1-37所示。

4 挤出。单击（修改）按钮，进入修改命令面板，在下拉菜单中选择"挤出"命令，并设置参数面板中的数量为6。这样，二维的星形就变成了三维的星形。

5 圆滑。在下拉菜单中选择"网格平滑"命令，并设置参数面板中的迭代次数为4。这样，一颗圆滑的星星就做好了。

6 给星星添加材质。

① 打开材质编辑器，在"示例球03"上单击鼠标右键，在弹出的快捷菜单中选择"重命名"命令，重命名为"星星"。

② 设置"漫反射"的颜色为黄色，不透明度为70，柔化为1.0，让星星有模糊的感觉。参数设置参考图1-38，结果如图1-39所示。

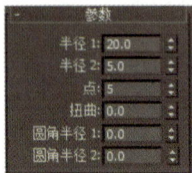

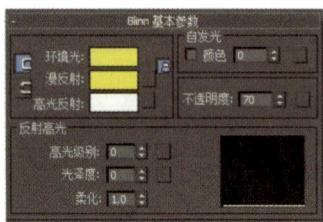

图1-37 参数表　　图1-38 材质设置　　图1-39 星星效果

③ 复制星星。选择（选择并移动）工具，选择星星模型，按住<Shift>键不放，用鼠标移动星星，在系统弹出的对话框中，选中"复制"或"实例"单选按钮，输入要复制的副本数，如图1-40所示。这样就可以复制出多个星星。也可以分别改变星星的颜色，并利用"选择并移动"工具摆放好星星。还可以利用（选择并均匀缩放）工具把星星放大缩小，这样就可以有大小不一、颜色多种的星星。结果如图1-41所示。

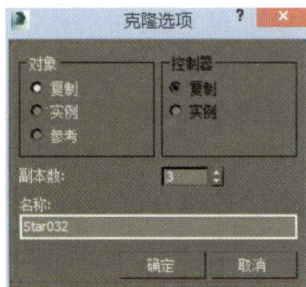

图1-40 复制星星　　　　　图1-41 调节好后的瓶子

子任务二：制作魔术棒

1 选择三维图形的建立方式。单击命令面板中的 ⬛（创建）命令下的 ⬛（几何体）按钮。

2 开启圆柱体工具。单击 圆柱体 按钮。

3 在顶视图中心点拉出圆柱体，修改参数栏的参数，如图1-42所示。

4 设置魔术棒的材质。

① 打开材质编辑器。执行"模式"→"精简材质编辑器"命令，单击一个未编辑的示例球，把示例球的名字改为"魔术棒"。

② 单击示例球右下方的 Standard 按钮，打开材质选择面板，在材质面板中选择"多维/子对象"材质。

③ 弹出是否替换材质的对话框，选择"丢弃旧材质"。

图1-42　魔术棒参数

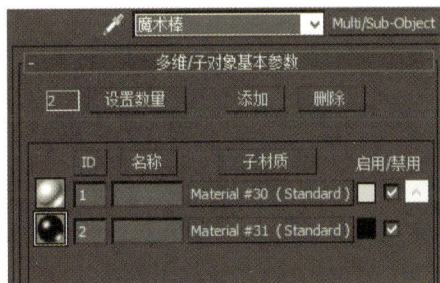

④ 在"材质编辑器"对话框中单击"设置数量"按钮，设置材质数量为2。

⑤ 单击材质ID1右边的"无"按钮，设置"ID1"的材质，选择"标准"材质，设置颜色为白色，"高光级别"为120，"光泽度"为40。

⑥ 单击 ⬛（转到父对象）按钮，返回上一级。

⑦ 单击材质ID2右边的"无"按钮，设置"ID2"的材质，选择"标准"材质，设置颜色为黑色，"高光级别"为120，"光泽度"为20。这样，就设置好材质了。结果如图1-43所示。

⑧ 选择魔术棒，进入修改命令面板，在下拉菜单中选择"UVW贴图"，给魔术棒加入"UVW贴图"修改器。

⑨ 在下拉菜单中选择"编辑网格"，给魔术棒加入"编辑网格"修改器。

⑩ 选择"多边形"进入"多边形"层级，如图1-44所示。在前视图框选魔术棒的1/5范围的面，如图1-45所示。

图1-43　材质编辑器　　　　图1-44　进入"多边形"层级　　　　图1-45　选择部分面设置材质ID

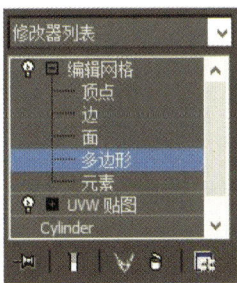

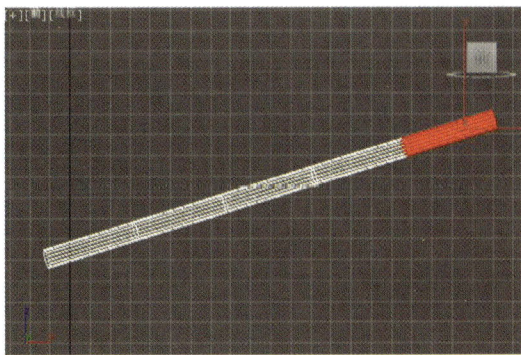

⑪ 在命令面板上展开"曲面属性"卷展栏，"设置ID"为1，"选择ID"为1，如图1-46所示。这样就为魔术棒的前部分设置为ID1，同时也把上面设置的材质ID1指向了魔术棒的前部分。现在"设置ID"为2，"选择ID"为2，这样，魔术棒的其余部分就是ID2了。材质添加完毕，结果如图1-47所示。

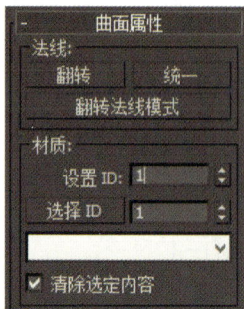

图1-46 "曲面属性"卷展栏

图1-47 魔术棒效果图

必备知识

1. "多维/子对象"材质

"多维/子对象"材质可以采用几何体的子对象级别分配不同的材质。在同一个模型中，如果有不同的材质，则可以使用"多维/子对象"材质的方法进行材质设置，如图1-48所示。

2. 对选中的子对象指定一种子材质

第一步：设置子材质

在"精简材质编辑器"中，激活一个示例窗，单击"类型"按钮，接着在"材质/贴图"浏览器中选择"多维/子对象"材质，然后单击"确定"按钮，打开"替换贴图"对话框，此对话框询问是丢弃示例窗中的原始材质，还是将其保留为子材质，可以根据实际情况选择，然后根据模型的子材质的数量设置子材质的个数，并设置各种材质。

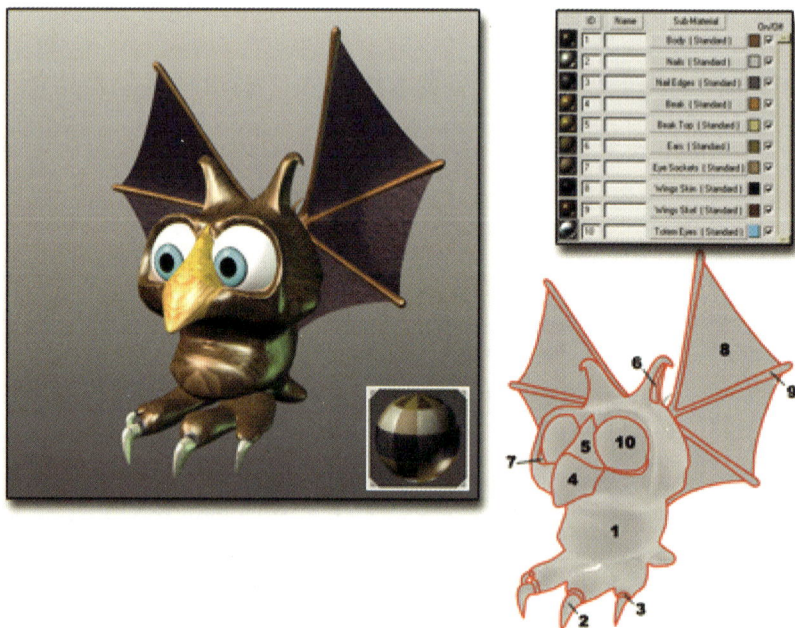

图1-48 "多维/子对象"材质的ID设置图

第二步：指定子材质

1 选择要指定为"多维/子对象"材质的模型。

2 在 (修改)面板上的下拉列表中，选择"网格选择"。

3 单击 (面)按钮进入"面"子层级。

④ 选中所要指定子材质的面。

⑤ 按材质编辑器中设置的子材质ID来指定材质ID的值。

任务拓展

利用学过的建模方法和材质编辑方法完成如图1-49所示的模型。

图1-49 书和铅笔

任务 5 渲染输出

任务分析

为了突显道具的效果，一般在把道具交给客户前要对它的周边做一些修饰，并且尽量贴近道具的使用环境，这样交给客户的道具效果会更好。

各个部分设计完后，利用（选择并移动）工具在各个视图上把它们调节好位置，让整个画面更合理，这样效果会更好。

作品设计完成后，就要把效果图交给客户。交给客户的效果图有两种：JPG格式的图片和AVI格式的动画。本任务先学习如何将3D作品生成JPG格式的图片。还可以根据客户的需要，在计算机上将效果图打印出来，为客户展示设计效果，并且与客户分享设计理念。

任务实施

① 添加前景。

① 建立一个平面。单击（几何体）按钮，进入几何体的创建面板，单击 平面 按钮，在前视图画出一个平面。

② 添加贴图。打开材质编辑器，选择一个材质示例球，单击"漫反射"右边的小按钮，打开"材质/贴图"浏览器，执行"贴图"→"标准"→"位图"命令，选择"小仙女.jpg"图片。这样就可以完成背景的制作。

② 调整位置。所有的模型制作完成后，要利用（选择并移动）工具和（选择并缩放）工具对整个画面进行调整。

③ 渲染效果图。单击屏幕上方工具栏上的（渲染产品）按钮，系统输出渲染效果，如图1-50所示。

④ 把效果图存为图片文件。单击窗口左上角的（保存图像）按钮，把文件保存，这时就可以根据客户的要求存储成不同格式的图片文件。

图1-50 最终效果图

一般把它存储成JPG格式。

5 根据需要打印效果图。单击窗口左上角的 ▣（打印图像）按钮，就可以把效果图打印出来。

6 撰写设计文档。这是所有公司的基本要求，同时方便有条理地给客户介绍作品的设计思路和情况。如果能形成写设计文档的良好习惯，每天都将设计工作情况和心得体会写下来，那么不但可以不断提高设计水平，也能极大方便以后的工作。

必备知识

渲染器的设置

3ds Max系统默认的渲染器是扫描线渲染器，而mental ray渲染器则比较通用，它可以模拟灯光效果的物理校正，包括光线跟踪反射和折射、焦散和全局照明。在使用mental ray渲染器对模型进行渲染时，要先设置指定渲染器。

1 执行"渲染"→"渲染设置"命令，打开"渲染设置"对话框。

2 在"公用"面板上，打开"指定渲染器"卷展栏。然后单击产品级渲染器的"…"按钮，打开"选择渲染器"对话框。

3 在"选择渲染器"对话框中，高亮显示 mental ray 渲染器，然后单击"确定"按钮。选择渲染器后，如图1-51所示。

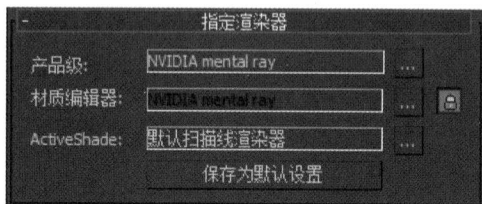

图1-51　指定渲染器面板

任务拓展

将在上一任务中制作的玻璃杯渲染出效果图。

项目评价

在本项目中，学习了在3ds Max中进行线条的绘制与修改、"车削"修改器、材质编辑器和渲染器的使用方法。下面，给自己做个评价吧。

	很 满 意	满 意	还 可 以	不 满 意
项目的完成情况				
与同组成员沟通及协作情况				
掌握的知识点				
产品设计评价				
体会和经验				

实战强化

1. 完成如图1-52所示的练习

提示　1）画出罐子的截面图。

2）"车削"成形。

3）利用3ds Max的标准材质，分别设置为"线框"材质、"金属"材质和"塑料"材质，最后加上"光线跟踪"效果。

2. 设计一个蝎子瓶的道具，瓶子内有一只蝎子（见图1-53）

提示　1）画出瓶子的截面图，"车削"成形，制作出瓶塞。

2）画出蝎子的平面图，用"挤出"修改器，形成立体蝎子。

3）添加背景。

图1-52　罐子

图1-53　魔瓶

项目2
制作卡通闹钟

项目描述

本项目学习制作一个卡通闹钟，分为四个任务，设计草图如图2-1所示。第一个任务是制作闹钟外框架，学习倒角、布尔运算等更为复杂的、组合型的二维样条线的编辑。第二个任务是制作闹钟指针，根据标准基本体和扩展基本体的创建及编辑方法，完成长、短指针的制作。第三个任务是制作闹钟刻度，钟表的刻度是按照一定的规律来排列的，具有明显的重复性特点，学习应用阵列工具进行旋转复制，快速制作表盘的刻度。第四个任务是设置闹钟材质与灯光，利用3ds Max提供的标准材质，结合明暗属

图2-1　设计草图

性及材质选择设置方法，学会给闹钟赋予塑料、金属等类型的材质。通过闹钟环境效果设计，学习光线跟踪及阴影设置。

客户衡量产品效果图的重要标准之一是"真实"，因此产品设计应基于"真实"的标准来进行，表现出真实的产品效果还要注重细节的打造。

任务 ① 制作闹钟外框架

任务分析

在许多情况下，直接用创建三维物体的方法不能满足制作效果图场景造型的需要，因此，就需要用其他方式来创建所需的三维模型。将二维线通过修改方式转变成三维物体是常用的方法，拉伸、车削、倒角等都是常用的修改命令。卡通闹钟框架的制作可运用倒角修改命令完成。

任务实施

1️⃣ 单击 （3ds Max图标）重新设置系统。设定并打开栅格捕捉。

2️⃣ 单击 （创建）→ （图形）→ 椭圆 按钮，在"前视图"中绘制一个椭圆，设置参数：长度为170，宽度为240，步数为18。

3️⃣ 继续在前视图中创建两个椭圆作为眼部轮廓，设置椭圆的参数：长度为80，宽度为60。绘制完毕后，使用移动工具对椭圆位置进行调整，如图2-2所示。

4️⃣ 重复上面的操作。继续绘制椭圆，这次绘制的是身体部分的轮廓，设置参数：长度为260，宽度为200，使用移动工具将其移动到如图2-3所示的位置。

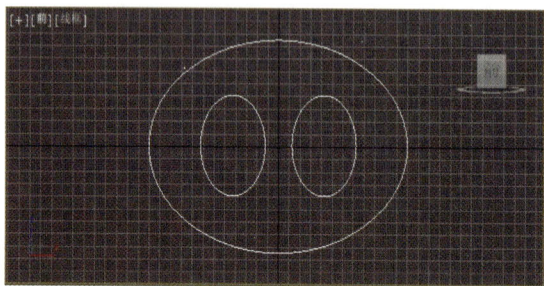

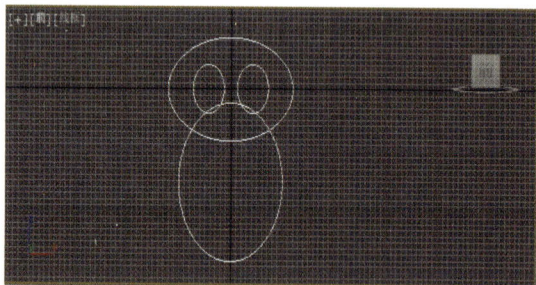

图2-2　绘制眼部　　　　　　　　　　　图2-3　绘制身体部分

5️⃣ 选中身体部分的椭圆，右击鼠标，在快捷菜单中选择"转换为"→"转换为可编辑样条线"，如图2-4所示。单击 （修改）按钮，在修改列表器的下拉列表中选择"可编辑样条线中的顶点"，利用移动工具将其向下移动一定的距离，如图2-5所示。

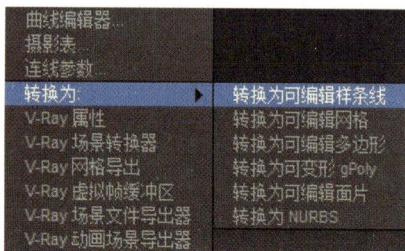

图2-4　选择可编辑样条线　　　　　　　图2-5　调节身体部分椭圆顶点

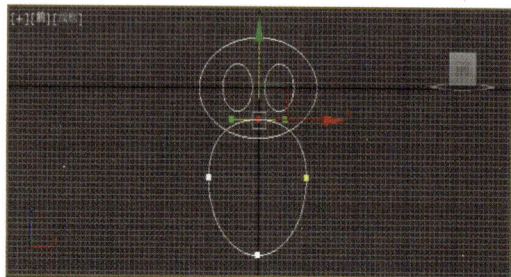

[6] 单击 → → "椭圆" 按钮，创建一个椭圆作为耳朵部分的轮廓，设置参数：长度为130，宽度为40，并使用移动、旋转工具对其位置进行调整。利用工具栏中的 命令复制另一耳朵，在镜像对话框中"镜像轴"选择"X"轴，"克隆当前选择"选择"实例"。镜像设置及效果如图2-6所示。

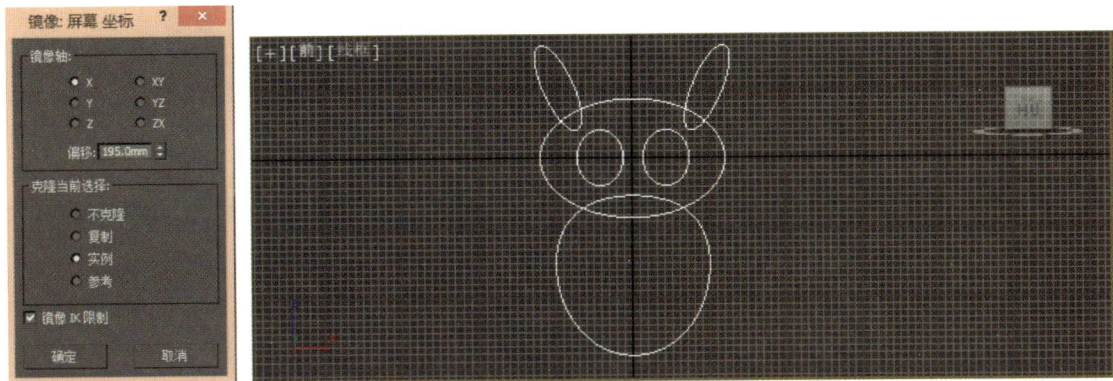

图2-6　创建耳朵部分的椭圆

小技巧　当建模需要创建两个对称的相同物体时，镜像就可以简单地解决这个问题。镜像复制时在"对象"选项中选择"实例"，对以后的修改会很方便。镜像中选择实例是对原物体进行复制，产生一个对称并且相互关联的复制物体，改变其中一个物体参数的同时也会改变另外一个物体的参数。

[7] 在视图中选中身体部分的椭圆，单击 按钮，打开修改面板。在"修改器列表"下面的堆栈窗口中选择"样条线"次子对象，在前视图中选中身体部分的椭圆曲线，在"几何体"卷展栏中将"轮廓"参数设置为2。这时，将在原线条外侧两个单位处生成一个新椭圆线条，如图2-7所示。

[8] 在视图中选中头部的椭圆曲线，在修改面板"修改器列表"下拉列表中选择"样条线"次子对象。在几何体卷展栏中单击"附加"按钮，在视图中单击身体和耳朵部分的椭圆，使其成

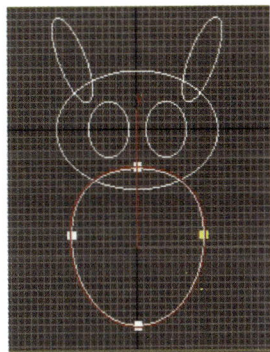

图2-7　生成新的椭圆线条

为一个整体。选中头部曲线，在几何体卷展栏中单击"布尔"运算按钮，将运算类型设置为 ，单击刚生成的身体部分外侧的椭圆曲线，将其从头部椭圆的范围中减去。再将运算类型设置为 ，分别单击两只耳朵，将其与头部合并成一个整体图形。

[9] 单击 → → "圆"命令按钮，在"前视图"中身体椭圆内部绘制一个圆。选中视图中刚刚完成布尔运算结果的图形，在修改面板"修改器列表"下拉列表中选择"样条线"次子对象，在"几何体"卷展栏中选择"附加"按钮，在视图中单击绘制的圆，使其成为一个整体。绘制完成的轮廓线如图2-8所示。

[10] 将轮廓线转化为三维模型。首先选中头部椭圆曲线，单击 按钮，打开修改面板，在下拉列表中选择"倒角"修改命令选项，在"倒角值"卷展栏中设置"级别1"的高度为40，设置"级别2"的高度为15，轮廓为-2。在"参数"卷展栏中设置"曲线侧面"的分段数为8，勾选"级间平滑"，如图2-9所示。生成的带倒角的三维模型如图2-10所示。

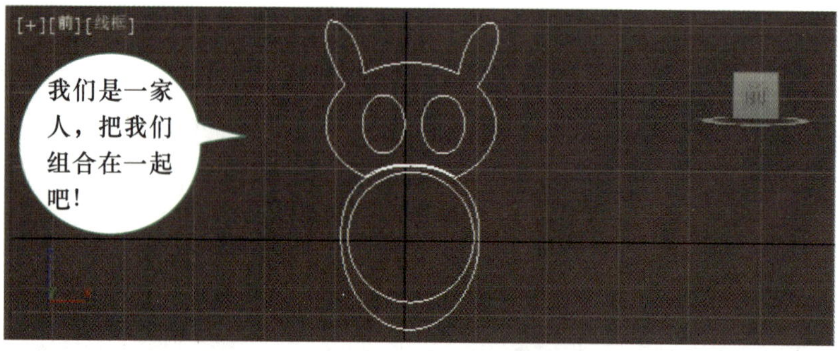

图2-8 绘制完成的轮廓线

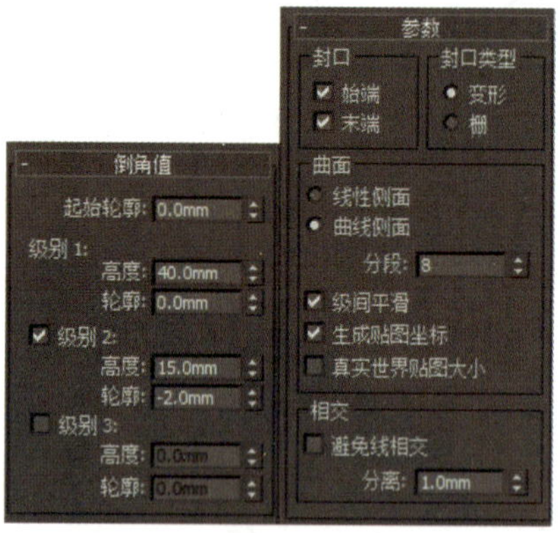

图2-9 设置倒角工具参数

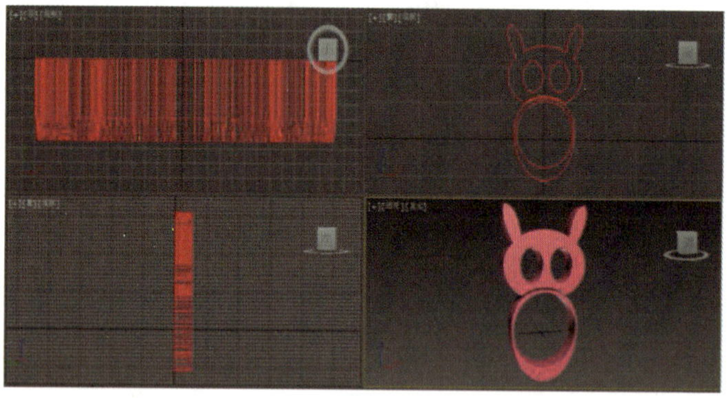

图2-10 生成的带倒角的三维模型

11 制作眼睛。打开物体创建面板，单击（几何体）按钮，再单击 球体 按钮，在前视图的眼眶位置创建一球体。

12 在工具栏中单击（非均匀缩放）工具，沿Y轴方向进行缩放调整至合适位置。利用移动工具进行实例复制得到另一只眼睛，如图2-11所示。实例复制眼睛效果如图2-12所示。

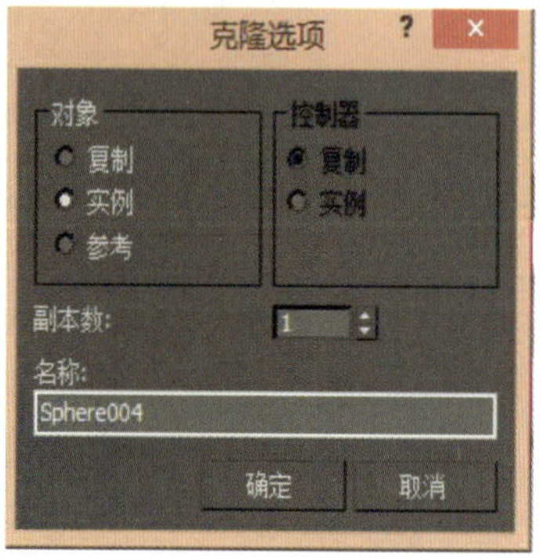

图2-11 选择实例复制设置

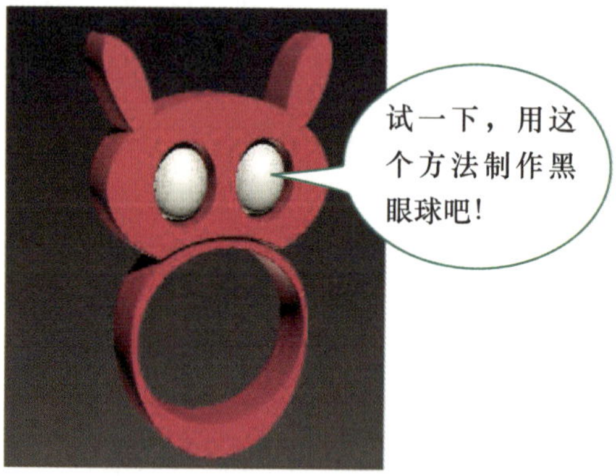

图2-12 实例复制眼睛效果

13 制作钟摆。单击（创建）→（图形）→ 线 按钮，在“渲染”卷展栏中设置厚度为10，边为12，勾选“在渲染中启用”和“在视口中启用”，在前视图创建一条直线，使用（移动）工具将直线移动到合适的位置。单击（创建）→（几何体）→ 球体 按钮，在前视图创建一半径为15的球体，用（移动）工具将球体移动到直线下方。

14 制作底座。单击（创建）→（图形）→ 线 按钮，在“渲染”卷展栏中设置厚度为20，边为12，勾选“在渲染中启用”和“在视口中启用”，在前视图创建一条折线，并移到合适的位置，如图2-13所示。底座绘制折线效果如图2-14所示。单击（修改）按钮，进入修改命令面板，在下面的“选择”栏中单击（顶点）按钮，选择需要修改的折线中间的两个

节点，在几何体面板中单击 圆角 按钮，设置其值为100，将两个节点调整为圆角，如图2-15
所示。设置倒圆角，如图2-16所示，效果如图2-17所示。

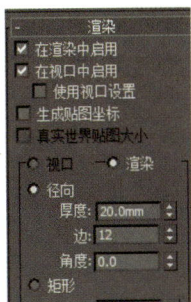

图2-13　参数设置

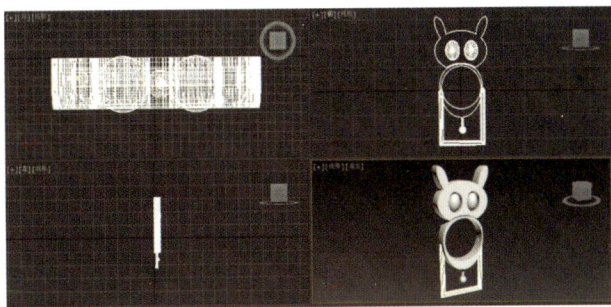

图2-14　底座绘制折线效果

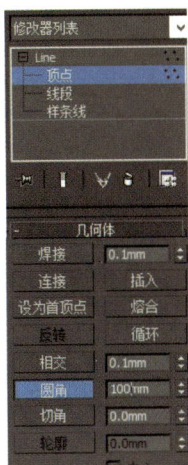

图2-16　设置倒圆角

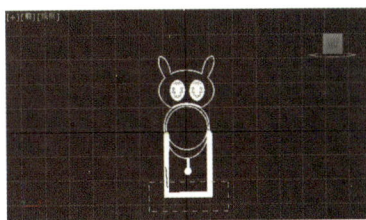

图2-15　底座折线倒圆角参数设置

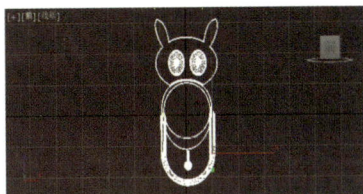

图2-17　设置倒圆角效果

15 单击 ■（创建）→● （几何体）按钮，在下拉列表中选择"扩展基本体"选项，然后
单击 切角长方体 按钮，在顶视图中创建切角长方体，在参数面板中设置切角长方体的参数：长度
为150，宽度为300，高度为35，圆角为16，如图2-18所示。使用 ✛（移动）工具将切角长方体
移动到合适位置。闹钟框架制作完成，效果如图2-19所示。

按<Ctrl+S>组合键，将模型命名为"闹钟外框架模型"，并进行保存。

图2-18　底座切角长方体参数设置

图2-19　闹钟外框架模型

卡通闹钟的
造型，你喜
欢吗？

必备知识

1．线的参数设置

线创建完成后，单击 （修改）按钮，在修改命令面板中会显示出线的渲染、插值、选择、软选择及几何体5个修改卷栏。其中几何体的主要参数设置，如图2-20所示。

几何体卷展栏提供了大量关于顶点、线段和样条线的几何参数，在建模中对线的修改主要是对该面板中的参数进行调节。本任务在几何体卷展栏中应用了两部分内容：

1 顶点的附加和圆角命令。附加命令用于将场景中的二维图形与当前线条结合，使它们变为一个整体。圆角命令用于在选择的节点外创建角。

图2-20 几何体的参数设置

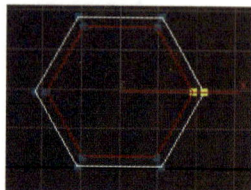

2 样条线中的轮廓和布尔运算。轮廓命令将曲线向内或向外扩展成为闭合的轮廓曲线，如图2-21所示。布尔运算提供并集、差集、交集三种运算方式。具体操作方法是首先在视图中选择一图形，然后在几何体卷展栏中确定运算方式，单击布尔运算按钮，在视图中再选择另一图形。布尔运算面板的形态如图2-22所示。

图2-21 曲线增加轮廓

图2-22 布尔运算面板

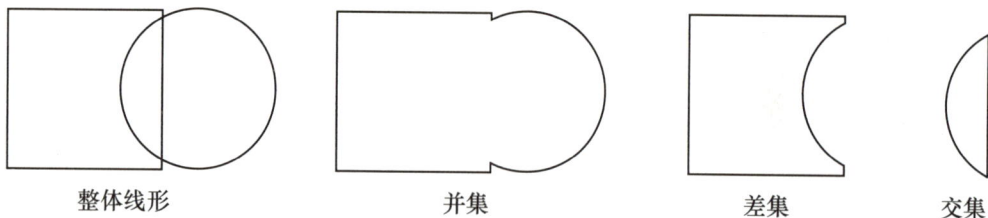

布尔运算需要有两个条件：一是参加布尔运算的线形必须是封闭的；二是参加布尔运算的线形必须有重合部分，还必须同属于一个物体。布尔运算的结果如图2-23所示。

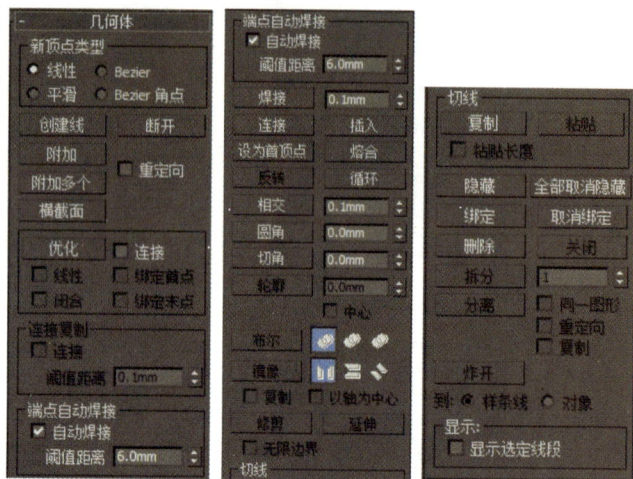

整体线形　　　　　　并集　　　　　　差集　　　　　　交集

图2-23 布尔运算的结果

2．倒角命令

倒角命令只用于二维形体的编辑，其既可以对二维形体进行挤出，也可以对形体边缘进行倒角。

倒角命令的操作方法：单击 （修改）按钮，进入修改命令面板，在下拉列表中选择"倒角"命令。

"倒角"命令的参数设置主要分为两部分：

■1 "参数"卷展栏。其中，"封口"选项组用于对造型两端进行加盖控制，如果对两端都进行加盖处理，则成为封闭实体。"封口类型"选项组用于设置封口表面的构成类型，要使表面圆滑可考虑设置曲线侧面、分段数及级间平滑。"相交"选项组用于制作倒角时改进因尖锐的折角而产生的突出变形，如图2-24所示。

图2-24 "倒角"命令的参数

■2 "倒角值"卷展栏。用于设置不同倒角级别的高度和轮廓。起始轮廓是设置原始图形的外轮廓大小。级别1、级别2、级别3分别设置三个级别的高度和轮廓大小。如图2-25所示。

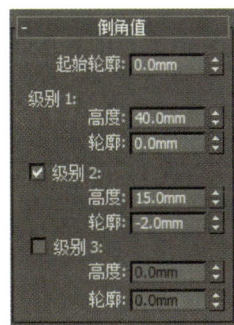

图2-25 "倒角"命令的倒角值

任务拓展

图形命令面板有"物体类型"和"名字与颜色"两个卷展栏。在物体类型中有12种截面造型。默认状态下，顶端的"开始新图形"复选框是开启的，表示每建立一条曲线，都是一个新的独立物体；如果将它关闭，则建立的多条曲线都作为一个物体对待。

修改样条曲线，有时不像修改立体几何造型那样直接由数值控制造型，所以样条曲线的形态比较不容易控制，有时很难精确地创建某一种样条曲线。

1. 运用二维线形的渲染属性制作栏杆模型，如图2-26所示。

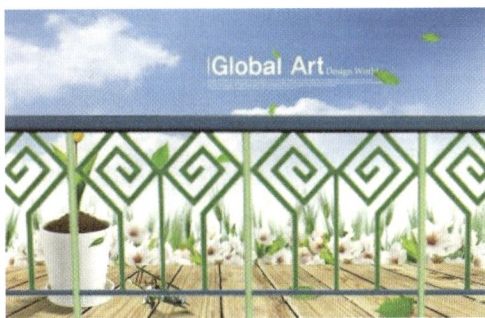

图2-26 栏杆效果图

温馨提示：
● 绘制一条线形并拉出轮廓；
● 设置渲染属性；
● 镜像复制；
● 绘制其他线形；
● 实例复制。

2. 利用倒角命令制作斜切字，如图2-27所示。

图2-27 斜切字效果图

温馨提示：
● 文字创建；
● 运用倒角命令设置各项参数，修改文字形态；
● 在参数设置中进行圆滑处理。

任务 2 制作闹钟指针

任务分析

本任务学习闹钟指针的制作方法，熟悉标准基本体创建及编辑方法。标准基本体是制作模型和场景的基础，本任务使用标准基本体中的长方体来完成时针的制作，使用标准基本体中的圆柱及圆环来完成分针的制作。

任务实施

1 单击 ![icon](3ds Max图标)→"重置"命令进行系统重新设定。单击 ![icon]（打开文件）按钮，打开任务1保存的"闹钟外框架模型"文件。

2 制作表盘。单击 ![icon]（创建）→ ![icon]（几何体）按钮，在下拉列表中选择"扩展基本体"，在控件面板中单击 切角圆柱体 按钮，在前视图中的闹钟外框架脸面位置创建一切角圆柱体，圆柱体参数设置为：半径为90，高度为50，圆角为3，边数为30。如图2-28所示。单击 ![icon]（创建）→ ![icon]（几何体）按钮，在下拉列表中选择"标准基本体"，在其表面创建一半径为6的球体，移到表盘中心位置。在其表面创建一圆环，与表盘中心位置对齐，参数设置：半径1为50，半径2为2，分段为35，边数为36，如图2-29所示。制作表盘效果如图2-30所示。

3 制作时针。单击 ![icon]（创建）→ ![icon]（几何体）按钮，在下拉列表中选择"扩展基本体"，在控件面板中单击 切角长方体 按钮，在前视图中创建一切角长方体，参数：长、高各为4，宽度为62，圆角为3。将其移动到与中心点垂直对齐。

图2-28 切角圆柱参数设置　　图2-29 圆环参数设置　　图2-30 制作表盘效果图

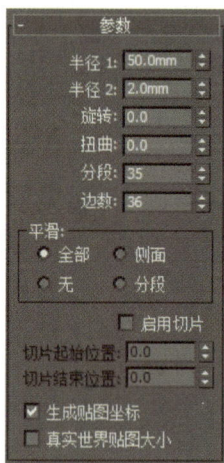

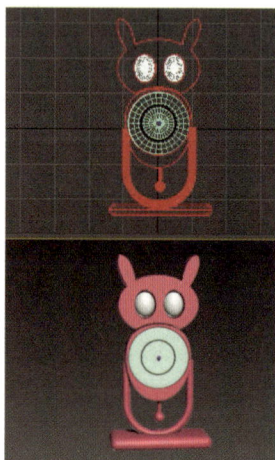

4 制作分针。单击 ![icon]（创建）→ ![icon]（几何体）按钮，在下拉列表中选择"扩展基本体"，在控件面板中单击 切角长方体 按钮，在前视图中创建一切角长方体，参数：长、高各为3，宽度为30，圆角为2。将其移动到与中心点水平对齐。单击 ![icon]（创建）→ ![icon]（几何体）按钮，在下拉列表中选择"标准基本体"，单击 圆环 按钮在前视图分针右侧创建一圆环，参数设置：半径1为2.5，半径2为0.8。在圆环右侧再创建一切角长方体，参数设置：长、高各为3，宽度为8，圆角为2。效果如图2-31所示。将文件保存为"猫头鹰闹钟主框架"。

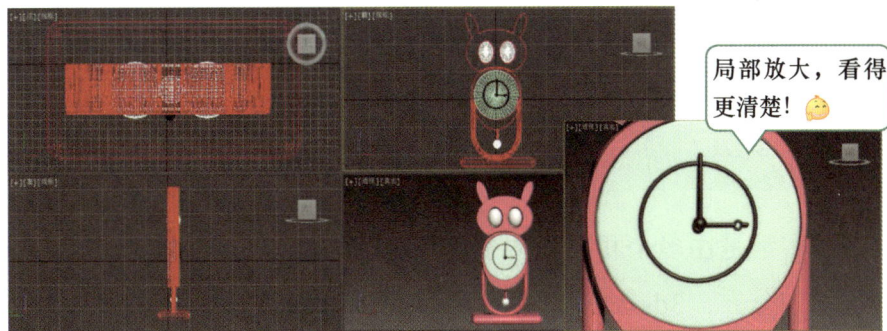

图2-31　完成指针的效果图（原图的局部放大）

必 备知识

3ds Max提供了多种参数化的几何物体，包括标准基本体和扩展基本体两大类。就单个几何物体来说，形态较为简单，但合理地调节参数，再加上巧妙的组合，同样可以创建出复杂的模型。

1. 创建标准基本体

单击命令面板上的■（创建）→■（几何体）按钮，在下拉列表中选择"标准基本体"，可以进行标准基本体造型的创建，其命令面板的显示形态如图2-32所示。

2. 创建扩展基本体

单击命令面板上的■（创建）→■（几何体）按钮，在下拉列表中选择"扩展基本体"，可以进行扩展基本体造型的创建，其命令面板的显示形态如图2-33所示。

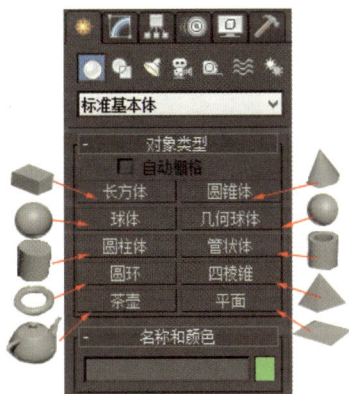

图2 32　标准基本体的命令面板

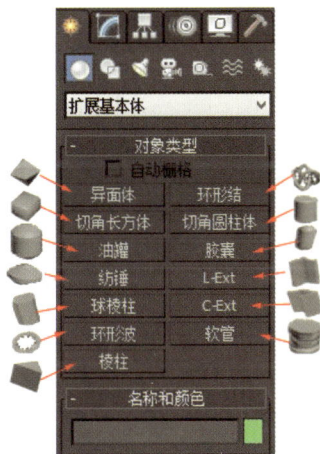

图2-33　扩展基本体的命令面板

3. 几何体参数类型

几何体的参数主要分为两大类型：

1 名称和颜色。对创建的对象可以定义名称、设置颜色；

2 参数。可以设置与形态有关的数值，单击数值框 右侧的上下箭头更改数值，也可以直接用键盘输入数值。注意：在调整数值的过程中视图中的几何模型形态会同步发生变化。

任 务拓展

运用球体、圆锥体完成雪人模型的制作，效果如图2-34所示。

图2-34　雪人效果图

任务 ③ 制作闹钟刻度

任务分析

闹钟的刻度、数字都是由多个相同的对象按一定的规律进行排列的，其特点是这些对象围绕着中心点放射状均匀分布。3ds Max提供的阵列工具▓▓可用于大量有序地复制图形，本任务将使用阵列工具完成闹钟数字和刻度图形的制作。

任务实施

1 重新设置系统。打开任务2保存的"猫头鹰闹钟主框架"文件，设置闹钟外框架隐藏。

2 表盘数字制作。单击▓（创建）→▓（图形）→ █文本█ 按钮，打开图形创建命令面板，在参数卷展栏中设置文本的大小及数值，如图2-35所示，在前视图创建文本"12"，将文本的颜色设置为黑色，使用▓（移动）工具将文本移动到合适的位置，如图2-36所示。

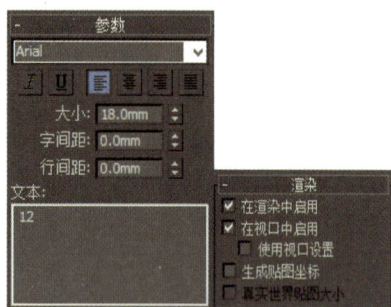

图2-35　设置文本参数

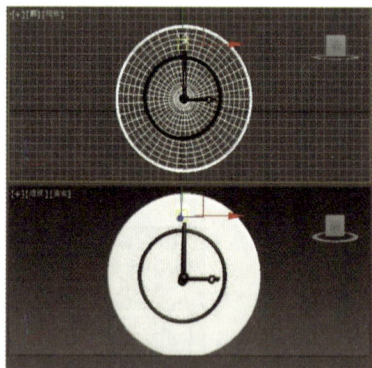

图2-36　创建文本到合适位置

3 单击▓（层次）→█轴█→█仅影响轴█按钮，如图2-37所示。在前视图中使用▓（移动）工具将文本轴心点移到表盘的中心位置，如图2-38所示。

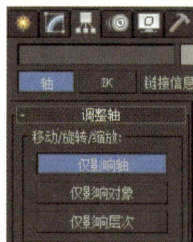

图2-37　选择轴

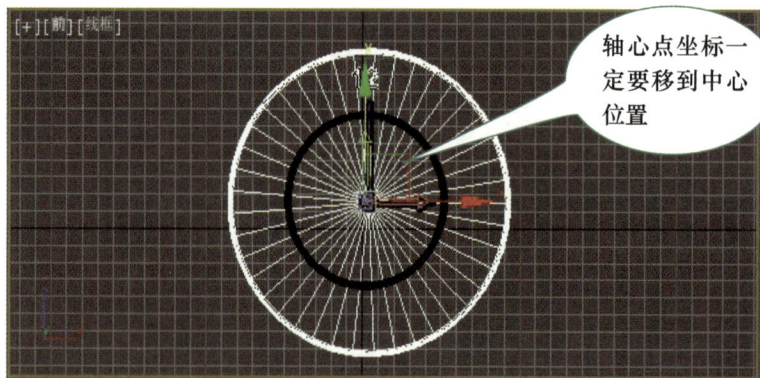

轴心点坐标一定要移到中心位置

图2-38　设置轴的中心位置

4 在工具栏空白处单击鼠标右键，在弹出菜单中选择"附加"命令，在浮动工具栏中单击▓（阵列）按钮，如图2-39所示。在弹出的"阵列"对话框中设置阵列参数，单击"确定"，阵列复制完成的效果如图2-40所示。

图2-39　阵列工具选择　　　　　　　　图2-40　阵列复制完成效果

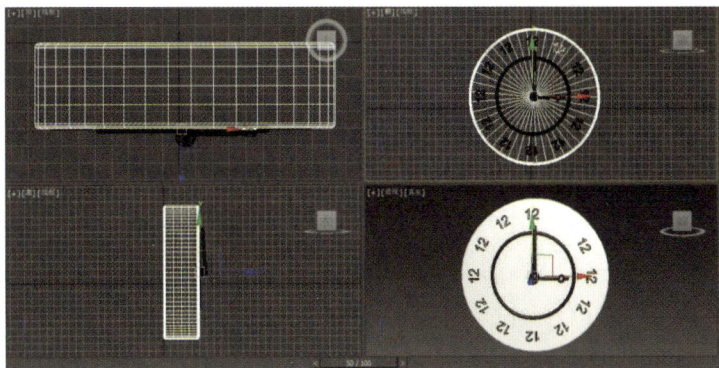

5 选中闹钟1点位置的文本"12"，单击 按钮，在参数面板的文本输入区将数字12改为"1"。用同样的方法修改其他数字，效果显示如图2-41所示。

6 表盘刻度制作。单击 → 按钮，进入图形创建命令面板，单击 ![线]按钮，在前视图中创建一短直线，用移动工具调整到数字12的上方。单击 按钮，在渲染参数卷展栏中设置厚度值为2，参考步骤**3**、步骤**4** 完成刻度阵列复制。

7 对指向数字的直短线进行修改。在前视图中，选择数字文本"12"上方的短线，单击 按钮，将渲染选项中的厚度设置为"3"，在修改列表下方选择次子对象"顶点"，将线段加长。效果如图2-42所示。

图2-41　修改文本数字　　　　　　图2-42　表盘刻度制作完成效果

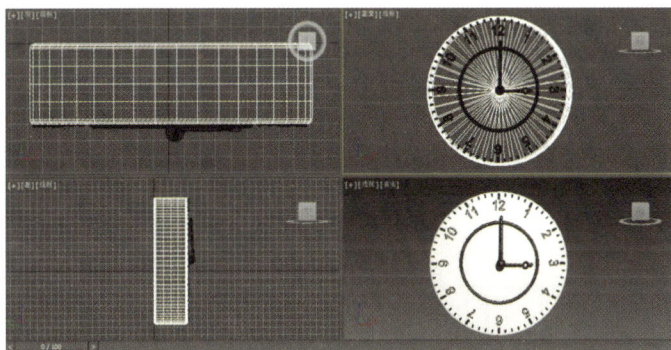

8 在视图中单击右键，在快捷菜单中选择"全部取消隐藏"，适当调整位置，整个闹钟的模型就全部完成了。最终的效果如图2-43所示。将文件保存为"猫头鹰闹钟.max"。

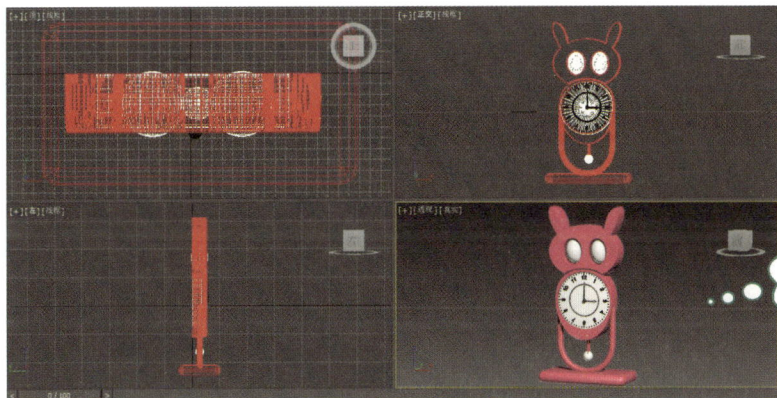

效果还不错！

图2-43　猫头鹰闹钟模型图

任务拓展

在制作三维场景时，经常需要制作大量形态相同的物体，可以通过复制功能来快速完成这项工作，在3ds Max中提供了克隆、镜像及阵列等多种常用的物体复制命令。

练习：

1. 运用标准基本体及扩展基本体、二维线形及阵列工具完成椅子的制作，效果如图2-44所示。

2. 完成生日蛋糕的制作，效果如图2-45所示。

图2-44 椅子制作效果图   图2-45 蛋糕制作效果图

任务 4 设置闹钟材质与灯光

任务分析

本任务通过卡通闹钟的制作，学习3ds Max材质编辑器和标准灯光的使用方法，掌握塑料材质明暗属性和玻璃透明效果的设置方法，熟悉光线跟踪的设置，使产品场景产生更逼真的效果。

任务实施

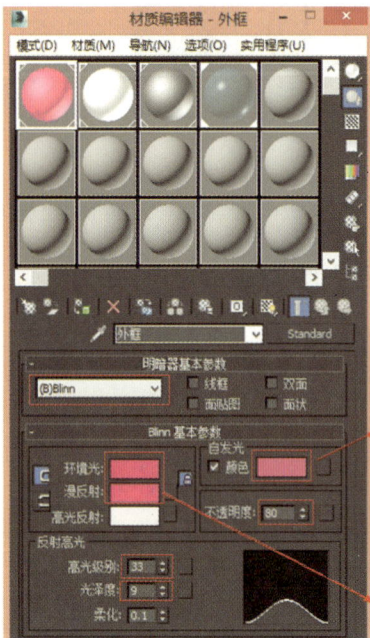

图2-46 外框架塑料材质参数设置

1 打开"猫头鹰闹钟.max"文件。在顶视图创建切角圆柱体作为圆桌面，参数设置：半径为1800，边数为24。利用移动工具将其放在闹钟下面。

2 外框架塑料材质。按<M>键，打开"材质编辑器"窗口，如图2-46所示。选择第一个材质样本球，将其命名为"外框"，在"Blinn基本参数"选项组中单击"环境光"右侧的色块，在弹出的"颜色选择器"对话框中设置颜色：红、绿、蓝的数值分别为243，8，60。

3 单击子选项组"自发光"右下的色块，在弹出的"颜色选择器"对话框中设置颜色：红、绿、蓝的数值分别为209，21，68。在子选项组"反射高光"中设置"高光级别"为33，"光泽度"为9，"不透明度"为80。将设置好的材质指定给框架。

4 设置下摆锤的材质。选择第二个材质球，将其命名为"摆锤"，在"明暗器基本参数"卷展栏的"明暗器类型"下拉列表框中选择"金属"选项。设置漫反射为白色，高光级别为180，光泽度为22，将编辑好的材质赋予下摆锤。

5 眼睛材质。选择第三个材质球，将其命名为"眼睛"，在"明暗器基本参数"卷展栏的"明暗器类型"下拉列表框中选择"Blinn"选项。设置漫反射为灰色（红、绿、蓝均为82），高光级别为92，光泽度为10，不透明度为65，将编辑好的材质指定给猫头鹰眼睛。

6 设置目标聚光灯。单击 ◈（创建）→ ◣（灯光）→ 目标 按钮，在视图中创建一盏目标聚光灯，然后参照图2-47调整聚光灯的位置。

7 设置目标聚光灯参数。切换到"修改"命令面板，展开"常规参数"卷展栏。在"阴影"选项组中勾选"启用"复选框。展开"强度"→"颜色"→"衰减"卷展栏，设置倍增为0.8，颜色为白色。展开"聚光灯参数"卷展栏，设置"聚光区"→"光束"为30，"衰减区"→"区域"为45。展开"阴影参数"卷展栏，设置颜色为灰色（红、绿、蓝均为69），密度为0.8，如图2-48所示。

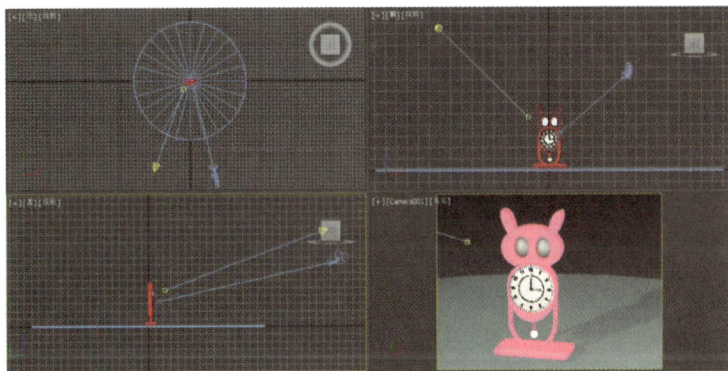

图2-47　创建目标聚光灯　　　　　图2-48　聚光灯参数设置

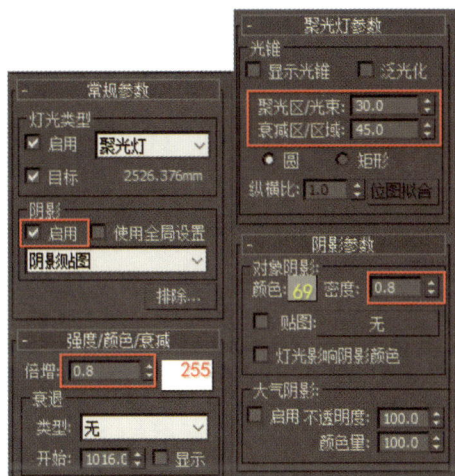

8 设置泛光灯。为使卡通闹钟右边不出现黑影，提高右侧的亮度，在右侧摄影机下方添加一泛光灯，如图2-49所示。切换到"修改"命令面板，展开"强度"→"颜色"→"衰减"卷展栏，设置倍增为0.4，颜色为白色（RGB为255）。

9 激活透视图，按 ◈（渲染产品）按钮，对场景进行渲染，完成实例的制作。

最终效果图如图2-50所示。

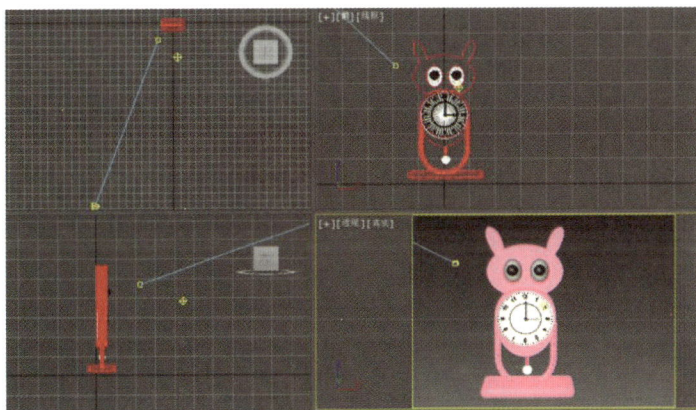

图2-49　创建泛光灯　　　　　　　图2-50　效果图

必备知识

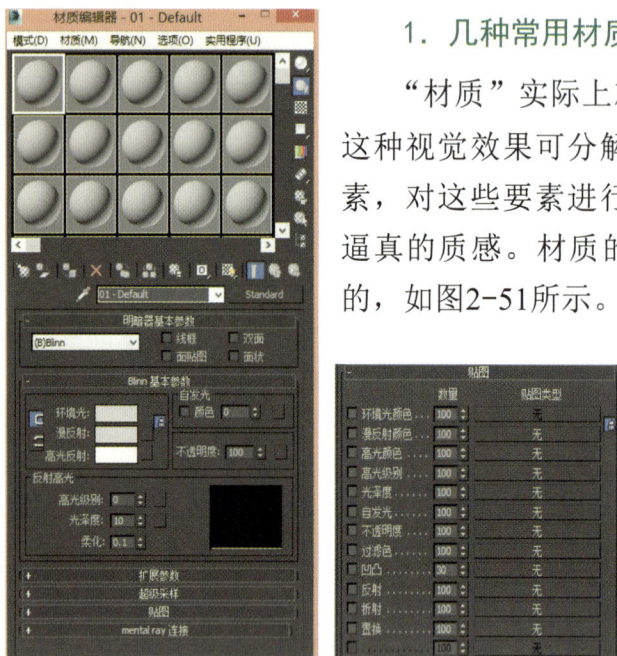

图2-51 材质编辑器

1. 几种常用材质的设置方法

"材质"实际上就是3ds Max 系统对真实物体视觉效果的模拟，这种视觉效果可分解为颜色、纹理、反光、自发光、透明等诸多要素，对这些要素进行不同的参数调整就能产生塑料、玻璃、金属等逼真的质感。材质的编辑制作是通过3ds Max的材质编辑器来完成的，如图2-51所示。

（1）塑料材质的设置

在材质编辑器对话框的"明暗器基本参数"卷展栏中，明暗属性若选择"Blinn（胶性）"或"Phong（塑性）"，则可以很好地模拟从高光到阴影区自然色彩变化的材质效果，使塑料质感表现得较强。在基本参数卷展栏中，塑料材质的高光级别取值为20～40，光泽度取值在10左右，不透明度取值为80～100。

（2）金属材质的设置

在材质编辑器对话框的"明暗器基本参数"卷展栏中，明暗属性选择"金属"，这是专门模拟金属材质的明暗模式。在基本参数卷展栏中，金属材质的颜色一般为白色或灰白色，高光级别取值为100～200（一般取值足够高），光泽度偏低。

（3）玻璃材质的设置

在材质编辑器对话框的"明暗器基本参数"卷展栏中，明暗属性若选择"Blinn（胶性）"或"各向异性"，可用于模拟具有反光异向性的材料。在基本参数卷展栏中，高光级别取值为50～70，光泽度与高光级别较接近，玻璃的一个重要设置就是不透明度一般低于80。另一重要参数就是要在"贴图"卷展栏中设置"反射"，贴图类型选择"光线跟踪"，贴图数量选择15～30。

2. 灯光主要参数的设置

摄影机和灯光的设置是场景组成的重要部分，摄影机和灯光效果的好坏直接影响到整体效果。在效果图的制作过程中，灯光效果是很难控制的，需要大量的练习。本任务用到的灯光主要参数设置见表2-1。

表2-1 灯光主要参数设置

类　　型	图 形 符 号	主要参数设置	说　　明
目标聚光灯	（光源）　　（目标点）	1）常规参数：灯光类型，阴影启用，照射对象； 2）强度、颜色、衰减参数：颜色、亮度倍率、衰减效果； 3）聚光灯参数：光锥（聚光区和衰减区）； 4）阴影参数：阴影颜色、密度、贴图	效果图场景中的灯光设置，应该先设置主光源，后设置辅助光源（如本任务中目标聚光灯为主光源，泛光灯为辅助光源），光线较强时主光源的"倍增器"数值要大于1，光线较弱时"倍增器"数值要小于1。一般情况下，辅助光源"倍增器"数值设置应该考虑小于1
泛光灯	（光源）	同上	

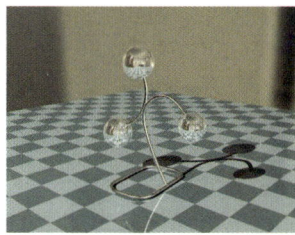

图2-52 玻璃和金属效果

任务拓展

塑料、金属及玻璃材质是在材质设置中经常要接触到的。给造型赋予材质在效果图制作中是很重要的一步，需要注意的是，材质不仅要与造型相配，而且还要与周围环境协调一致，参数只能提供参考，多数情况下需要通过反复试验才能达到满意效果，所以要多练习，不断积累经验，如此才能打下坚实的基础。

1．在配套素材中的"项目2/任务拓展/玻璃和金属.max"文件，使用反射贴图制作如图2-52所示的玻璃和金属效果。

2．在配套素材中的"项目5/任务拓展/沐浴露.max"文件，进行塑料、贴图及灯光设置，制作如图2-53所示的沐浴露效果图。

图2-53 沐浴露效果图

🎓 项目评价

本项目是一个典型的二维线经过样条线编辑加上修改命令转化为三维模型制作的综合运用实例，通过制作猫头鹰闹钟模型，主要学习了二维样条线次子对象的编辑方法，包括节点调整、编辑样条线的轮廓、附加以及布尔运算。使用倒角修改命令将二维线转化为三维形体，在制作表盘时还使用了阵列工具。

猫头鹰闹钟模型在材质设置中充分运用了几种典型的材质，如塑料、金属、玻璃材质等，并通过灯光环境特效将场景气氛烘托得更加生动。

下面，给你自己做个评价吧。

	很 满 意	满 意	还 可 以	不 满 意
项目的完成情况				
与同组成员沟通及协作情况				
掌握的知识点				
产品设计评价				
体会和经验				

实战强化

1．利用二维线编辑及挤出修改命令制作钥匙效果图，如图2-54所示。

2．利用二维线编辑及车削修改命令制作螺钉旋具效果图，如图2-55所示。

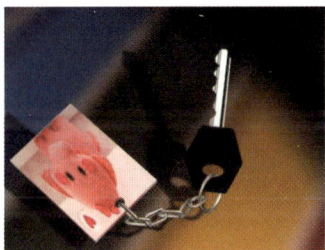

图2-54 钥匙效果图

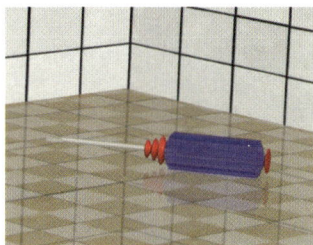

图2-55 螺钉旋具效果图

项目2 制作卡通闹钟

项目3
制作面具与弓箭

项目描述

在游戏中，面具与弓箭都是常见的道具，不同风格的面具能给不同的游戏角色增添神秘感，不同风格的弓箭也能体现出兵器的不同威力。在设计面具时，应注重塑造人物的正面形象，传递正能量，不能过于夸张地表现人物的负面形象。本项目设计制作一个游戏使用的面具与弓箭，将分成三个任务完成：第一个任务是制作3个不同的面具并设置材质与花纹；第二个任务是制作传统的弓箭；第三个任务是整合、配置周边环境，突出面具与弓箭的效果。设计草图如图3-1所示。

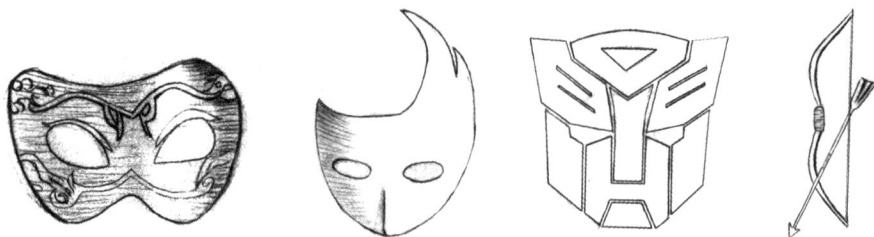

图3-1　设计草图

任务 1 设计面具

任务分析

制作面具，可以利用3ds Max中创建面片栅格的方法，然后通过修改工具调整成需要的形状。

任务实施

1. 面具1的设计

准备工作：重置系统。

① 选择三维图形的建立方式，单击命令面板上 ▓（"创建"选项卡）中的 ▓（几何体）按钮。

② 建立栅格图形。在下拉菜单中选择"面片栅格"命令，单击 四边形面片 按钮，在前视图拉出一个面片栅格，设置参数：长为800，宽为600，长度分段为20，宽度分段为20。结果如图3-2所示。

③ 转换成编辑多边形。选择面片栅格，单击鼠标右键，在弹出的快捷菜单中选择"转换为"→"转换为可编辑多边形"命令，把面片栅格转换成可编辑的多边形，这时就可以对它的

点、边、面等部分进行修改了，如图3-3所示。需要注意的是，栅格的数量要适中，过多则占用内存空间，过少则影响模型的精细度。

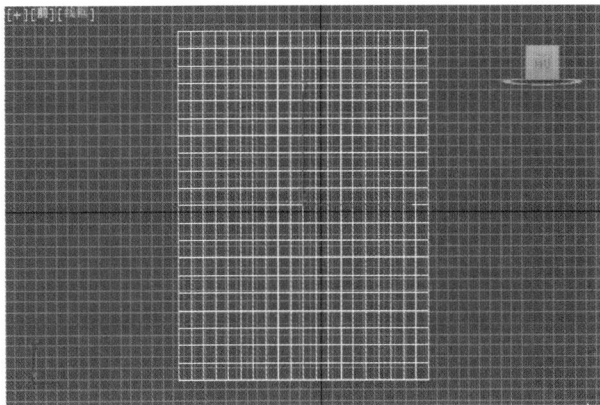

图3-2　建立栅格图形

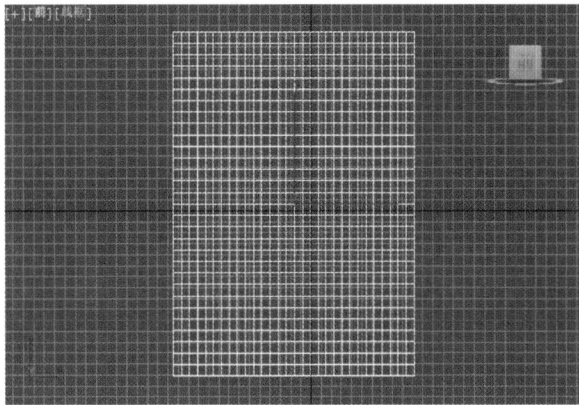

图3-3　转换成可编辑多边形

4 删除多余的面。单击■（面）按钮，进入面编辑层级，参考图3-4把多余的面删除。

5 修改。单击■（点）按钮，进入"点"编辑层级，参考图3-5，利用■（选择并移动）工具移动需要修改的点，产生面具的基本形状。

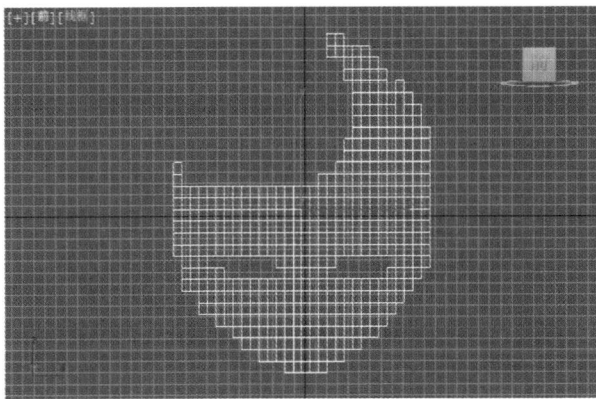

图3-4　删除多余面

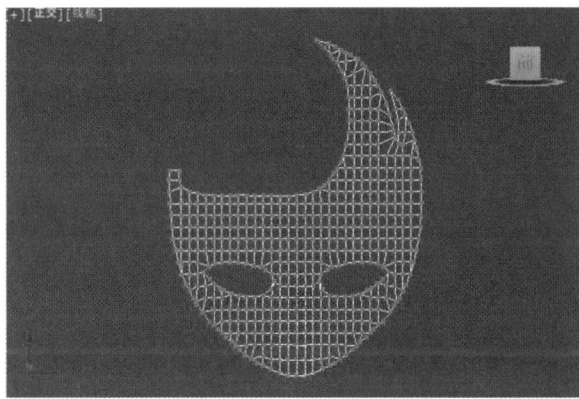

图3-5　用"点"修改模型

6 弯曲。在修改器列表的下拉菜单中选择"弯曲"并设置参数：弯曲角度为70，弯曲轴为X。再加入网格平滑，结果如图3-6所示。这样，面具就基本完成了。

7 返回修改鼻子。单击修改历史列表中的"编辑多边形"，再单击■（点）按钮，进入点编辑层级，在左视图和顶视图，利用■（选择并移动）工具，移动需要修改的点，形成鼻子的形状，结果参考图3-7。

图3-6　弯曲成型

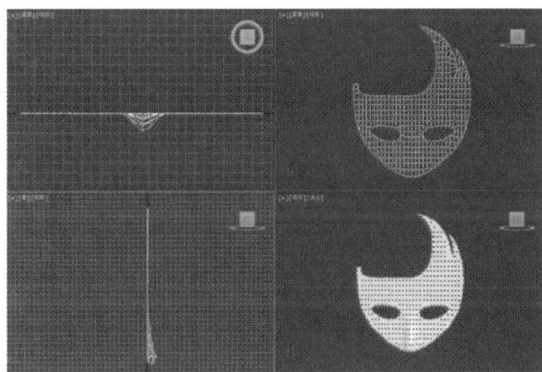

图3-7　调整鼻子位置

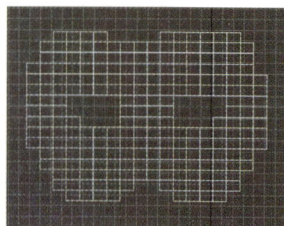

8 返回"网格平滑"层级，整个面具就基本完成了。

9 保存文件"面具1.max"。

2. 面具2的设计

参考图3-8～图3-10制作面具2，保存为文件"面具2.max"。

图3-8　基本面

3. 面具的材质设置

在面具上设计不同的个性花纹，要用UVW展开的贴图方式来贴图，通过贴图可以让简单的模型变得逼真，而且只占很少的储存空间，但UVW展开贴图对设计者的美术设计能力要求比较高，设计者要善于利用线条、颜色和光影来实现模型的效果。游戏道具的设计人员分为平面设计师和三维设计师，平面设计师就是贴图的设计者。

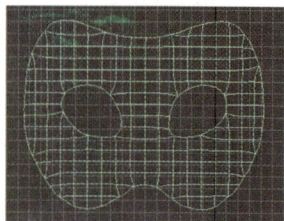

图3-9　修改成形

4. 准备好面具的贴图文件

1 打开"面具2.max"文件。

2 打开UVW编辑器。打开修改命令面板，在"修改器列表"的下拉列表中选择"UVW展开"，打开"UVW贴图"面板，单击 打开UV编辑器… 按钮，打开"编辑UVW"窗口，如图3-11所示，这是面具展开后的贴图画面，很明显面具倒过来了。

图3-10　修改完成后

3 单击编辑器下方的 ■（多边形）按钮，执行"贴图"→"展平贴图"命令，再利用"选择并移动"工具、"旋转"工具，把面具图形调整回正面，结果如图3-12所示。

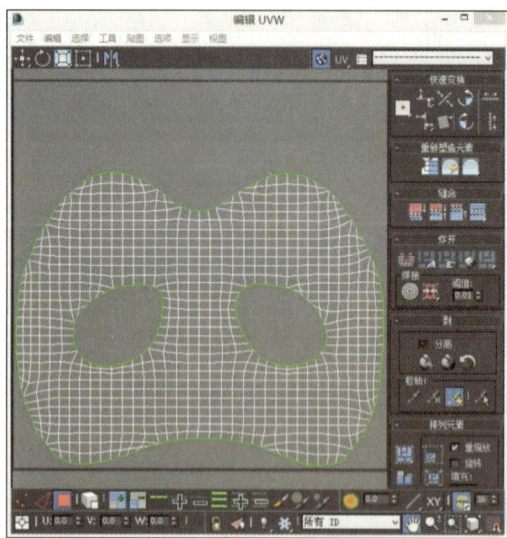

图3-11　"编辑UVW"窗口

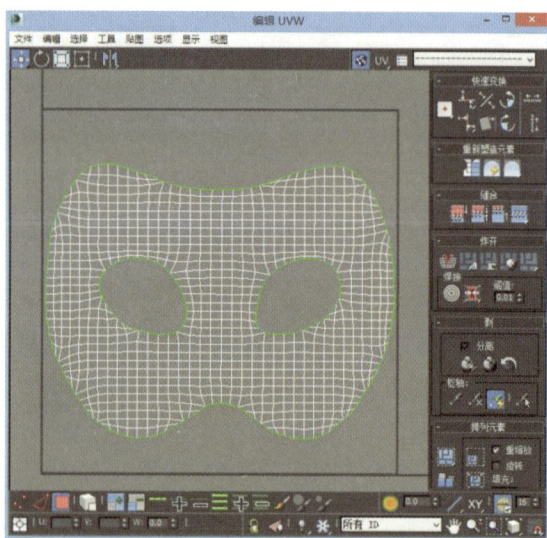

图3-12　调好位置的画面

4 执行"工具"→"渲染UV面板"命令，弹出"渲染UVs"对话框，如图3-13所示。单击 渲染UV模板 按钮，渲染UV贴图，结果如图3-14所示。单击 ■（保存图形）按钮，保存为"面具2.png"文件。PNG是无背景文件，以这种格式保存，描绘后就不用再作背景的处理，直接可以用于贴图了。

如果是团队合作，则可以把"面具2.png"文件交给平面设计师绘制面具的图案。下面继续将此PNG文件转换为JPG格式的文件，然后利用这个JPG格式的文件来贴图。

项目3　制作面具与弓箭

5 描图。打开Photoshop及文件"面具2.png"，如图3-15所示。新建一个图层，并在图层上面具的范围内绘制出面具的花纹，如图3-16所示。

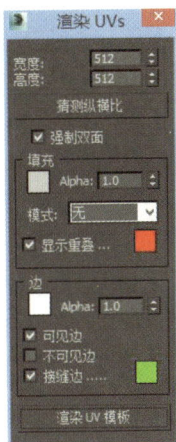

图3-15 在Photoshop中打开的贴图文件

图3-13 "渲染UVs"对话框　　图3-14 渲染UV贴图　　图3-16 在Photoshop中绘制面具

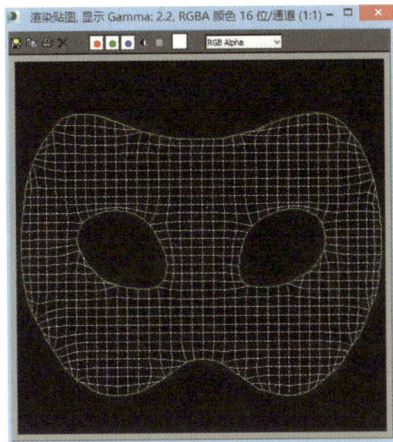

6 保存为JPG文件"面具2.jpg"。面具的贴图文件制作完毕，返回到3ds Max中进行贴图。

7 贴图。打开材质编辑器，选择"示例球01"，改名为"面具2"，单击"漫反射"旁的小按钮，进入"材质/贴图浏览器"，执行"标准"→"位图"命令，再选择"面具2.jpg"文件，"面具2"示例球就贴上了图片，结果如图3-17所示，单击 ■（将材质指定给选定对象）按钮，面具2的贴图完成。

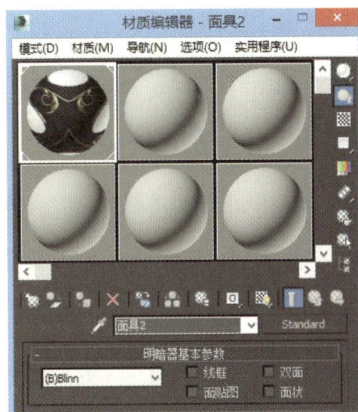

8 观察贴图效果。选择面具，单击 开UV编辑器… 按钮，打开"编辑UVW"编辑器。在右上角的下拉列表中选择"拾取纹理"，选择"面具2.jpg"文件，如图3-18所示。此时可以利用"选择并移动"工具、"旋转"工具来调整面具的位置，优化贴图的效果。面具的贴图完成，渲染后的效果如图3-19所示。

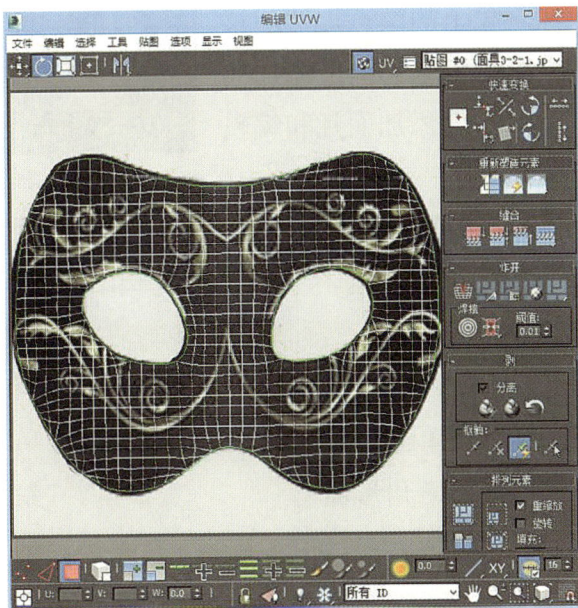

图3-17 材质编辑器

项目3 制作面具与弓箭

图3-18 在"编辑UVW"中贴图　　图3-19 渲染后的效果

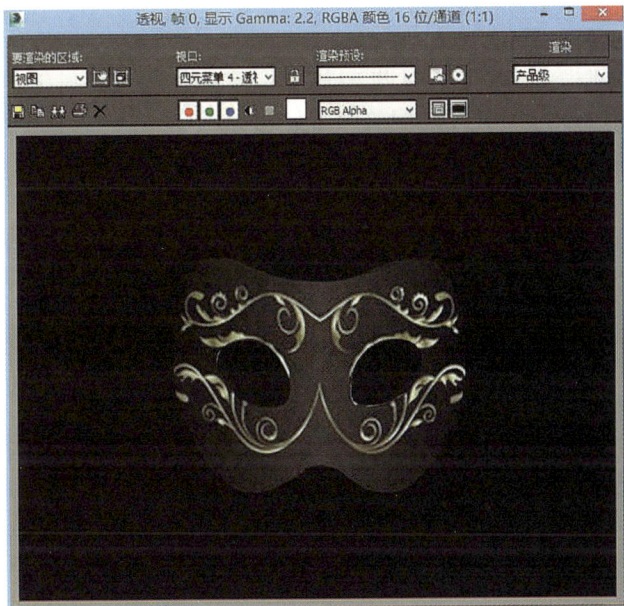

必备知识

1. 面片栅格

　　面片建模是一种表面建模方式，通过"面片栅格"制作表面并可对其进行任意修改而完成模型的创建工作。在3ds Max中创建面片的种类有两种："四边形面片"和"三角形面片"，如图3-20所示，这两种面片的不同之处是它们的组成单元不同。在使用面片网格进行建模时，"四边形面片"适合于创建表面光滑的模型，"三角形面片"则适合于创建有褶皱的模型，所以在创建面片对象前，应根据需要选择合适的面片。

图3-20　面片栅格面板

　　"面片栅格"以平面对象开始，但通过使用"编辑面片"修改器或将栅格的修改器堆栈"塌陷"到"修改"面板的"可编辑面片"中，则可以在任意的3D曲面中进行修改。

　　"面片栅格"可以使用各种修改器（如"柔体"和"变形"修改器）来设置"面片"对象的曲面动画。使用"可编辑面片"修改器可设置控制顶点和面片曲面的切线控制柄的动画。

　　可以将基本面片栅格转化为"可编辑面片"对象。"可编辑面片"对象有多种控件可供编辑，使用这些控件可以直接控制该面片及其子对象。例如，在"顶点"子对象层级上，可以移动顶点或调整它们的Bezier控制柄。使用"可编辑面片"可以创建比基本、矩形面片更不规则、更任意的曲面。

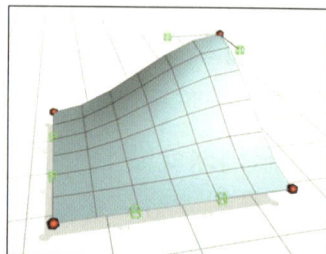

　　1 四边形面片：默认创建有36个可见矩形面的平面栅格，如图3-21所示。

　　编辑"四边形面片"的步骤：

图3-21　四边形面片

　　①使用 ■（选择对象）选择"四边形面片"模型。

　　②在"修改"面板堆栈视图中的"四边形面片"上单击鼠标右键，在弹出的快捷菜单中选择"可编辑面片"命令，这样该"四边形面片"塌陷为一个"可编辑面片"。

　　③在"选择"卷展栏上，单击 ■（顶点）。

　　④在任何视口中，使用 ■（选择对象）选择面片对象上的顶点，然后移动该顶点以更改曲面拓扑。在"边"子对象层级上，可以沿着任何边添加面片。从单个面片开始创建复杂的面片模型。 例如，可以通过添加面片和编辑面片顶点来创建耳朵，如图3-22所示。

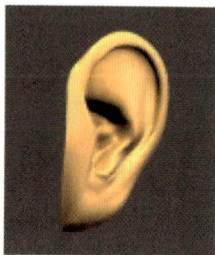

图3-22　耳朵模型

　　2 三角形面片：默认创建具有72个三角形面的平面栅格。该面数保留72个，不必考虑其大小。当增加栅格大小时，面会变大以填充该区域，如图3-23所示。

　　编辑"三角形面片"的步骤：

　　①使用 ■（选择对象）选择"三角形面片"。

　　②在 ■（修改）面板堆栈视图中的"三角形面片"上单击鼠标右键，在弹出的快捷菜单中选择"可编辑面片"，这样该"三角形面片"塌陷为一个"可编辑面片"。

　　③在"选择"卷展栏上，单击 ■（顶点）。

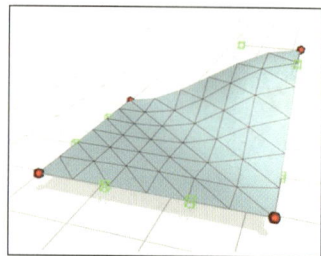

图3-23　三角形面片

　　④在任何视口中，使用 ■（选择对象）选择面片对象上的顶点，然后移动该顶点以更改曲面拓扑。

2．弯曲修改器

"弯曲修改器"可将当前选中的几何体对象围绕某个轴均匀弯曲，最大弯曲的角度为360°。此功能可以在任意三个轴上控制几何体弯曲的角度和方向，也可以对几何体的局部进行弯曲。

3．修改器堆栈

修改器堆栈如图3-24所示。

图3-24　修改器堆栈

Gizmo：可以在此子对象层级上与其他对象一样对Gizmo进行变换并设置动画，也可以改变弯曲修改器的效果。转换Gizmo将以相等的距离转换它的中心，根据中心转动和缩放Gizmo。

中心：可以在子对象层级上平移中心并对其设置动画，改变弯曲Gizmo的图形，并由此改变弯曲对象的图形。

4．参数面板

参数面板如图3-25所示。其各项参数如下：

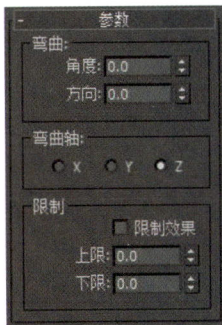

角度：从顶点平面设置要弯曲的角度。范围为 -999 999.0～999 999.0。

方向：设置弯曲相对于水平面的方向。范围为-999 999.0～999 999.0。

限制效果：将限制约束应用于弯曲效果。默认设置为禁用状态。

图3-25　参数面板

上限：以世界单位设置上部边界，此边界位于弯曲中心点上方，超出此边界弯曲不再影响几何体。上限值的范围为0～999 999.0，默认值为0。

下限：以世界单位设置下部边界，此边界位于弯曲中心点下方，超出此边界弯曲不再影响几何体。下限值的范围为-999 999.0～0，默认值为0。

任务拓展

参考图3-26～图3-28完成面具3的制作。保存文件"面具3.max"，留待后面贴图时使用。

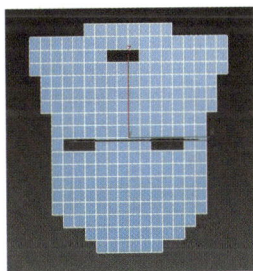

图3-26　面具3的制作1　　图3-27　面具3的制作2　　图3-28　面具3的制作3

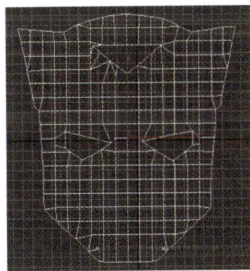

任务 2　制作弓箭

任务分析

精细的弓箭由很多部分组成，如图3-29所示，但它基本由四个部分组成：握把、弓体、弓弭尾和弓弦。因此，利用3ds Max制作三维弓箭时，只要制作这四部分就行了。

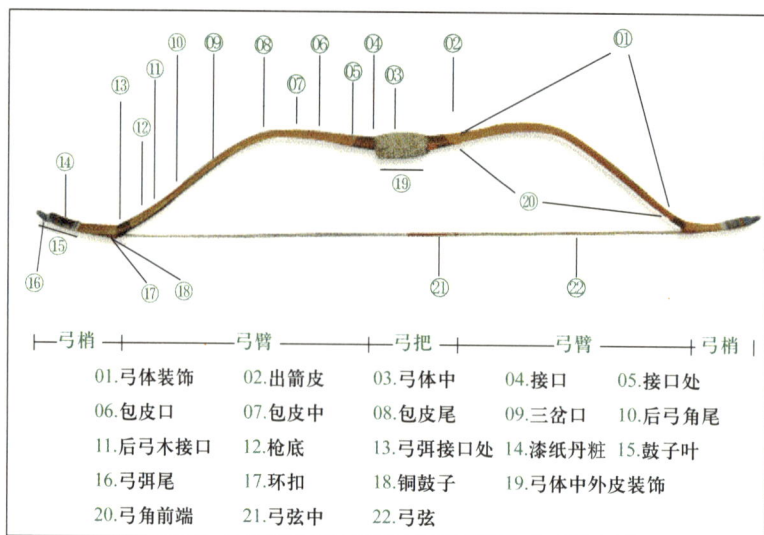

图3-29 弓箭的结构图

01.弓体装饰　02.出箭皮　03.弓体中　04.接口　05.接口处
06.包皮口　07.包皮中　08.包皮尾　09.三岔口　10.后弓角尾
11.后弓木接口　12.枪底　13.弓弭接口处　14.漆纸丹粧　15.鼓子叶
16.弓弭尾　17.环扣　18.铜鼓子　19.弓体中外皮装饰
20.弓角前端　21.弓弦中　22.弓弦

任 务实施

准备工作：重置系统。

一、弓的制作

1. "弓体中"（又称握把）的制作

1 选择三维图形的建立方式，单击命令面板上 ■（"创建"选项卡）中的 ●（几何体）按钮。

2 建立一个圆柱体。在下拉列表中选择"标准基本体"，单击 圆柱体 按钮，在左视图拉出一个圆柱体，设置半径为200，高度为600，高度分段为5，端面分段为1，边数为18，如图3-30所示。

3 变形。

① 设置变形修改器FFD。在命令面板"修改器列表"下拉菜单中选择"FFD（圆柱体）"，在编辑修改器堆栈中选择"控制点"，进入"点"的修改层级，如图3-31所示。

② 在"FFD参数"卷展栏中单击 设置点数 按钮，设置FFD尺寸：侧面为6，径向为4，高度为6，单击"确定"按钮结束，如图3-32所示。这样就设置了一个4×6×6的变形修改器，如图3-33所示。

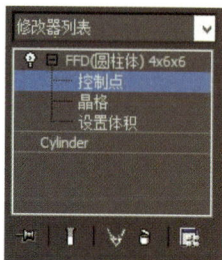

图3-31 加入"FFD"

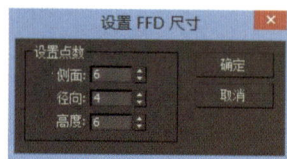

图3-32 设置点数

图3-33 FFD参数面板

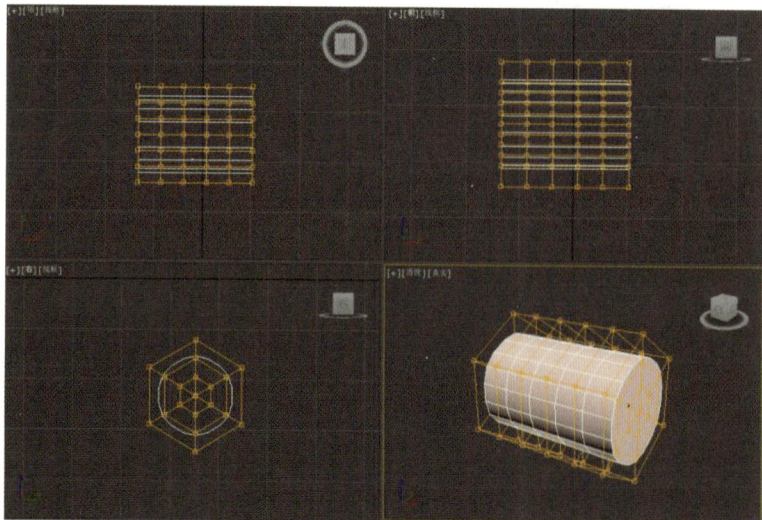

图3-30 创建圆柱体并设置参数

项目3 制作面具与弓箭

③顶点变形。用鼠标选择要修改的顶点，或利用工具栏中的 ▦（选择并移动）工具和 ▦（缩放）工具选择所有需要修改的顶点，分别在前视图、侧视图和顶视图中修改顶点，如图3-34所示。这样，"弓体中"的模型就完成了。

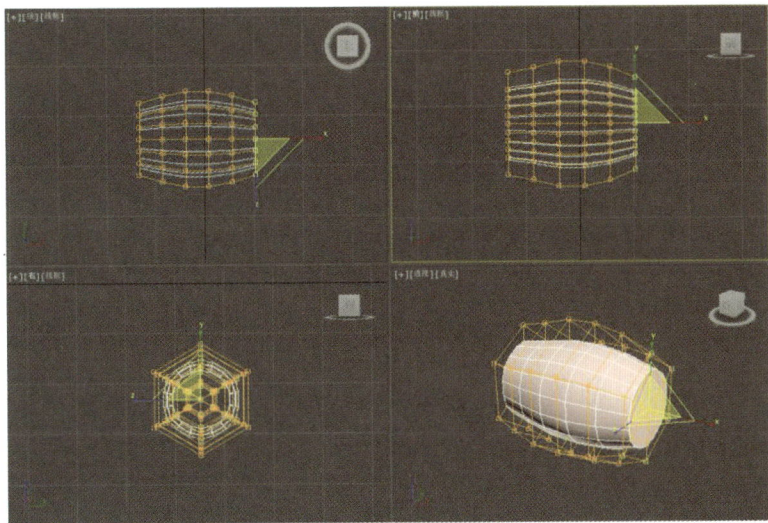

图3-34　修改模型

2. 弓体的制作

1 绘制弓体曲线形状。在前视图中绘制出弓体形状曲线，作为弓体的放样路径，如图3-35所示。

2 绘制截面图。在顶视图中绘制出三个椭圆形作为弓体三个部分的截面，用作弓体的放样图形，如图3-36所示。设置椭圆1的长度为230、宽度为80；椭圆2的长度为170、宽度为50；椭圆3的长度为190、宽度为70。

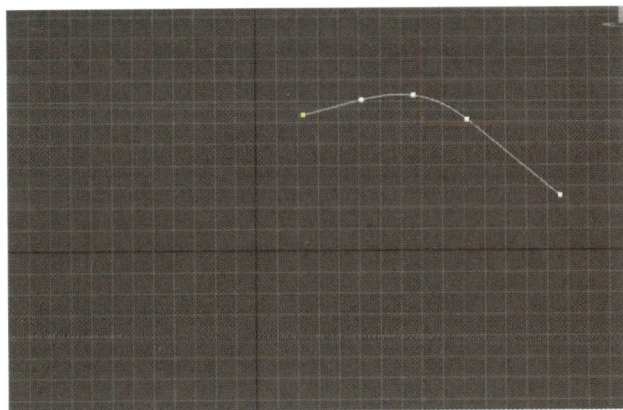

图3-35　弓体的放样路径

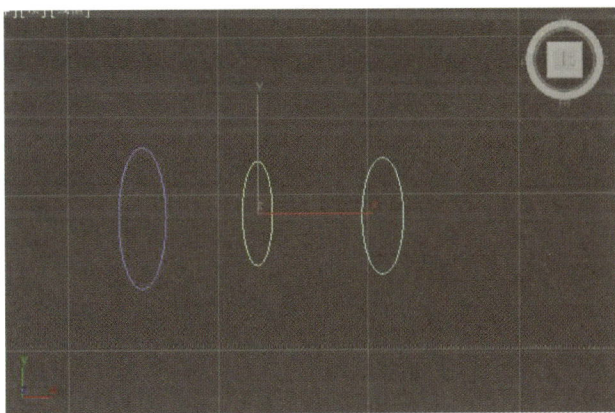

图3-36　弓体的放样截面图

3 进入放样命令面板。选择曲线，单击 ▦（"创建"选项卡）中的 ▦（几何体）按钮，在下拉列表中选择"复合对象"，在"对象类型"卷展栏中单击"放样"按钮，如图3-37所示。

4 放样。

①选择弓体曲线，在"路径参数"卷展栏中设置"路径"为0。在"创建方法"卷展栏中单击 获取图形 按钮，在顶视图中选择第一个椭圆图形，如图3-38所示。

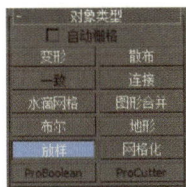

图3-37　"对象类型" 卷展栏

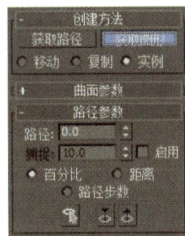

图3-38　"创建方法" 卷展栏

这时在路径曲线开始的位置以第一个椭圆图形作为截面来放样。

②设置"路径"为50，单击 ■获取图形■ 按钮，在顶视图中选择第二个椭圆。这时在路径曲线50%的位置以第二个椭圆图形作为截面来放样。

③设置"路径"为100，单击 ■获取图形■ 按钮，在顶视图中选择第三个椭圆。这时在路径曲线最末端以第三个椭圆图形作为截面来放样，透视图的效果如图3-39所示。

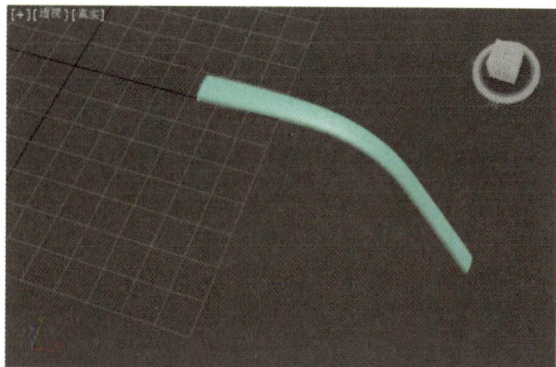

图3-39　透视图效果

5 镜像复制。先将"弓体中"和放样后的弓体部分调整好位置，以便为复制做参考，如图3-40所示。单击工具栏上的 ■■ （镜像）按钮，打开"镜像"对话框，如图3-41所示，在"镜像轴"选项组中选择"X"轴，偏移量设置为-3000（根据具体情况修改），在"克隆当前选择"选项组中选择"复制"，并单击"确定"按钮，镜像复制后的整个弓体如图3-42所示。

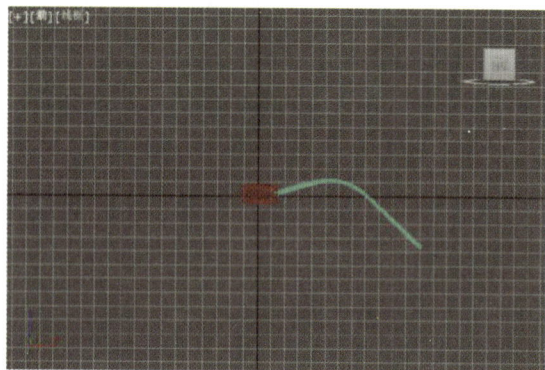

图3-40　摆放位置

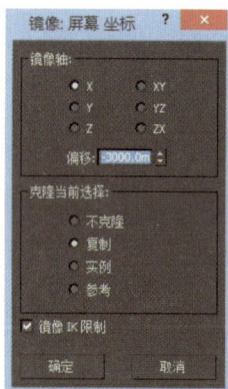

图3-41　"镜像"对话框

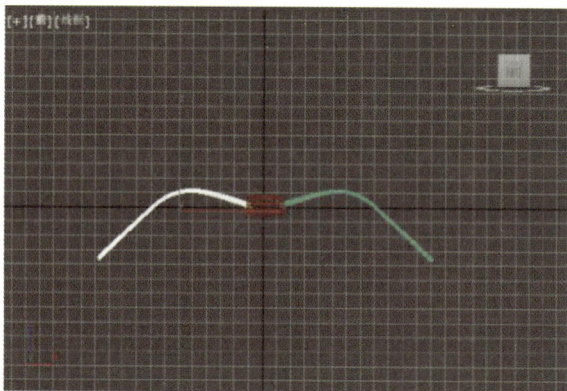

图3-42　复制另一半"弓体"和"弓体中"

3. 弓弭尾和弓弦的制作

它们的制作方法与弓体相同，请参考图3-43～图3-47来制作。

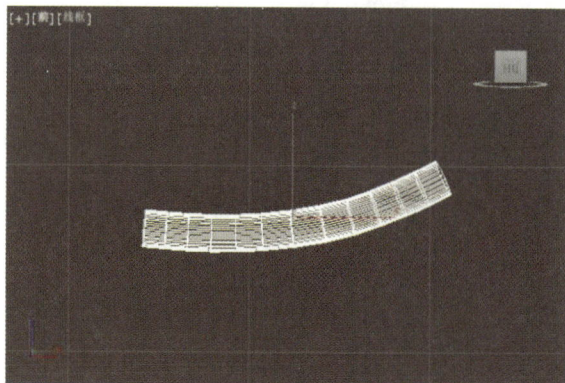

图3-43　放样

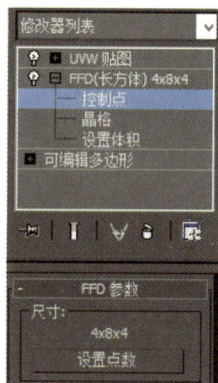

图3-44　加入"FFD"修改器

项目3　制作面具与弓箭

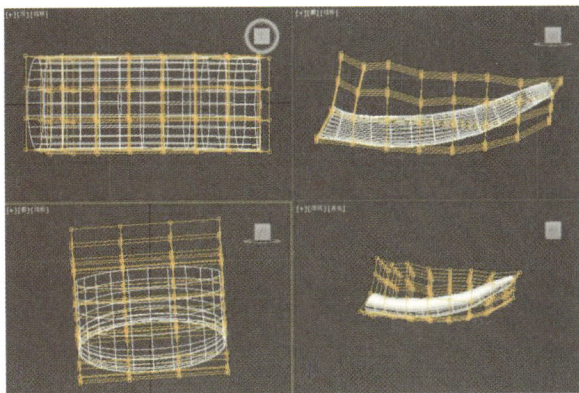

图3-45　变形

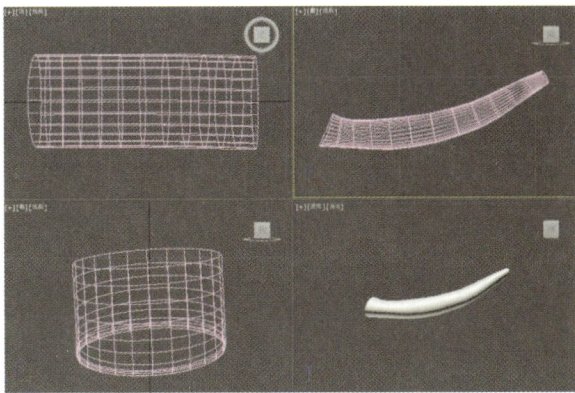

图3-46　成形

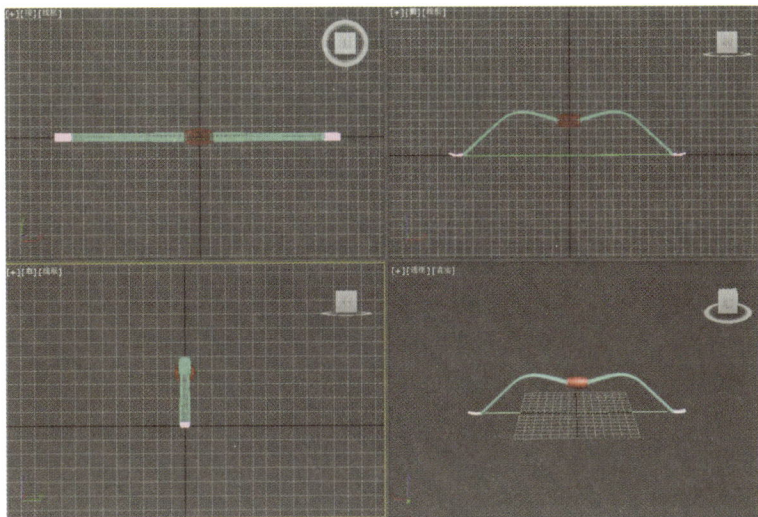

图3-47　最后效果图

过程：绘制曲线与截面图→"放样"→加入"FFD（长方体）"→"变形"→复制→移动、缩放成形。弓弦用制作圆柱体的方法完成。

4. 整合

利用"选择并移动"工具、"缩放"工具和"旋转"工具，把弓的各个部分组合起来成为"弓"。

二、箭的制作

1. 箭头的制作

■1 选择三维图形的建立方式，单击命令面板上 ■（"创建"选项卡）中的 ●（几何体）按钮。

■2 在前视图建立一个长方体。在下拉列表中选择"标准基本体"单击 ■长方体■按钮，在前视图拉出一个长方体，参数的设置及结果如图3-48和图3-49所示。

■3 打开"编辑网格"修改器。在命令面板"修改器列表"下拉列表中选择"编辑网格"，并单击 ■（点）进入"点"层级编辑状态，如图3-50所示。

■4 修改。

① 在前视图选择底部中间的两个点（前后各一个，所以要框选），并

图3-48　长方体参数

利用 ⊕ （选择并移动）工具把点向上移动，结果如图3-51所示。

②在前视图分别选择上面两边的两个点，并利用 ⊕ （选择并移动）工具把点移动到中间位置，结果如图3-52所示。

③在左视图分别选择上面两边的两个点，并利用 ⊕ （选择并移动）工具把点移动到中间位置，结果如图3-53所示。

图3-49　长方体

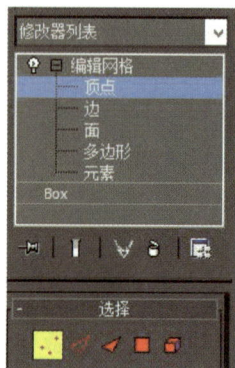

图3-50　"点"层级

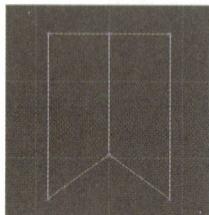

图3-51　中间点向上移

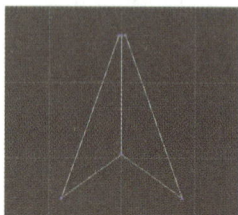

图3-52　在前视图修改箭头

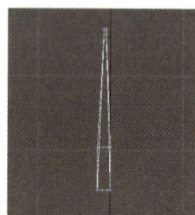

图3-53　在左视图修改箭头

这样就完成了箭头的制作，结果如图3-54所示。

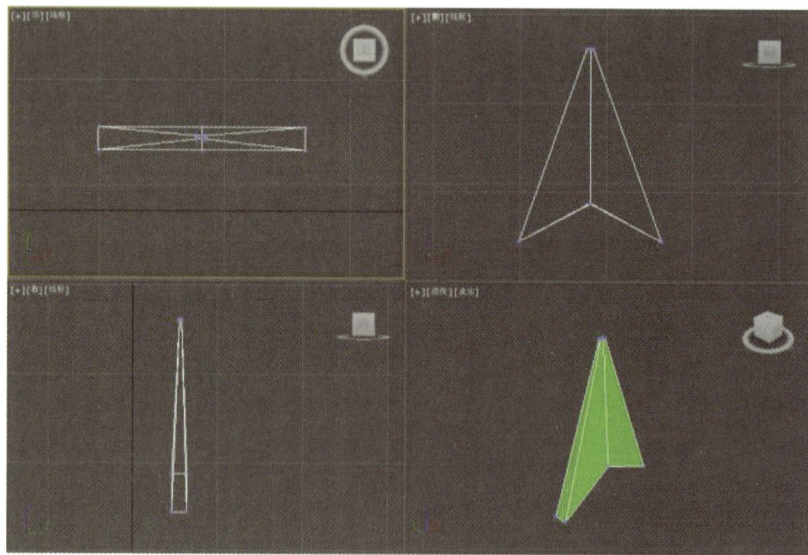

图3-54　箭头的效果图

2. 箭身的制作

箭身是一个长圆柱体。在顶视图建立一个圆柱体，设置半径为30，长度为6000（可根据比例调整参数）。

3. 箭羽的制作

1 画出箭羽的轮廓。利用线和点修改，画出基本轮廓，如图3-55所示。

[2] 挤出。在修改命令面板的"修改器列表"中选择"挤出"，如图3-56所示。在"参数"卷展栏中设置"数量"为30，结果如图3-57所示。

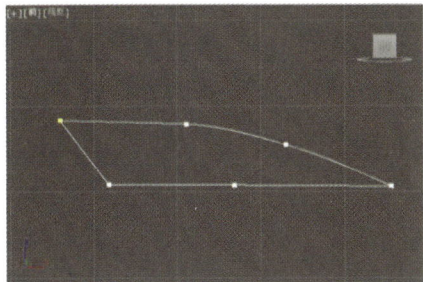

图3-55　箭羽的基本轮廓　　　　图3-56　修改命令面板　　　　图3-57　挤出成形

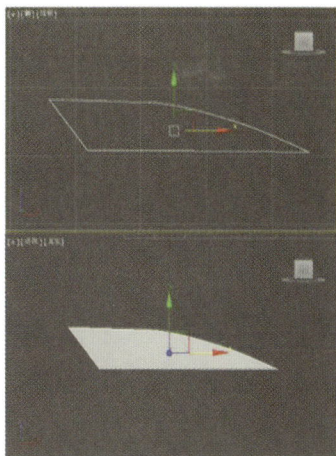

4. 整合

利用"选择并移动"工具、"缩放"工具和"旋转"工具，把箭的各个部分组合起来。要注意的是箭羽位置的摆放，如果用三片箭羽，那么每两片箭羽之间的角度是120°，为了准确定位，可以用"旋转并复制"工具来复制箭羽。

[1] 把箭羽垂直于箭头摆放，如图3-58所示。

[2] 移动箭羽的重心。在顶视图选择羽毛，单击命令面板上的 ▦ （"层次"选项卡），进入"层次"命令面板，如图3-59所示。单击 仅影响轴 按钮，发现顶视图中羽毛的重心在上方，如图3-60所示。

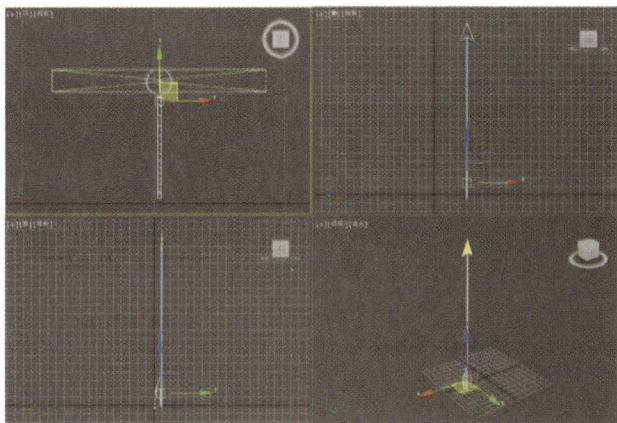

图3-58　完成箭的制作

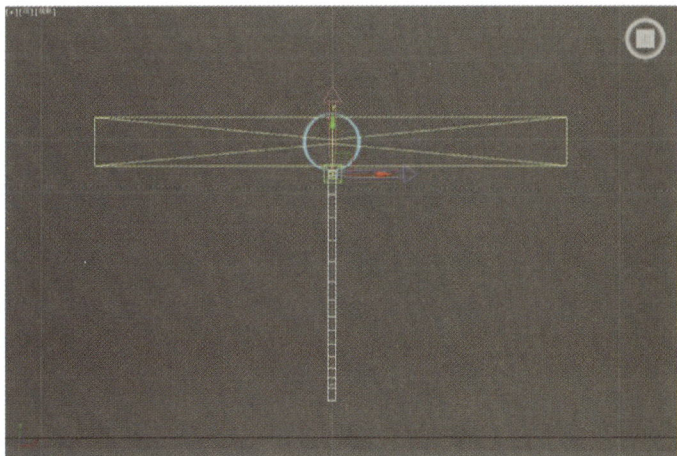

图3-59　层次面板　　　　图3-60　羽毛的重心位置

[3] 把重心向上移动到箭头的中心，如图3-61所示。这样做的目的是旋转移动的时候以此为中心。

[4] 复制。单击 ○ （旋转）工具，再单击 ▲ （角度捕捉）工具，按住<Shift>键，按住鼠标左键

在顶视图逆时针旋转，观察窗口下方X轴、Y轴、Z轴的值，当Z轴的角度值为120时，松开按键和鼠标，这时弹出"克隆选项"对话框，如图3-62所示。设置"副本数"（即复制的数量）为2，单击"确定"按钮完成3个箭羽均匀分布的复制，结果如图3-63所示。最后结果如图3-64所示。

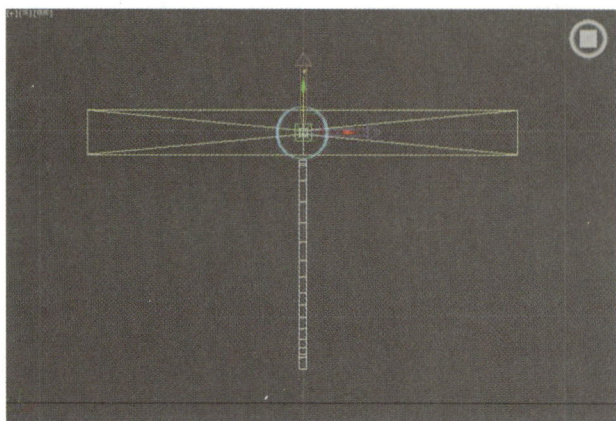

图3-61 向上移动重心到箭头中点

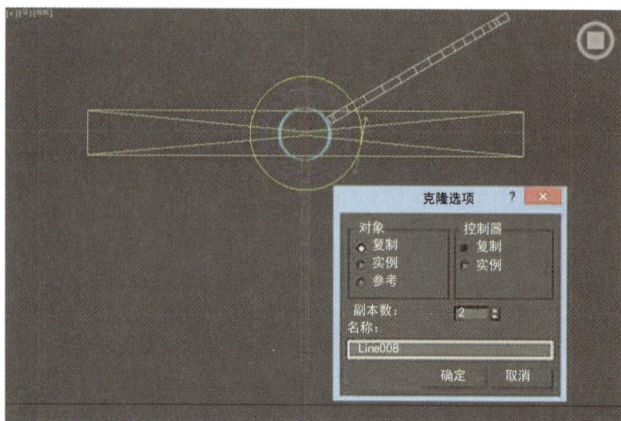

图3-62 旋转复制

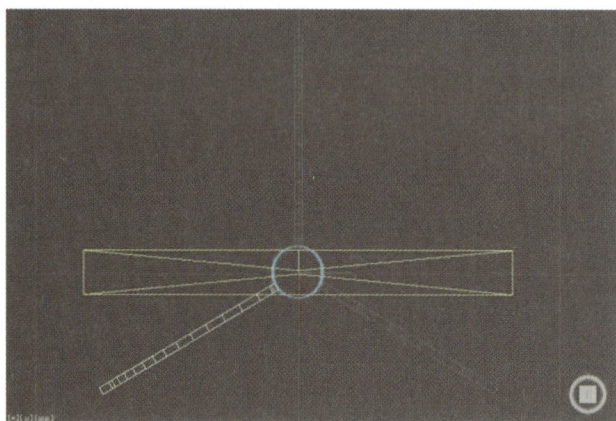

图3-63 复制完成

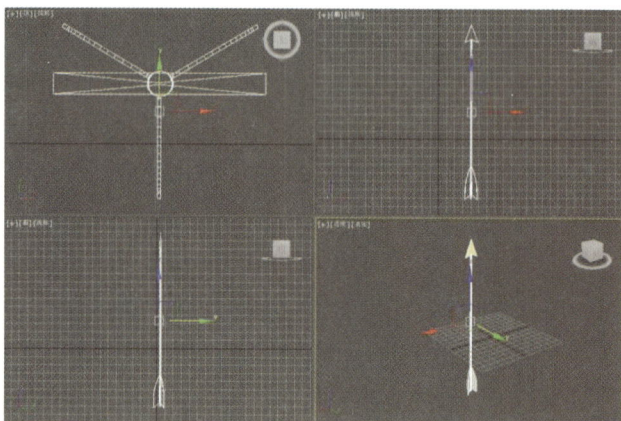

图3-64 最后调整好位置

5. 设置材质

箭头可以用"钢"材质；箭身可以用"铁"或"木"材质；箭羽毛用UV展开的方式来贴图，请参考图3-65～图3-68。

框选箭头、箭身和羽毛，并组合成"箭"，快速渲染后如图3-69所示。

6. 整合

最后，把弓和箭整合在一起，保存文件"弓箭.max"，如图3-70所示。

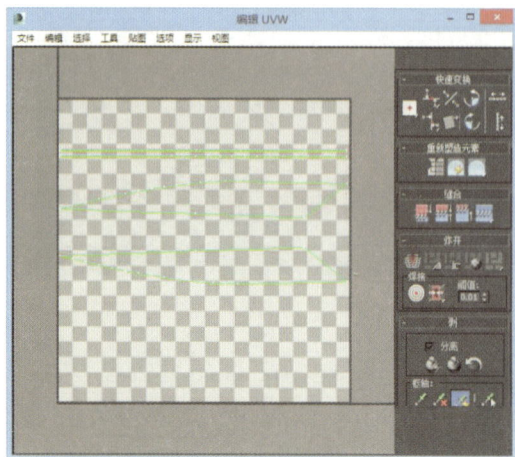

图3-65 UVW展开贴图

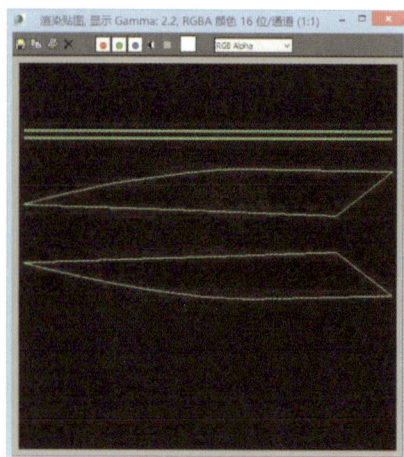

图3-66 导出PNG格式的贴图文件

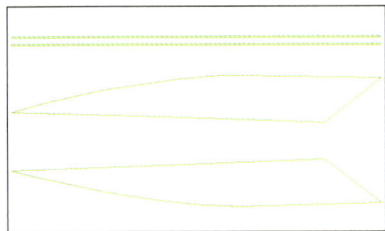

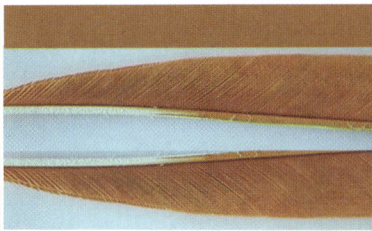

图3-67　在Photoshop中打开贴图文件　　图3-68　在Photoshop中制作贴图　　图3-69　完成箭的制作　　图3-70　完成弓箭的制作

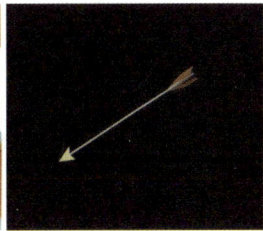

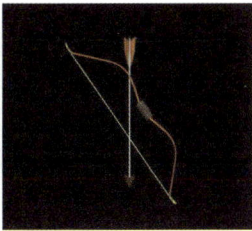

必备知识

1．放样

放样是可以为任意数量的横截面图形创建作为路径的图形对象。该路径可以成为一个框架，用于保留形成对象的横截面。如果仅在路径上指定一个图形，那么3ds Max会假设在路径的每个端点都有一个相同的图形，然后在图形之间生成曲面。

3ds Max对于创建放样对象的方式没有限制。可以创建曲线的三维路径，甚至三维横截面。使用"获取图形"功能，当光标在无效图形上移动时，该图形无效的原因将显示在提示行中。

2．放样的基本步骤

（1）创建放样对象，包括放样路径和图形。图形是模型横截面的一个或多个图形。

（2）放样。设置面板如图3-71所示。放样建模有以下两种方法。

方法一：用"获取路径"的方式创建放样对象。

① 选择图形作为初始横截面图形。

② 单击■（创建）按钮，进入创建命令面板，选择◙（几何体）面板，从下拉列表中选择"复合对象"。在"对象类型"卷展栏中启用"放样"。

③ 在"创建方法"卷展栏上单击"获取路径"按钮。

④ 在"移动""复制"或"实例"中选中"实例"单选按钮。

图3-71　设置面板

⑤ 单击用作路径的图形。当将鼠标移动到有效的路径图形上时，光标会变为"获取路径"光标。如果光标的形状在某个图形上未改变，那么该图形是一个无效的路径图形并且不能被选中。将选中路径的初始顶点放置在初始图形的轴上，并且路径切线与图形的局部Z轴对齐。

方法二：用"获取图形"的方式创建放样对象。

① 选择一个有效的图形作为路径。

② 单击■（创建）按钮，进入创建命令面板，选择◙（几何体）面板，激活状态时，从下拉列表中选择"复合对象"。在"对象类型"卷展栏中启用"放样"。

③ 在"创建方法"卷展栏上单击"获取图形"按钮。

④ 在"移动""复制"或"实例"中选中"实例"单选按钮。

⑤ 单击图形。在将鼠标移动到潜在图形上方时，光标会变为"获取图形"光标。选定的图形被放置在路径的初始顶点上。

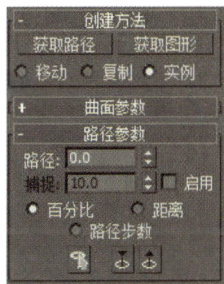

任务拓展

挂钟的制作，请参考图3-72。

图3-72　挂钟

提示 钟盘可以用放样的方法完成，指针和刻度的制作可以用旋转复制的方法完成。

任务 3 渲染输出

任务分析

与前面的项目一样，做最后的整合、渲染。突出道具的效果，加上周边与道具使用环境相符的修饰，更能让客户马上知道设计的道具是否符合要使用的环境。

任务实施

1 添加前景。

① 建立一个平面。单击●（几何体）按钮，进入几何体的创建面板，单击 平面 按钮，在前视图画出一个平面。

② 添加贴图。打开材质编辑器，选择一个材质示例球，单击"漫反射"右边的小按钮，打开"材质/贴图浏览器"，执行"贴图"→"标准"→"位图"命令，再选择图片"墙面背景.jpg"。这样就完成了背景的制作。

2 调整位置。所有的模型制作完成后，利用（选择并移动）工具和（选择并缩放）工具对整个画面进行调整。

3 渲染效果图。单击工具栏上的（渲染产品）按钮，系统输出渲染效果，如图3-73所示。

4 把效果图存为图片文件。单击窗口左上角的（保存图像）按钮，把文件保存，这时就可以根据客户的要求存储成不同格式的图片文件，一般把它存成JPG格式。

图3-73 最后效果图

5 根据需要打印效果图。单击窗口左上角的（打印图像）按钮，就可以把效果图打印出来。

6 撰写设计文档。这是所有公司的基本要求，同时方便有条理地给客户介绍作品的设计思路和情况。

项目评价

在本项目中，学习了面片栅格的制作、UVW展开贴图和复制的方法，这些都是在制作三维动画的过程中经常用到的。下面，给自己做个评价。

	很 满 意	满 意	还 可 以	不 满 意
项目的完成情况				
与同组成员沟通及协作情况				
掌握的知识点				
产品设计评价				
体会和经验				

实战强化

利用学过的方法，参考图3-74和图3-75，完成兵器的设计。

图3-74　枪

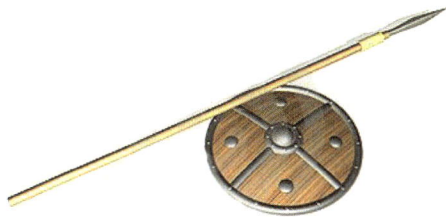

图3-75　矛和盾

项目4

制作飞镖动画

项目描述

飞镖运动是一项风靡全球的室内体育运动，是集趣味性、竞技性于一体的易于开展的休闲运动项目。本项目通过飞镖动画的制作，让学生体会到学有所用、学以致用的乐趣，收获成就感，激发学习的动力。

本项目制作飞镖动画，将分为四个任务来完成。任务1制作飞镖靶盘。应用圆柱和管状标准基本体创建飞镖靶盘内部的主体框架及分隔圈模型，利用旋转阵列辅助工具制作数字标志，运用扩展基本体及旋转复制制作飞镖支架模型。任务2制作飞镖模型。使用圆柱标准基本体制作飞镖的主体框架；用二维线形绘制飞镖的羽尾和防滑螺纹，通过编辑网格命令修改主体形态，利用挤出、阵列工具完成飞镖羽尾的制作。任务3设置飞镖、靶盘的材质。利用3ds Max提供的标准材质，结合明暗属性及材质选择，学习塑料、金属等材质的设置方法。任务4设置飞镖动画。利用"时间配置"设置动画的时间长度，使用"旋转"工具制作靶盘旋转动画，使用"选择并移动"工具制作飞镖动画。设计草图如图4-1所示。

图4-1　设计草图

任务 1　制作飞镖靶盘

任务分析

3ds Max提供了多种参数化几何物体的创建方法，包括标准基本体和扩展基本体两大类。

就单个基本体来说，形态较为简单，但合理地调节参数，再加上巧妙的组合，结合编辑修改命令，同样可以创建出复杂的模型。

以往的项目是先绘制二维图形，然后将二维图形转换为三维图形来建模的。在本项目中，要换个建模的思维，直接运用三维几何物体建模。

任 务实施

1 单击 ▓（3ds Max图标）重新设置系统。执行"自定义"→"单位设置"命令，设置单位为"毫米"。

2 靶盘外框架制作。单击 ▓（创建）中的 ▓（几何体）按钮，在命令面板的下拉列表中选择"标准基本体"，在"对象类型"选项组中单击 圆柱体 按钮，在前视图中创建圆柱体1，设置半径为453，高度为38，边数为36，如图4-2所示。

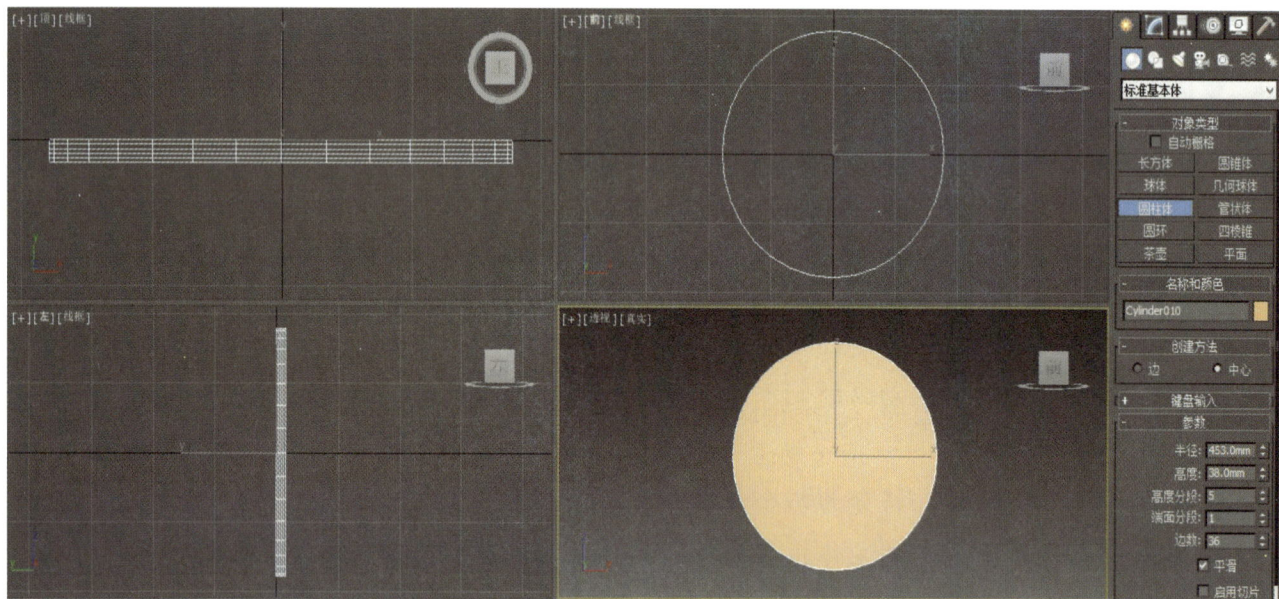

图4-2 创建圆柱体1

3 以中心坐标为圆心再创建一个圆柱体2，设置半径为436，高度为38，边数为20，端面分段数为5。选中圆柱体1，单击 ▓（创建）中的 ▓（几何体）按钮，在命令面板的下拉列表中选择"复合对象"，在"对象类型"选项组中单击 布尔 按钮，在"拾取布尔"选项组中单击 拾取操作对象B 按钮，在视图中选择圆柱体2，运算效果如图4-3所示。

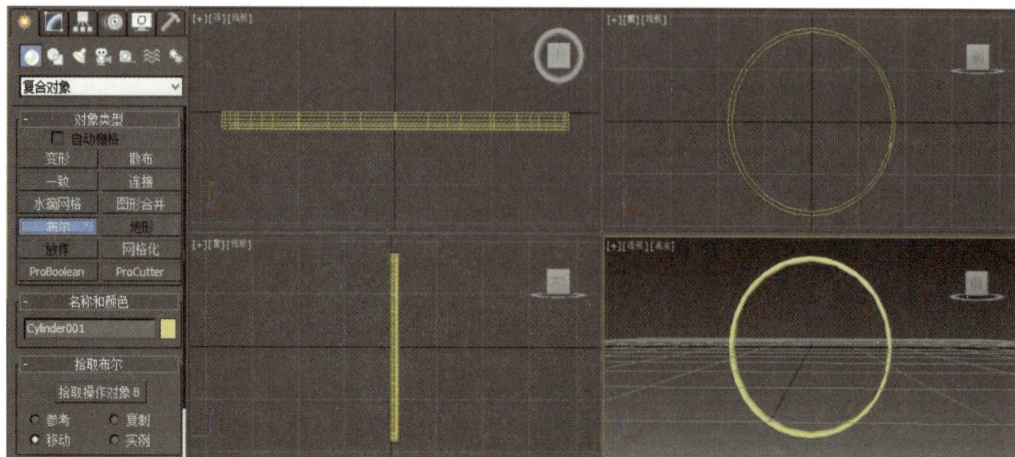

图4-3 布尔运算结果

4 在命令面板的下拉列表中选择"标准基本体"，以中心坐标为圆心创建圆柱体3，用作靶盘的内盘框架，参数设置与圆柱体2相同。以中心坐标为圆心创建圆柱体4，直径为31.8，用作靶盘的外中心圆。以中心坐标为圆心创建圆柱体5，直径为12.7，高度为38，用作靶盘的内中心圆。视图显示如图4-4所示。

5 在"对象类型"选项组中单击 管状体 按钮，以中心坐标为圆心创建管状体1，作为数字分隔圈，设置半径1为335，半径2为353，高度为8，边数为20，如图4-5所示。创建管状体2，用作分隔网圈，设置半径1为335，半径2为353，高度为8，边数为20。视图显示如图4-6所示。

6 制作靶盘数字。单击 ✴ （创建）面板 ◗ （图形）中的 文本 按钮，打开图形创建命令面板，在"参数"选项组中设置文本的参数，如图4-7所示。在前视图创建文本"20"，将文本的颜色设置为白色，使用 ✛ （选择并移动）工具将文本移动到合适的位置，如图4-8所示。

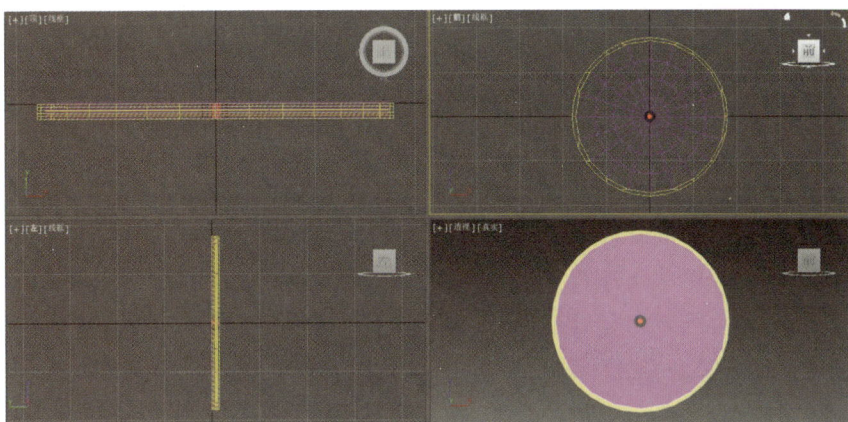

图4-4　靶盘内外圆柱框架模型　　　图4-5　创建管状体命令及参数设置

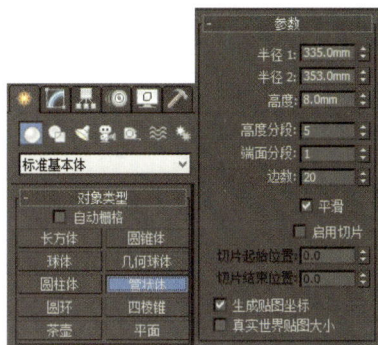

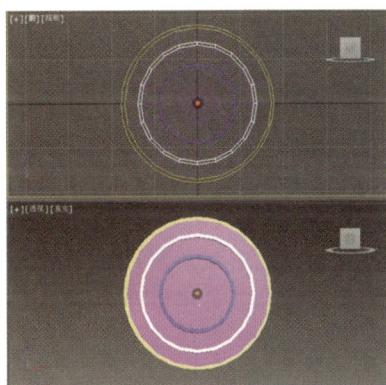

图4-6　创建管状体效果　　　图4-7　设置文本参数　　　图4-8　创建文本并移动到合适的位置

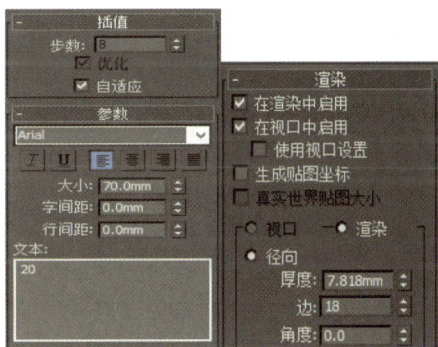

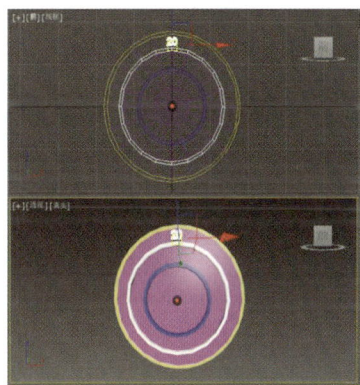

7 单击 ▦ （层次）面板 轴 （轴）中的 仅影响轴 按钮，在前视图中使用 ✛ （选择并移动）工具将文本轴心点移到靶盘的中心位置，如图4-9所示。

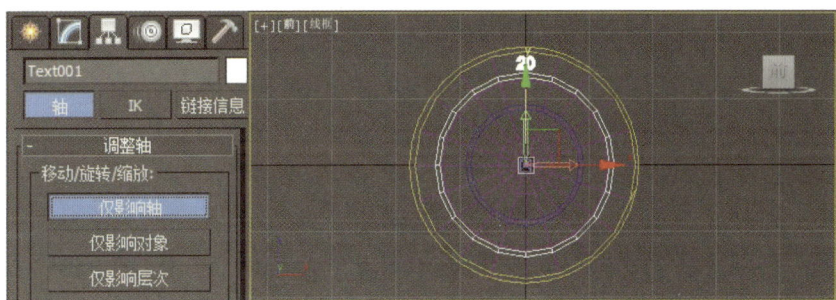

图4-9　设置数字轴心坐标

8 在工具栏空白处单击鼠标右键，在弹出的快捷菜单中选择"附加"命令，在浮动工具栏中单击 ![阵列] （阵列）按钮，弹出"阵列"对话框。在"增量"选项中设置Z旋转为18，在"对象类型"中选择"复制"，在"阵列维度"中选择"1D"并设置其"数量"为20，如图4-10所示。单击"确定"按钮，阵列复制完成后的效果如图4-11所示。

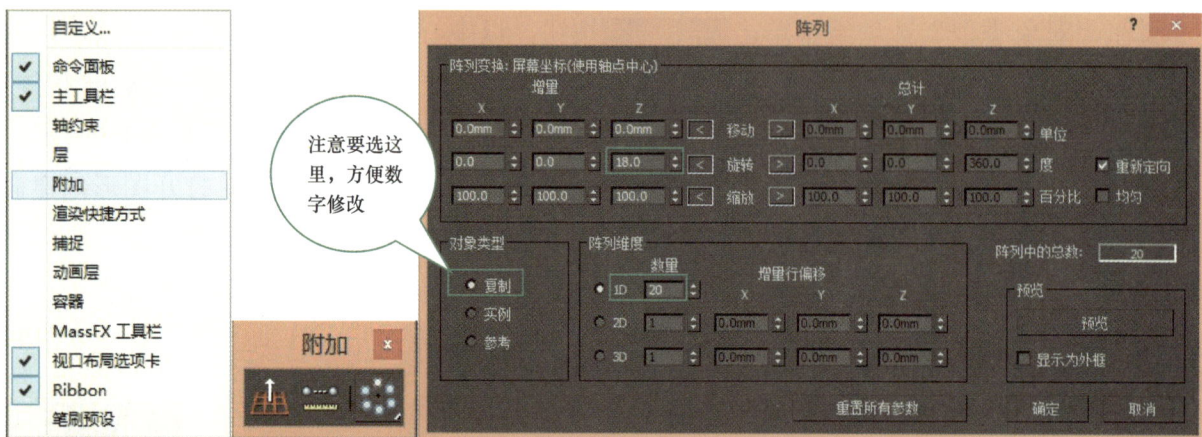

图4-10　阵列工具选择及设置阵列参数

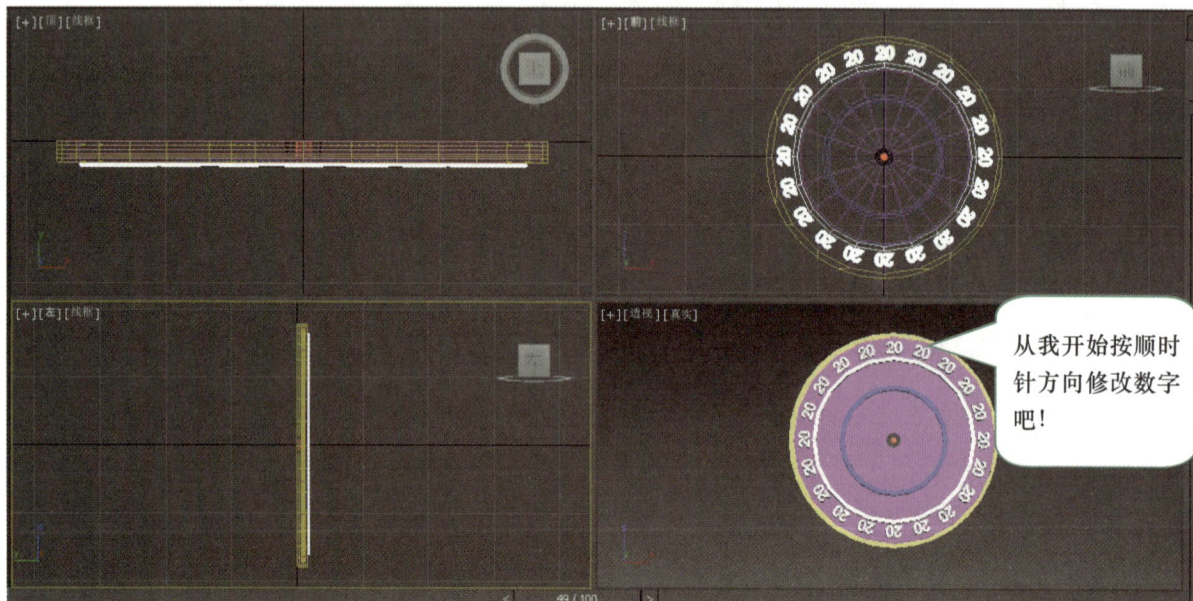

图4-11　阵列复制完成后的效果

9 分别选中靶盘的文本"20"，单击 ![修改] （修改）按钮，在参数面板的文本框中将数字20改为相应的数字，结果如图4-12所示。

10 靶盘支架制作。单击 ![创建] （创建）中的 ![几何体] （几何体）按钮，在命令面板的下拉列表框中选择"扩展基本体"，单击 切角长方体 按钮，在顶视图中创建一个切角长方体，设置长度和宽度均为80，高度为1225，圆角为10。选中切角长方体，单击工具栏中的 ![旋转] （旋转）工具，再单击鼠标右键，在打开的"旋转变换输入"对话框中，"绝对：世界"坐标Y设置为-10，如图4-13所示。单击工具栏中的 ![镜像] （镜像）按钮，复制另一个切角长方体。

11 单击 ![创建] （创建）中的 ![几何体] （几何体）按钮，在"对象类型"选项组中单击 圆柱体 按钮，在左视图中创建圆柱体，设置半径

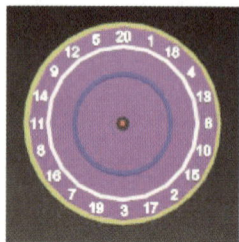

图4-12　修改文本数字

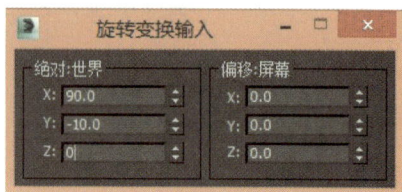

图4-13　旋转变换参数设置

为35，高度为768，边数为26。在两个切角长方体（梯子侧面支架）间向上复制圆柱体，修改高度参数为630。调整位置得到单人梯形。在左视图中，选中两个切角长方体及两个圆柱体，单击工具栏中的 ▣（镜像）按钮，复制出另一单人梯形，调整位置，效果如图4-14所示。将文件保存为"靶盘.max"。

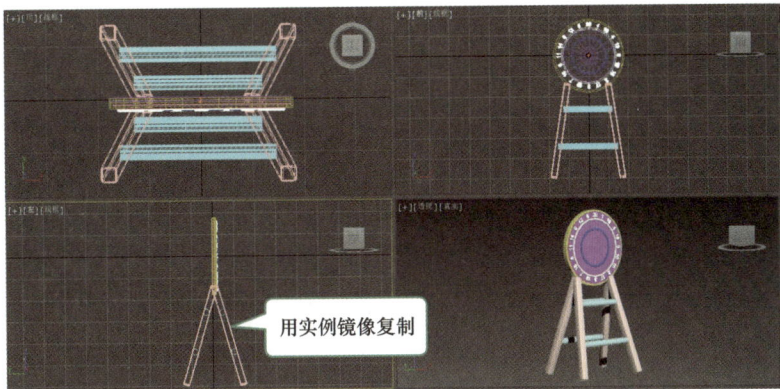

图4-14 创建"人"字形镖盘支架

小技巧 　使用切角长方体及圆柱体制作完成人字形梯架的一半后，利用镜像功能可以复制出另一半。在镜像对话框的"克隆当前选择"选项中选择"实例"，产生一个相互关联的复制物体，改变其中一个物体参数的同时也会改变另外一个物体的参数。

必备知识

阵列复制功能用于创建当前选择物体的阵列（即一连串的复制物体），它可以控制产生一维、二维、三维的阵列复制，常用于大量有序地复制物体。阵列工具的操作方法及参数设置如下：

1 选择阵列工具。执行"工具"→"阵列"命令可以打开阵列对话框。

2 设置复制对象的轴心点。选择需要复制的对象，单击 ▣（层次）面板 轴（轴）中的 仅影响轴 按钮，使用 ✛（选择并移动）工具和"旋转"工具改变对象轴心的位置和方向。

3 阵列参数设置。阵列参数设置面板包括阵列变换、对象类型和阵列维度等选项组。

① "阵列变换"选项组用于指定阵列复制的方式。

增量：用于设置阵列物体之间在X、Y、Z三个轴向的距离大小、旋转角度、缩放程度的增量。

总计：用于设置阵列物体自身在X、Y、Z三个轴向的距离大小、旋转角度、缩放程度的增量。

② "对象类型"选项组用于确定复制的方式。

③ "阵列维度"选项组用于确定阵列变换的维数。

设置相应的参数，可以阵列复制出有规律的物体对象，见表4-1。

表4-1 阵列参数设置效果

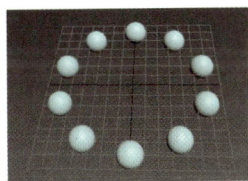

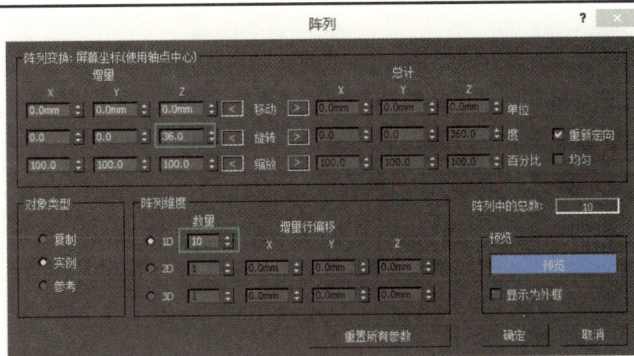

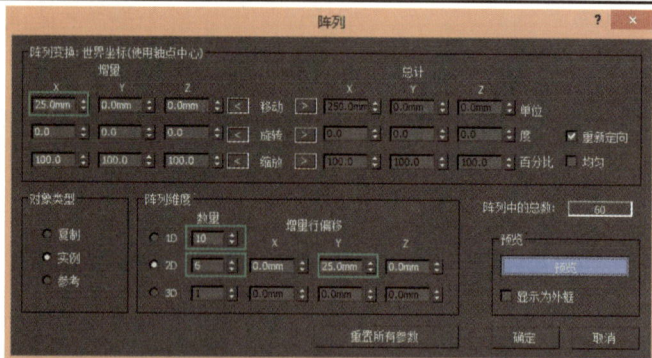

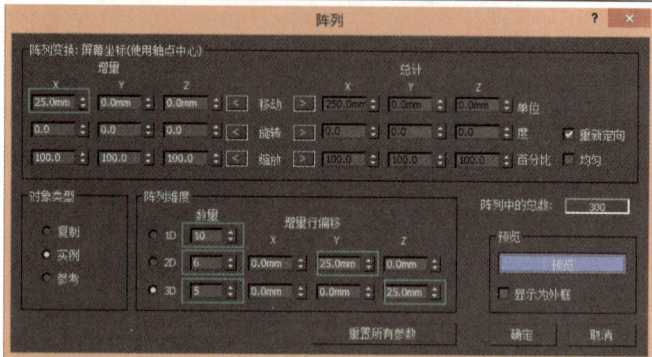

（续）

任务拓展

在制作三维场景时，经常需要制作大量形态相同的物体，这时就可以通过复制功能来快速完成这项工作，在3ds Max中提供了克隆、镜像及阵列等多种常用的物体复制命令，它们是在绘图中常用的辅助工具，希望能够通过实例制作熟练掌握这些功能。这里，还要进一步加强阵列复制的练习。

练习：

1. 运用标准基本体及扩展基本体、二维线形及阵列工具完成椅子的制作，效果如图4-15所示。

2. 完成装饰挂钟的制作，效果如图4-16所示。

图4-15 椅子制作效果图　　图4-16 装饰挂钟效果图

任务 2 制作飞镖模型

任务分析

飞镖由镖针、镖筒、镖杆和镖翼四个部分构成。可以使用圆锥标准基本体制作镖针、镖杆；使用圆柱标准基本体制作镖筒的主体框架，再通过编辑网格命令修改其形态；用二维线形绘制镖翼及防滑螺纹的形状，并利用挤出修改命令及旋转阵列工具完成镖翼的制作。

任务实施

1 单击 （3ds Max图标）重新设置系统。设定并打开栅格捕捉。

2 制作镖针。单击 ▓（创建）中的 ▓（几何体）按钮，在命令面板的下拉列表中选择"标准基本体"，在"对象类型"选项组中单击 ▓圆锥体▓ 按钮，在前视图中创建圆锥体1，设置半径1为0，半径2为4，长度为38，边数为32。

3 制作镖杆。在前视图以圆锥体1的中心为圆心再创建圆锥体2，设置半径1为8，半径2为0，长度为100，边数为32。

4 制作镖筒。在"对象类型"选项组中单击 ▓圆柱体▓ 按钮，在前视图以圆锥体1的中心为圆心创建圆柱体，设置半径为8，高度为35，边数为32，高度分段数为6。视图显示效果如图4-17所示。

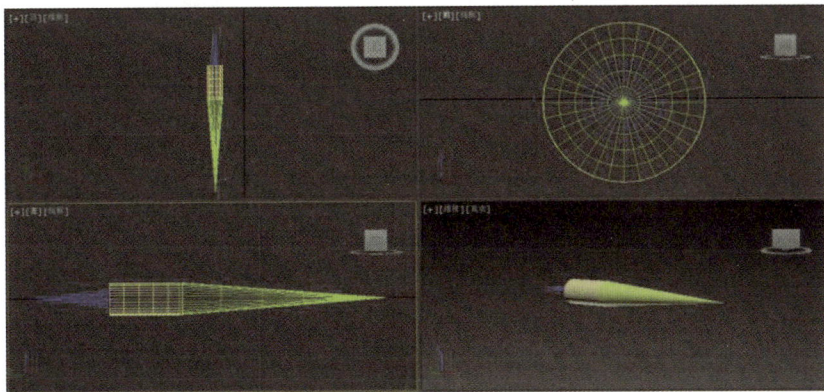

图4-17 创建飞镖主体模型

5 镖筒形态编辑。在顶视图中选中镖筒，单击鼠标右键，在弹出的快捷菜单中选择"转换为可编辑网格"命令，如图4-18所示。单击 ▓（修改）按钮，在修改命令面板的堆栈器中选择次对象顶点，在顶视图中选择镖筒最上一行的顶点，再单击工具栏中的 ▓（均匀缩放）按钮，在前视图中拖动鼠标，使所选中的点向内缩小到与镖针直径大小一样。再选第二行顶点，将其适当向内缩小，如图4-19所示。

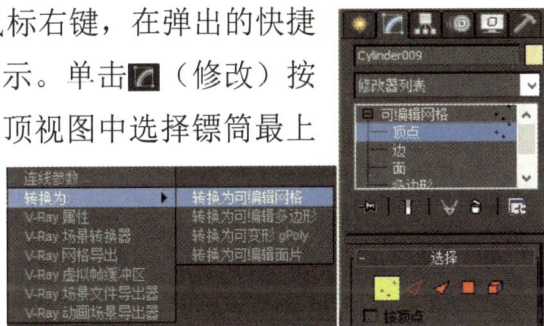

图4-18 转换为可编辑网格及其修改命令

光标在黄色三角形内再拖动

图4-19 镖筒顶端节点及第二行节点的缩小调整

6 制作镖翼。单击 ▓（创建）面板 ▓（图形）中的 ▓线▓ 按钮，在顶视图镖杆右侧绘制镖翼的形状，单击 ▓（修改）标签，打开修改面板，在下拉列表中选择"样条线"次子对象顶点，调整各节点，如图4-20所示。

> **小技巧** 应用倒角建模时，在制作成形后，所使用的轮廓线切记不能删除，否则创建出来的三维模型也会随之一并被删除了。

7 在修改命令面板的下拉列表中选择"倒角"命令，在"倒角值"卷展栏中设置级别1的高度为0.8，级别2的高度为0.3，轮廓为-2。在"曲面"选项组中勾选"级间平滑"复选框，如图4-21所示。

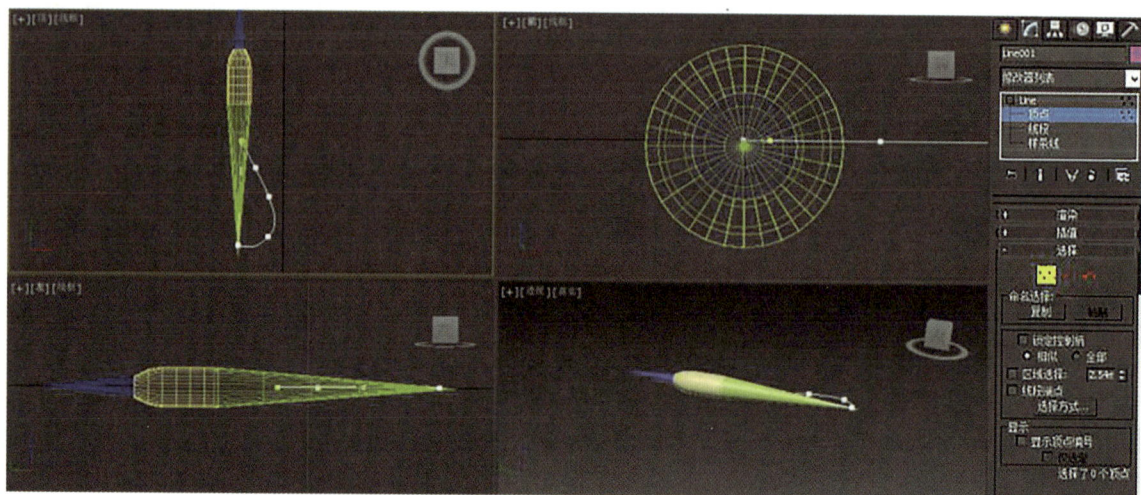

图4-20 创建镖翼基本线形

8 在工具栏空白处单击鼠标右键，在弹出的快捷菜单中选择"附加"命令，在浮动工具栏中单击 ▦（阵列）按钮，弹出"阵列"对话框。在"增量"选项中设置Z旋转为90，在"对象类型"中选择"实例"，在"阵列维度"中选择"1D"并设置其"数量"为20，单击"确定"按钮。

9 制作防滑螺纹。单击 ▦（创建）中的 ◉（几何体）按钮，在命令面板的下拉列表中选择"标准基本体"，在"对象类型"选项组中单击 ▭圆环 按钮，在前视图中创建圆环，设置半径1为8，半径2为0.4，边数为32。在左视图内复制10个圆环，调整位置。效果如图4-22所示。

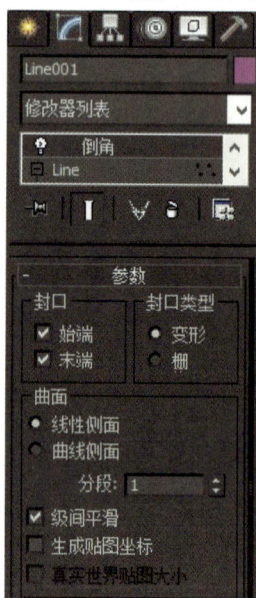

图4-21 设置镖翼的倒角参数

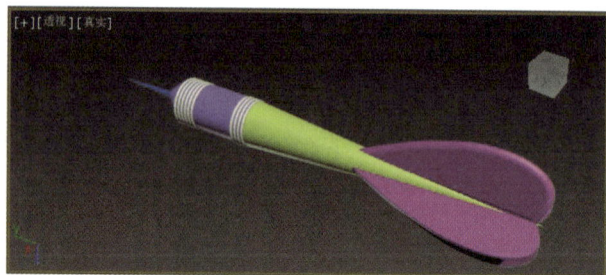

图4-22 飞镖模型的效果图

10 合并文件。选中飞镖，单击工具栏中的 ▦（选择并移动）工具，复制4个飞镖。单击 ▦（3ds Max图标），执行"导入"→"合并"命令，选择"靶盘.max"与本文件进行合并。适当调整飞镖或靶盘的位置，如图4-23所示。将文件保存为"飞镖模型.max"。

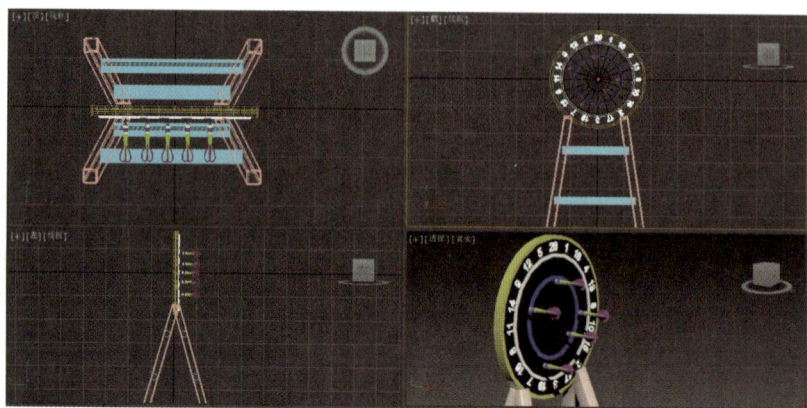

图4-23 飞镖和靶盘模型的效果图

必备知识

1. 创建基本几何体

3ds Max提供了多种参数化的几何物体，包括标准基本体和扩展基本体两大类。就单个几何物体来说，形态较为简单，但合理地调节参数，再加上巧妙的组合，同样可以创建出复杂的模型。

1 创建标准基本体。在命令面板上单击 ■ （创建）中的 ● （几何体）按钮，在下拉列表中选择"标准基本体"，可以创建长方形、球体等标准基本体，如图4-24a所示。

2 创建扩展基本体。在命令面板上的下拉列表中选择"扩展基本体"，可以创建异面体、切角长方体等扩展基本体，如图4-24b所示。

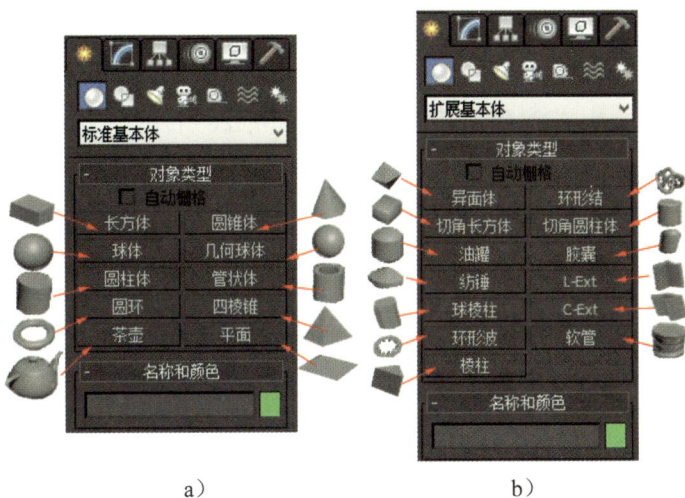

a)　　　　　　　b)

图4-24　创建标准基本体、扩展基本体的命令面板

3 几何体的参数主要分为两大类型：

① 名称和颜色。设置几何体的名称和颜色。

② 参数。设置几何体相关参数的数值。注意：在调整数值的过程中，视图中的几何模型形态会同步发生变化。

2. 图形修改命令

（1）编辑网格

编辑网格命令是专门用于编辑三维物体的修改命令，在建模中的使用频率非常高，利用此命令可以制作出很多复杂的模型。

编辑网格命令是对物体的子一级对象编辑的，这些子对象主要包括顶点、边、面、多边形和元素，只是不能在编辑网格中设置子对象的动画。

1 编辑网格命令的使用方法。一种方法是在"修改器列表"中选择；另一种是在对象上单击鼠标右键，在弹出的快捷菜单中选择"转换为"→"转换为可编辑网格"命令，如图4-25所示。

2 编辑网格命令的参数设置。

编辑网格命令面板下面有四个卷展栏："选择""软选择""编辑几何体""曲面属性"。这里主要介绍两个常用的卷展栏。

"选择"卷展栏是与选择子对象有关的应用工具，如图4-26所示。可利用它来选择网格对象的顶点、边、面、多边形和元素，卷展栏中的选项按钮是与修改命令堆栈相对应的。

"编辑几何体"卷展栏如图4-27所示，其提供了一组用于转换网格子对象的工具，主要用于修改和编辑网格物体。

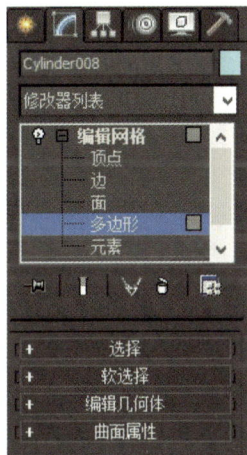

图4-25　编辑网格修改器命令

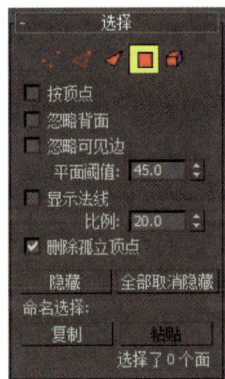

图4-26　"选择"卷展栏

（2）倒角命令

倒角建模方法只能对二维图形使用，在对二维形体进行挤出的同时，还可以对形体边缘进行倒角。

倒角命令的操作方法：单击　（修改）标签，进入修改命令面板，在"修改器列表"下拉列表中选择"倒角"。

"倒角"命令的参数设置主要分为两部分：

1 "参数"卷展栏，如图4-28所示。其中，"封口"选项组用于对造型两端进行加盖控制，如果对两端都进行加盖处理，即同时选择"始端"和"末端"，则造型成为封闭实体。"封口类型"选项组用于设置封口表面的构成类型，其中"变形"是选中一个确定性的封口方法；"栅"是为对象间的变形提供相等数量的顶点，创建更适合封口变形的栅格封口。"曲面"选项组用于设置表面圆滑度，设置时要考虑曲线侧面、分段数及级间平滑。"相交"选项组用于制作倒角时，改进因尖锐的折角而产生的突出变形。

2 "倒角值"卷展栏，如图4-29所示。用于设置不同倒角级别的高度和轮廓。"起始轮廓"是设置原始图形的外轮廓大小。"级别1""级别2""级别3"分别用于设置相关级别的高度和轮廓大小。

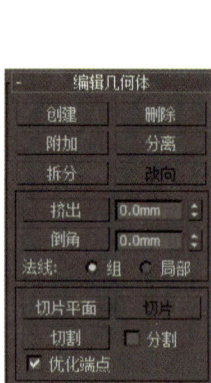

图4-27 "编辑几何体"卷展栏　　图4-28 "参数"卷展栏　　图4-29 "倒角值"卷展栏

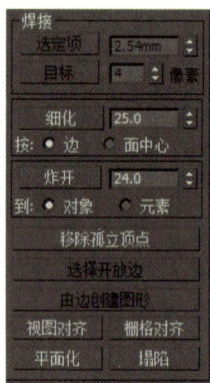

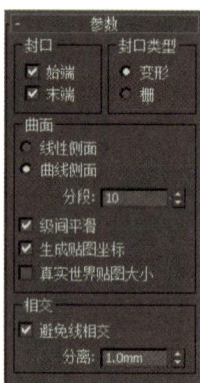

任务拓展

本任务重点讲述了标准几何物体和扩展几何物体的创建方法，这些几何物体都是参数化物体，可以通过参数调节使其千变万化。

练习：

1. 使用圆柱体、长方体、圆环、圆管、线和"选择并移动"工具等制作风铃模型，效果如图4-30所示。

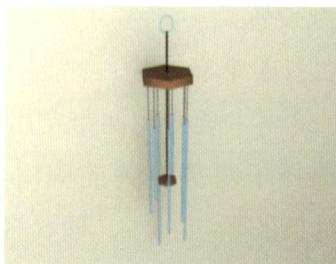

2. 利用倒角命令制作斜切字，如图4-31所示。

图4-30 风铃效果图　　图4-31 斜切字效果图

提示 在倒角的"参数"卷展栏中，考虑封口选项的设置。

任务 ③ 设置飞镖、靶盘的材质

任务分析

本任务设置飞镖、靶盘模型的材质，并设置其场景的灯光。材质设置要充分考虑飞镖和靶盘的真实感，而灯光设置则要考虑整体的视觉效果。本任务大部分材质的设置都是使用前面项目介绍过的方法。注意，靶盘的材质使用"多维/子对象"材质的方式来实现。

任务实施

1 镖针材质设置。打开"飞镖模型.max"。按<M>键，打开"Slate材质编辑器"窗口，在其左侧"材质/贴图浏览器"的"材质"组中选择"标准"，在"明暗器基本参数"展卷栏中，"明暗器类型"选择"（M）金属"，设置漫反射为白色，高光级别为95，光泽度为75。单击"漫反射"右侧的M按钮，在"RGB染色参数"卷展栏中单击"贴图"按钮，选择"House.tga"图像。在"贴图"卷展栏中选择"反射"，在贴图类型中选择"House.tga"图像，将设置好的材质指定给镖针，如图4-32所示。

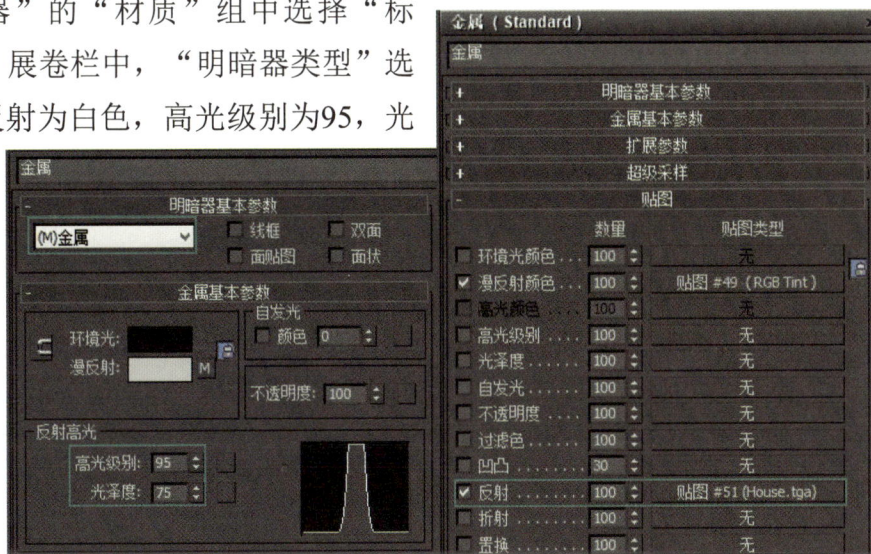

图4-32　镖针金属材质设置

2 镖筒及螺纹的材质设置。在材质编辑窗口右侧，将材质名称设置为"镖筒"。在"明暗器基本参数"卷展栏中，"明暗器类型"选择"金属"，设置高光级别为112，光泽度为74。单击"漫反射"选项右侧的色块，设置其颜色为土黄色（红、绿、蓝的值分别为104、54、0），如图4-33所示。

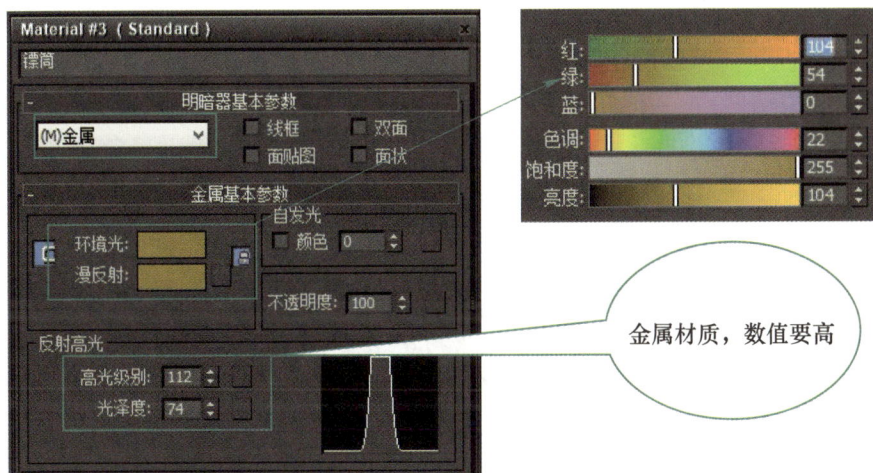

金属材质，数值要高

图4-33　镖筒及螺纹金属材质设置

3 镖杆、镖翼材质设置。在材质编辑窗口右侧，材质名称设置为"镖杆"。在"明暗器基本参数"展卷栏中，"明暗器类型"选择"Blinn"。在"Blinn基本参数"卷展栏中，单击"环境光"选项右侧的色块，在弹出的"颜色选择器"对话框中设置颜色为红色（红、绿、蓝的值分别为255、0、0）；在"反射高光"选项组中设置"高光级别"为33，"光泽度"为45。将设置好的材质指定给一个飞镖的镖杆、镖翼。

4 选中镖杆材质并复制4份。为了使作品的颜色丰富多彩，4份新材质可分别设置不同的颜色，即改变其红、绿、蓝的参数值。将设置好的材质赋值给另外四支飞镖的镖杆及镖翼。

5 靶盘内分隔圈材质的设置。选择内分隔圈，在修改命令面板的"修改器列表"中选择"编辑网格"，在"编辑网格"子对象中选择"多边形"。在"曲面属性"卷展栏的"材质"选项组中设置"设置ID"为2，"选择ID"为2，如图4-34所示。

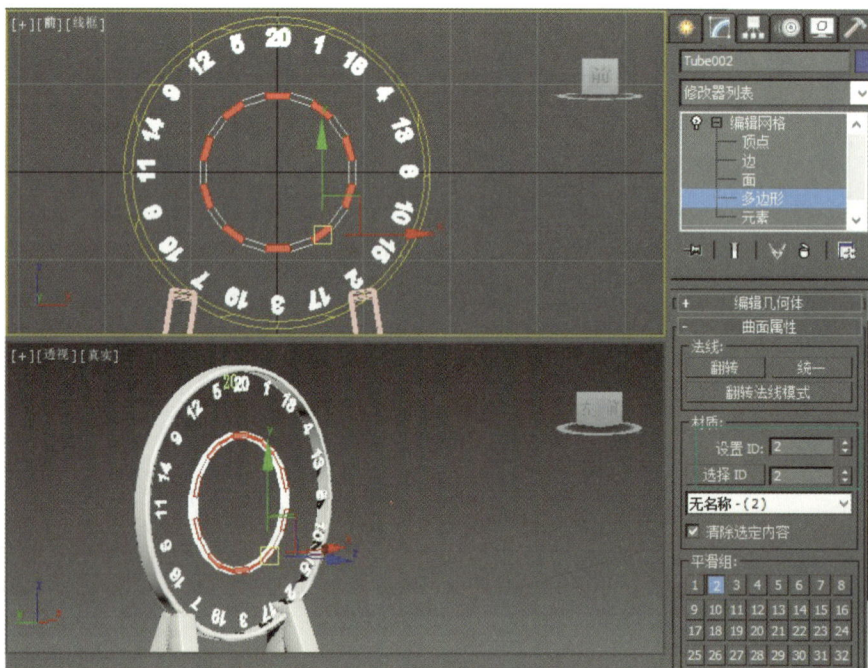

图4-34　内分隔圈设置ID

6 在"Slate材质编辑器"的左侧选择"多维/子对象"材质类型。在"多维/子对象基本参数"卷展栏中，单击"设置数量"按钮，在打开的"设置材质数量"对话框中把"材质数量"参数设为2，然后单击"确定"按钮退出该对话框；设置ID1为标准材质，颜色为红色，高光级别为43，光泽度为49；设置ID2为标准材质，颜色为草绿色（红、绿、蓝的值分别为1、20、3），如图4-35所示。将设置的材质赋值给靶盘内分隔圈。

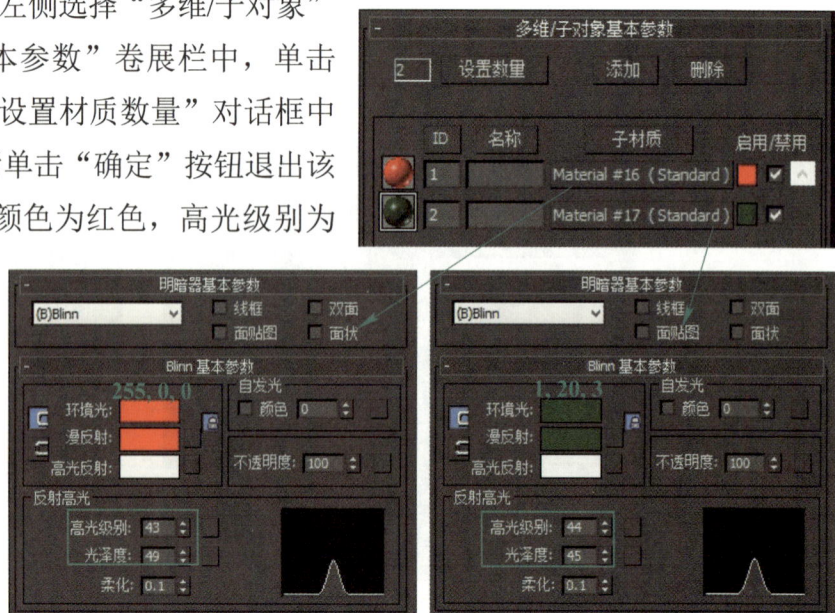

7 靶盘外分隔圈材质的设置参照靶盘内分隔圈材质的设置。

8 靶盘内圈材质的设置。

图4-35　"多维/子对象"材质设置

选择靶盘内圈，在修改命令面板的"修改器列表"中选择"编辑网格"，子对象中选择"多边形"，在"曲面属性"卷展栏的"材质"选项组中设置"设置ID"为1，如图4-36所示。执行"编辑"→"反选"命令（或按<Ctrl+I>组合键），再设置"选择ID"为2。

图4-36　靶盘内圈材质设置ID

9 参照第6步设置黑黄两种颜色的"多维/子对象"材质并赋给靶盘内圈。

10 支架材质设置。选择标准材质进行支架材质设置，高光级别为70，光泽度为52，漫反射选择"木纹.jpg"图像作为贴图文件。将设置好的材质应用于支架，效果如图4-37所示。将该文件保存为"飞镖材质.max"。

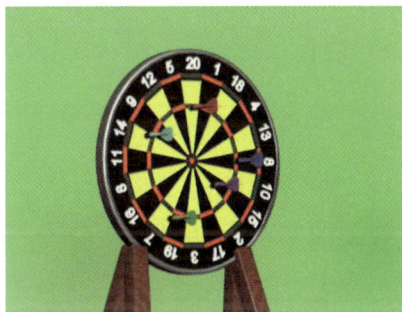

图4-37　材质设置效果图

备知识

如果要将两个或更多材质应用到一个对象，则可以使用"多维/子对象"材质。顾名思义，它将不同的子材质指定给模型的不同子对象。

（1）子物体选择级别ID的设置方法

"多维/子对象"材质可以包含多达1000种不同的材质，每种材质用称为"材质ID"的唯一编号进行标识。使用"多维/子对象"材质设置不同的材质效果，需要将物体转换为可编辑网格等物体，然后对物体不同的面或元素设置材质ID号即可。注意：ID号的设置要与材质编辑器中的"多维/子对象"的材质ID号一一对应。

（2）材质编辑器的"多维/子对象"材质的设置方法

1 在"Slate材质编辑器"的左侧选择"材质"→"标准"→"多维/子对象"。

2 在右侧打开的"多维/子对象基本参数"卷展栏中，根据物体子对象的ID号数量设置对应的"材质数量"，选择对应的ID号，单击"子材质"按钮进行子材质的设置，如图4-38所示。

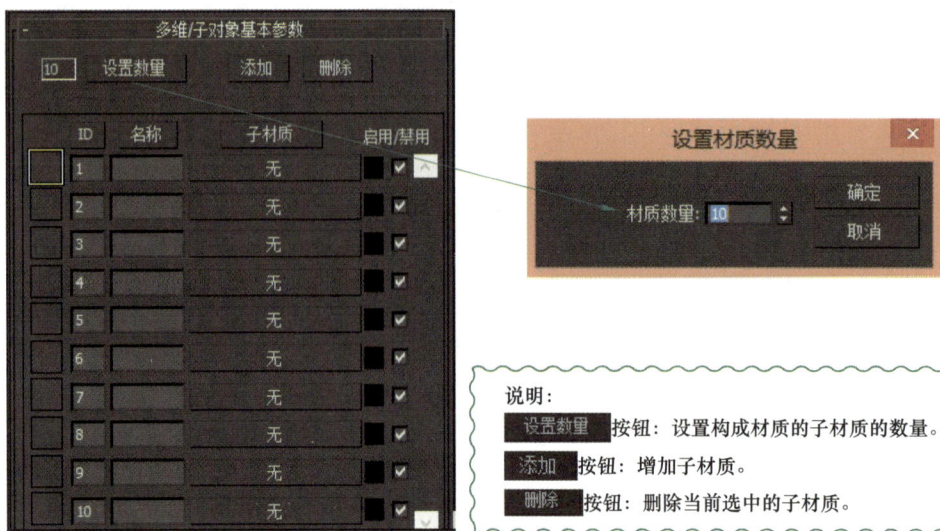

图4-38 "多维/子对象基本参数"设置

(任)务拓展

本任务重点学习的是"多维/子对象"材质。需要注意的是，材质不仅要与造型相配，而且还要与周围环境协调一致，书中的参数只是提供参考，多数情况还需通过反复试验才能达到满意效果，所以要多做练习，不断积累经验，才能打下坚实的基础。

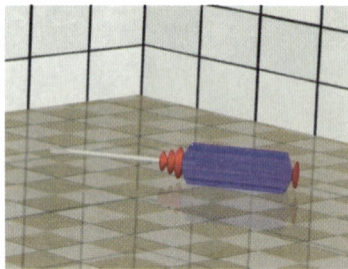

图4-39 螺钉旋具材质编辑效果图

练习：

1. 利用"多维/子对象"材质功能对螺钉旋具进行材质设置，效果图如图4-39所示。

2. 利用"多维/子对象"材质、贴图透明金属材质和普通高光材质等功能编辑酒瓶材质，效果图如图4-40所示。

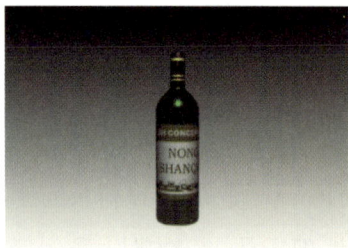

图4-40 酒瓶材质编辑效果图

任务 4 设置飞镖动画

(任)务分析

本任务将通过飞镖的动画制作学习3ds Max基本动画的制作方法。使用"时间配置"功能设置动画的时间长度，利用"旋转"工具制作靶盘的旋转效果，运用"选择并移动"工具制作飞镖的移动动画。

1 设置动画的时间长度。打开已制作好的文件"飞镖材质.max"，如图4-41所示。在工作界面的底部单击 （时间配置）按钮，弹出"时间配置"对话框，如图4-42所示。在"动画"选项组中将"结束时间"设置为80，然后单击"确定"按钮。

2 制作靶盘旋转动画。在场景中选择靶盘对象，在动画控制区中将时间滑块拖动到第70帧位置，单击 自动关键点 按钮，使其处于按下状态，在主工具栏单击 （旋转）按钮，然后单击鼠标右键，在弹出的"旋转变换输入"对话框中将"绝对：世界"下方的Y值设置为1200，如图4-43所示。

图4-41   打开场景文件

图4-42   设置动画时间长度

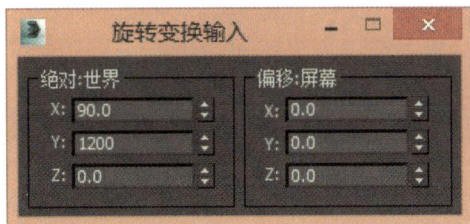

图4-43   旋转变换输入

设置完成后将该对话框关闭，最后单击 自动关键点 按钮，关闭记录动画。

3 拖动时间滑块或者单击▷（播放）按钮，可以看到靶盘的旋转动画。

4 制作飞镖动画。在左视图中选择所有飞镖对象，单击主工具栏中的 ✛（选择并移动）按钮，在左视图中调节所有飞镖对象，在透视图中观察，使其不显示在视图中，效果如图4-44所示。

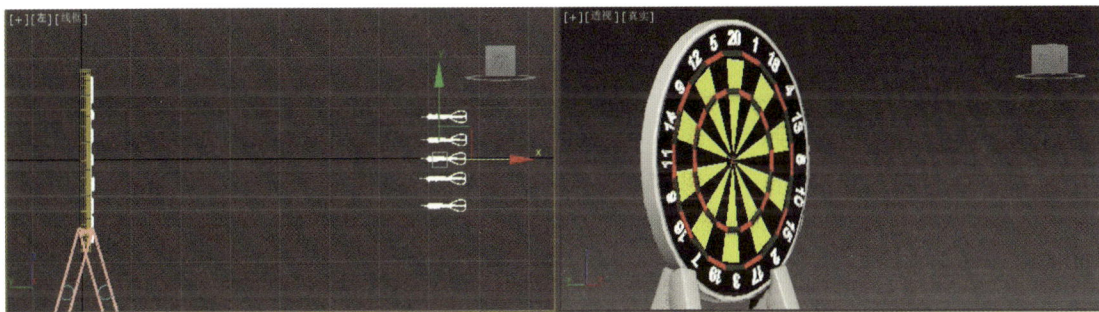

图4-44   移动飞镖的位置

5 单击 自动关键点 按钮，使其处于按下状态，将时间滑块拖动到第10帧的位置，在左视图中将所有飞镖移动到靶盘上，如图4-45所示。设置完成后单击 自动关键点 按钮关闭动画设置。

图4-45   设置飞镖动画

6 拖动时间滑块观察动画，发现飞镖同时扎在靶盘上，这并非是我们需要的效果，需要的是飞镖一个一个地飞来。下面调节每个飞镖的效果。

7 选择一个飞镖对象，然后选择第0帧和第10帧，将其拖动到第10帧位置，这样此飞镖从第10帧开始飞行，在第20帧的位置扎到靶盘上。

8 再选择另外一个飞镖对象，选择第0帧和第10帧，将其拖动到第20帧位置，那么此飞镖将在第20帧开始飞行，到第30帧时扎在靶盘上，如图4-46所示。

飞行的次序
要有先后

图4-46　设置另一个飞镖的飞行动画

9 依此类推，用相同的方法设置其余飞镖的飞行动画，最好将它们的飞行次序间隔开，尽量做得不规律，这样动画效果才会更加真实。

10 拖动时间滑块或者单击▶（播放）按钮，观看动画，如果效果不满意，则继续调节，直到动画效果满意为止。

11 渲染动画。单击主工具栏中的 ▣（渲染设置）按钮（或按<F10>键），在弹出的"渲染设置"对话框中选择"公用"选项卡，在"时间输出"选项组中设置"范围"的值为0～80；设置输出大小为320×240，如图4-47所示。在"渲染输出"选项组中单击"文件"按钮，弹出"渲染输出文件"对话框。输入"飞镖"文件名，"保存类型"选择"AVI文件（*.avi）"格式，并选择保存路径，单击"保存"按钮，如图4-48所示。

12 在"渲染设置"对话框中单击"渲染"按钮，系统开始渲染场景，渲染完成后可以得到飞镖的动画效果。渲染后某一帧的效果如图4-49所示。

动画效果要选我才行哦！

图4-47　设置动画时间及渲染输出

项目4　制作飞镖动画

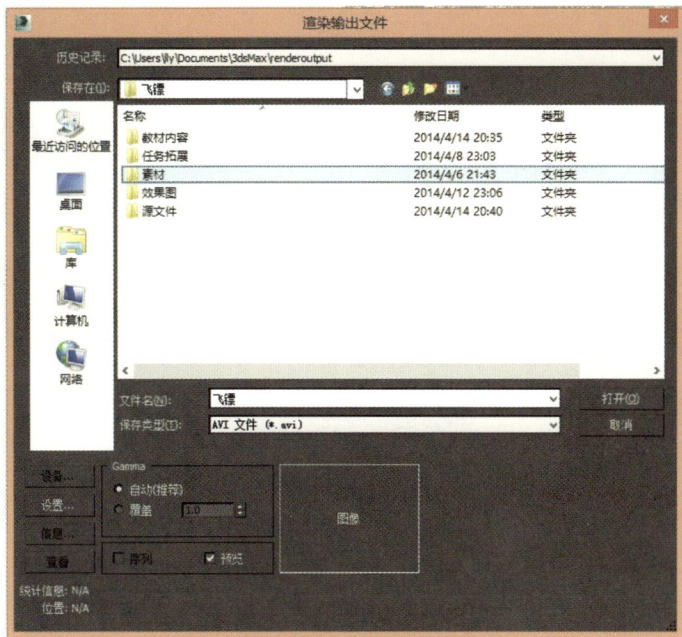

图4-48　设置保存格式及路径

图4-49　飞镖某一帧的渲染效果

必备知识

在3ds Max中，物体移动、旋转和缩放是三种最基本的动画。其中，移动可以实现物体空间位置的变化；旋转可以实现物体角度的变化；缩放则可以实现物体大小的变化。

1. 物体的移动动画

制作物体移动动画的方法非常简单，只需要在录制动画的过程中，在第0帧之外的其他帧处，使用✛（选择并移动）工具让物体产生空间位置的变化。第0帧和物体发生变化的帧是关键帧，系统将自动在各关键帧之间产生物体的运动轨迹。

2. 物体的旋转动画

录制动画的过程中，使用◯（旋转）工具在非0帧处旋转物体，即可制作出物体的旋转动画。

制作旋转动画时需要注意的一个问题是旋转轴心的定位。在默认情况下，录制动画时对物体的旋转操作都是以物体的重心为轴心进行的。如果想改变物体的旋转轴心，则可以按以下步骤操作。

1 选择要改变轴心的物体。

2 单击命令面板上方的▦（层次）选项卡图标，进入"层级"面板，在"调整轴"卷展栏中单击 [仅影响轴] 按钮。这时，所选物体的重心处会出现以空心箭头显示的轴心标记。

3 单击工具栏中的✛（选择并移动）按钮，拖曳轴心标记到需要的位置处即可。

3. 物体的缩放动画

使用▦（选择并均匀缩放）工具、▣（选择并非均匀缩放）和▣（选择非挤压）工具，可以制作各种效果的缩放动画。

对物体进行缩放操作时，同样要注意轴心问题。与旋转操作相同，默认的缩放轴心是物体的重心，可以根据需要另行设置轴心的位置。

> **小技巧** 设置动画的关键帧时，需要先激活动画控制区中的 [自动关键点]，表明动画记录器被打开，然后再进行相应的动画设置，此时所有的操作及修改过程都会被记录下来。动画设置完成后，应该关掉其按钮。

任 务拓展

练习：

1. 利用旋转工具制作风扇动画，效果如图4-50所示。

2. 制作一只小蜜蜂由远处飞来的动画，并要求其在飞行过程中由小逐渐变大，效果如图4-51所示。

提示 1）利用"选择并移动"工具、"旋转"工具及"缩放"工具制作。
2）本实例材质运用VRay材质设置。

图4-50 风扇动画某一帧效果图

图4-51 飞行小蜜蜂效果图

项目评价

3ds Max制作三维动画的主要步骤为：**1**物体建模；**2**设置材质；**3**设置灯光和摄像机；**4**设定动画；**5**渲染合成。

本项目通过制作飞镖模型及动画效果，学习运用标准基本体和扩展基本体三维物体建模的方法。在修改飞镖主体形态的过程中熟悉编辑网格修改命令的使用方法；通过飞镖动画的制作了解、掌握3ds Max三种基本动画的设计思路及制作方法。

下面，给自己做个评价吧。

	很 满 意	满 意	还 可 以	不 满 意
项目的完成情况				
与同组成员沟通及协作情况				
掌握的知识点				
产品设计评价				
体会和经验				

实战强化

制作一个不断上升的、旋转的文字：3D Studio MAX，如图4-52所示。

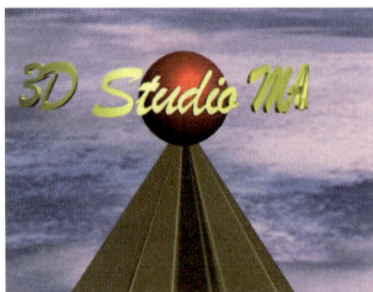

图4-52 动画效果图

学习单元2
影视片头设计

➡ 单元概述

　　本单元通过影视片头项目的制作，学习利用3ds Max进行广告设计的制作、路径变形、基本动画制作等。

➡ 学习目标

（1）知识目标

- ○ 认识和掌握3ds Max中广告的设计方法。
- ○ 掌握"路径变形"的方法制作动画。
- ○ 掌握"曲线编辑"的使用方法。
- ○ 熟练基本动画的设置。

（2）技能目标

- ○ 熟练地进行3ds Max的动画制作。
- ○ 掌握"路径变形"编辑器的使用。
- ○ 掌握"曲线编辑器"的操作。

（3）素养目标

- ○ 严谨求实，培养学生良好的学习习惯与职业道德。
- ○ 分组实训，互帮互教，培养学生的团队协作能力和沟通能力。
- ○ 培养学生的审美情趣和艺术修养，感受艺术与美的熏陶，在科技与艺术所营造的现代艺术设计过程中享受成功与快乐。

项目5
制作影视片头

项目描述

党的二十大报告指出，我们坚持绿水青山就是金山银山的理念。本项目据此制作一个"绿色环保、爱护地球"的影视片头。

本项目要完成电影片头的设计制作，分为三个任务。第一个任务是制作地球、胶片动画。第二个任务是制作生长的花朵动画。第三个任务是动画生成与渲染。

3ds Max中有多种动画制作方法，本项目将会用到其中的三种，第一种是路径变形，第二种是记录关键点，第三种是编辑动画曲线，这三种动画制作方式在动画制作中各有优缺点，所以要根据实际情况合理运用。设计草图如图5-1所示。

图5-1 设计草图

任务 1 制作地球、胶片动画

任务分析

地球是球体，所以需要建立一个球体，再添加贴图并让它自转起来。本任务使用记录关键点的方式来实现其动画效果。

胶片是一个长方体加贴图，要使它变成可弯曲的，沿着设计好的路径绕着地球转动，因此使用路径变形的方式来实现其动画效果。

任务实施

1 准备工作：时间设置。单击 ▦（时间配置）按钮，打开时间设置面板，如图5-2所示，把"长度"设置为200，这是延长动画帧的方法。

2 制作地球。单击创建命令面板中的 ⚪（几何体）按钮，然后单击 ▬球体▬ 按钮，在透视图中拉出一个球体，贴上地球的图片，如图5-3所示。

3 制作胶片的移动路径。在创建命令面板中单击 ⬚（图形）按钮，在创建下拉列表中选择"NURBS曲线"，进入"NURBS曲线"面板，如图5-4所示。在"对象类型"卷展栏中单击 点曲线 按钮，在顶视图中绕着地球图形绘制一条螺旋线，起点在右上角，如图5-5所示。

4 单击 ![修改图标] （修改）选项卡图标进入修改命令面板，在修改列表中打开NURBS曲线的"+"号，进入点层级。

5 使用 ![选择并移动图标] （选择并移动）工具，在Z轴上移动编辑各点，使曲线变为立体的螺旋曲线，如图5-6所示。

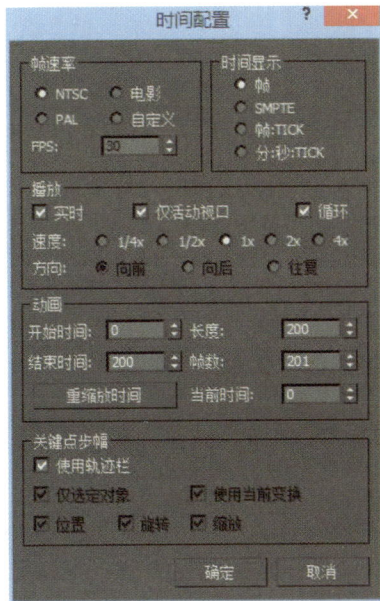

图5-2　时间配置面板

图5-3　地球

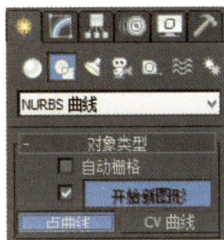

图5-4　NURBS曲线面板

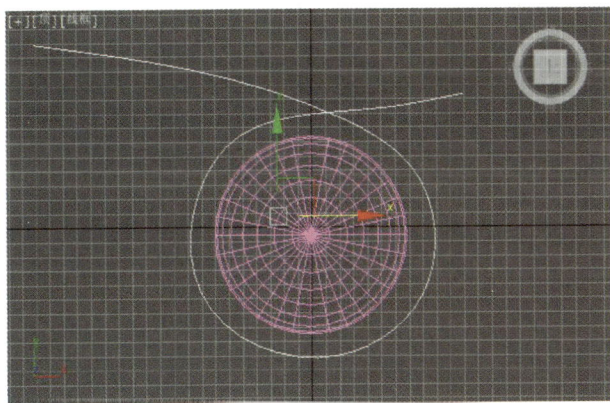

图5-5　绘制胶片移动路径

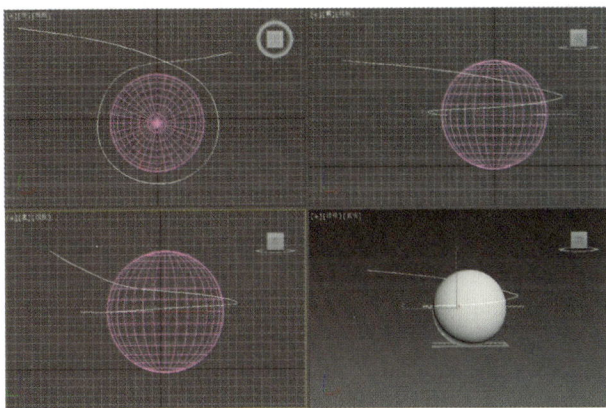

图5-6　绘制立体的螺旋曲线

使用NURBS的编辑点曲线制作空间路径很光滑，如果改用标准的曲线，则很难使曲线在三维空间中保持平滑。

6 创建胶片原型。单击创建命令面板中的 ![几何体图标] （几何体）按钮，在创建下拉列表中选择"扩展基本体"，单击 切角长方体 按钮，在顶视图中央创建一个切角长方体，参数的设置如图5-7所示。结果如图5-8所示。

7 指定路径变形。

① 选择长方体，单击 ![修改图标] （修改）选项卡进入修改命令面板，在下拉列表中选择"路径变形（WSM）"。

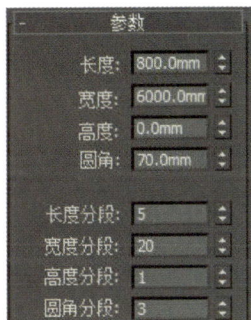

图5-7　切角长方体参数

② 在"参数"卷展栏中按下 ▢拾取路径 按钮，在视图中选择曲线作为路径，结果长方体自动放置到路径上，如图5-9所示。

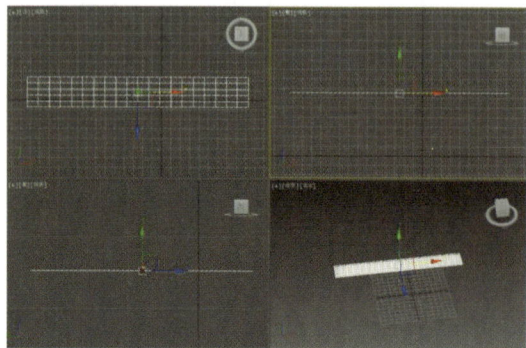

图5-8　胶片原型

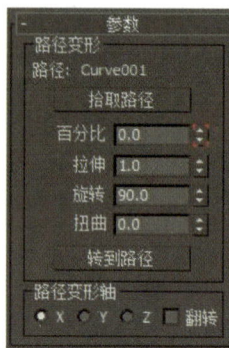

图5-9　路径变形参数的设置

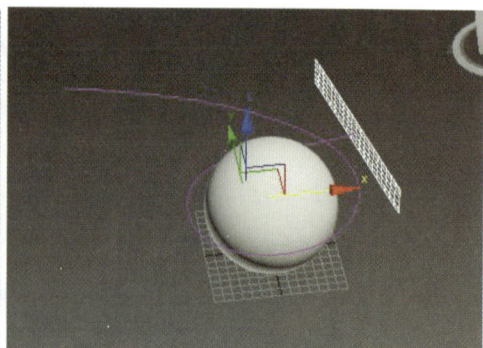

③ 单击 ▢转到路径 按钮，使其轴心点和曲线的起点对齐，并设置参数："旋转"为90，"路径变形轴"为X。

④ 调节"百分比"参数为45，静止的胶片产生了"动感"，如图5-10所示。

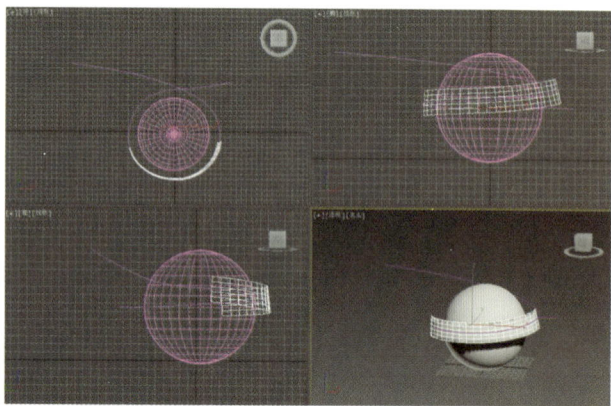

8 给胶片贴图。首先制作好电影胶片的图片，再将它添加给长方体，如图5-11所示。渲染后效果如图5-12所示。

图5-10　胶片变形运动

图5-11　制作好的胶片

图5-12　效果图

9 制作动画。

① 地球的自转运动。

打开 ▢自动关键点 动画记录按钮。拨动时间滑块至第100帧，打开 ▢（角度捕捉）开关，利用 ▢（旋转）工具，在透视图逆时针旋转180度（注意观察屏幕下方Z轴的变化）。

关闭 ▢自动关键点 动画记录按钮，把透视图调节好观察角度，按 ▷（播放动画）按钮播放动画，可以看到从0帧到100帧地球自转的效果。

② 胶片的动画。

打开 ▢自动关键点 动画记录按钮。拨动时间滑块至第0帧，设置百分比为0。

拨动时间滑块至第100帧，设置百分比为120。

关闭 ▢自动关键点 动画记录按钮，把透视图调节好观察角度，按 ▷（播放动画）按钮播放动画，可以看到胶片绕着地球转动并飞走的效果。

10 保存为文件"地球影片.max"。

项目5　制作影视片头

必 备知识

1．路径变形

"路径变形"编辑器可以利用图形、样条线或NURBS曲线等作为路径对模型进行变形，"路径变形"可设置的参数如图5-13所示。

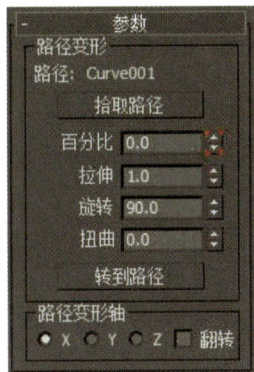

2．转到路径

把要变形的模型从其初始位置转到路径的起点，它将从路径的起点出发。

3．百分比

路径的第一个顶点为路径的0%，最末端的顶点为路径的 图5-13　"路径变形"可设置的参数

100%。当模型第一次拾取路径时，系统根据路径上第一个顶点和模型位置间的偏移距离，对模型进行路径变形。因此，调整"百分比"微调器时，模型会根据偏移距离而扭曲。

4．旋转

可以根据需求，让模型旋转到适合的方向。

5．拉伸

拉伸可以让模型在沿路径变形的基础上再进行拉长伸展变形。制作一个圆锥体，再使用路径变形，调节拉伸参数，就可以制作出藤蔓沿路径生长的过程，如图5-14所示。

6．扭曲

扭曲可以让模型在沿路径变形的基础上再进行扭曲变形。当扭曲值为180时，胶片发生这样的扭曲现象，如图5-15所示。

图5-14　拉抻　　　　　　　　　　图5-15　扭曲

任 务拓展

利用路径变形完成如图5-16所示彩带飞舞的动画。

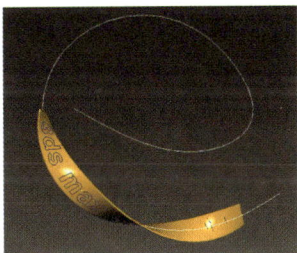

图5-16　彩带飞舞动画

任务 2 制作生长的花朵动画

任务分析

本任务要绘制的花由花朵、花茎和叶子组成，所以分成几个部分来完成，然后再把它们组合起来。最后，利用曲线编辑器来制作展现花朵生长过程的动画。

任务实施

1. 花朵的制作

1 绘制花瓣。利用线工具，绘制一片花瓣，如图5-17所示。

2 挤出。执行"修改命令面板"下拉列表中的"挤出"命令，设置"数量"值为15，结果如图5-18所示。

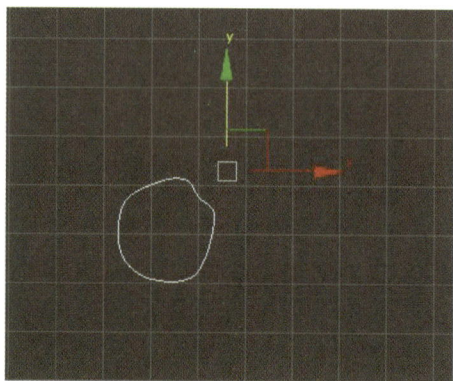

图5-17　绘制花瓣线条

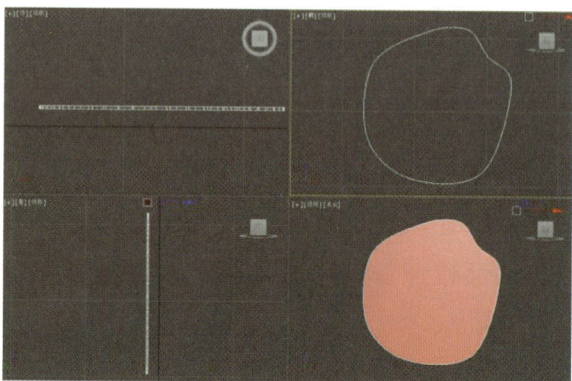

图5-18　挤出成三维图形

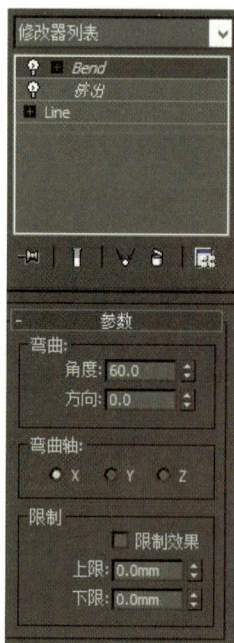

图5-19　弯曲参数面板

3 弯曲。执行"修改命令面板"下拉列表中的"弯曲"命令，设置参数如图5-19所示，并利用旋转工具和移动工具，调节弯曲的方向，这样花瓣就有了弯曲的效果，结果如图5-20所示。

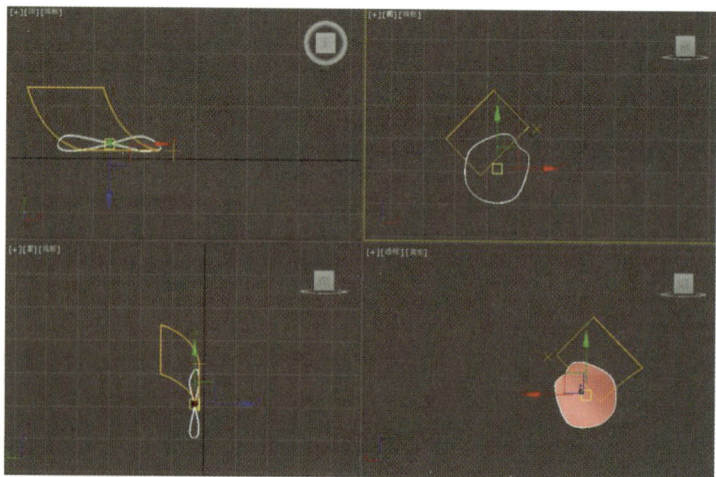

图5-20　弯曲成形

4 移动重心。单击 ■ （层次）选项卡，再单击 仅影响轴 按钮，如图5-21所示，利用移动工具，把花瓣的重心移动到右上角，为复制花瓣做准备，如图5-22所示。

项目5　制作影视片头

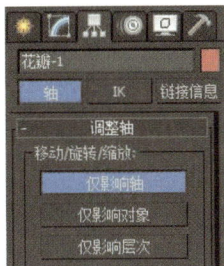

图5-21　层次面板

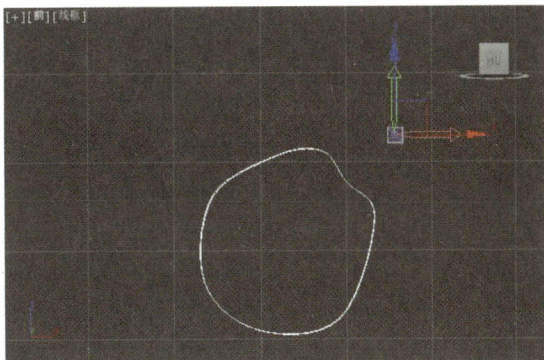

图5-22　移动花瓣重心

5 复制花瓣。按住<Shift>键，利用◎（旋转）工具，以边旋转边复制的方式复制出4片花瓣，结果如图5-23所示。如果复制出的花瓣大小和位置不合适，请返回上一步重新调节花瓣的大小和位置。至此，花瓣就做好了。

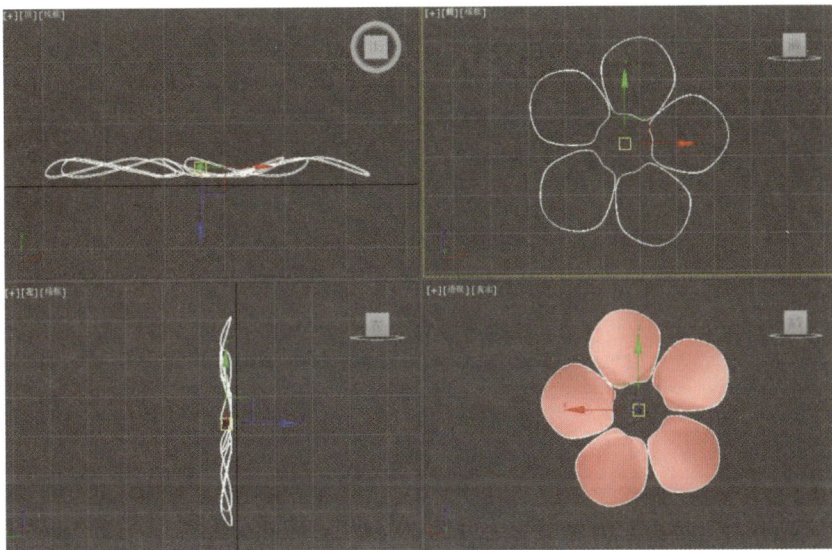

图5-23　复制花瓣

6 花心的制作。执行■（创建）选项卡→◎（几何体）→▇圆▇命令，在前视图建立一个圆，并设置参数，如图5-24所示，这里只需要球体的一半。利用▣（均匀缩放）工具，在顶视图把半圆球压扁，结果如图5-25所示。这样就完成了花心的制作。

图5-24　半球参数图

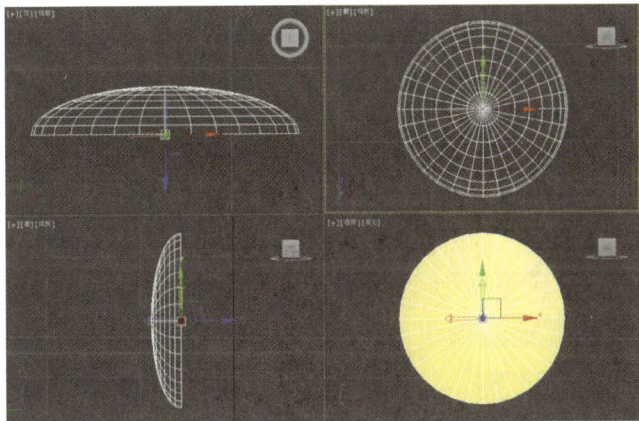

图5-25　压扁后的花心

7 组合。利用移动工具和缩放工具，把花瓣和花心调整好位置并组成"花朵"，结果如图5-26所示。

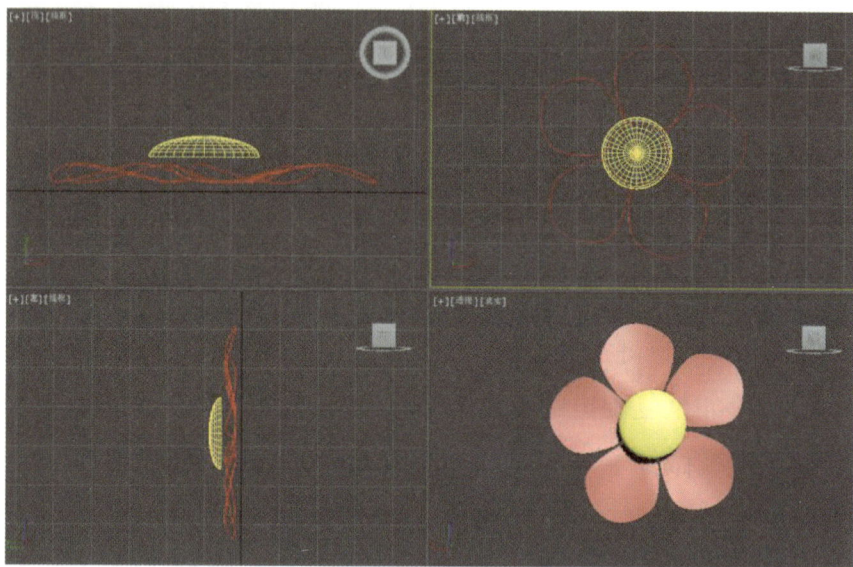

图5-26 花朵效果图

2. 叶子和花茎的制作

1 叶子的制作。与花瓣一样，先绘制线条，再"挤出"，如图5-27所示。

2 花茎的制作。建立一个圆柱体作为花茎，注意高度分段设置为20，它会影响到花茎的弯曲是否柔顺。

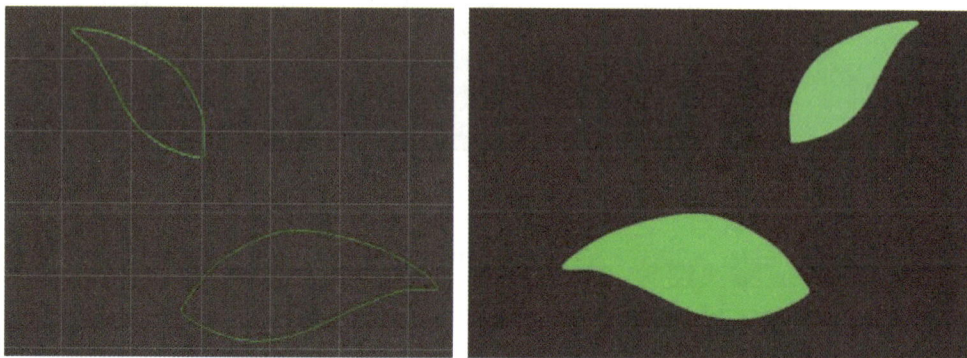

图5-27 叶子的制作

3. 花朵生长的动画

1 绘制生长路径。利用线条绘制，长度与花茎基本相同，结果如图5-28所示。

2 指定路径变形，步骤同"胶片的运动"。

① 选择圆柱体，单击 ▇（修改）选项卡进入修改命令面板，在下拉列表中选择"路径变形（WSM）"命令。

② 按下 ▇拾取路径▇ 按钮，在视图中选择曲线作为路径，圆柱体自动移动到路径上。

③ 单击 ▇转到路径▇ 按钮，使其轴心点和曲线的起点对齐，设置参数如图5-29所示，注意：路径变形轴为Z。

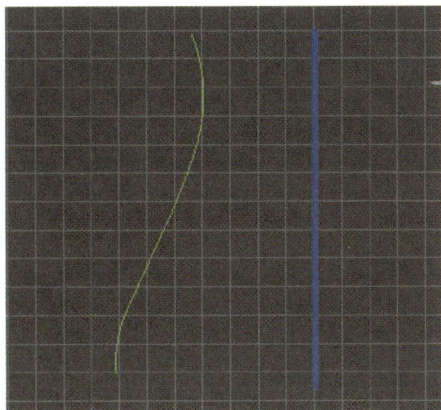

图5-28 花茎和花朵的生长路径

图5-29 路径变形面板

3 制作动画

① 打开 自动关键点 动画记录按钮。拨动时间滑块至第0帧，设置百分比为-100。

② 拨动时间滑块至第100帧，设置百分比为1（可以根据实际情况设置）。

③ 关闭 自动关键点 动画记录按钮，把透视图调节好观察角度，按 ▶（播放动画）按钮播放动画，可以看到花茎从地里长出来的效果，至此，花茎生长的动画就完成了，如图5-30所示。

④ 花朵的动画。拨动时间滑块至第0帧，使用 🔲

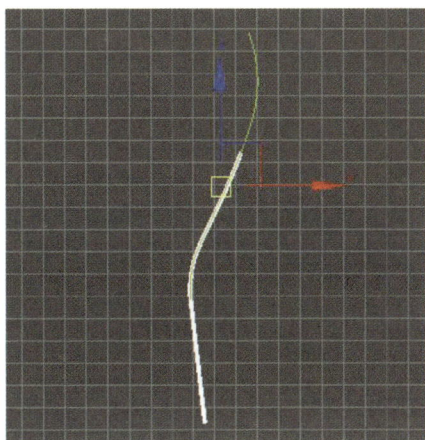

图5-30 花茎在生长路径上

（均匀缩放）工具，把花朵缩小到最小。拨动时间滑块至第200帧，把花放大到最后盛开的大小。这样，花朵会从第0帧的最小状态开放到第200帧时的最大状态。

为了进一步优化花朵生长的动画效果，可以利用"曲线编辑器"来对其进行精确设置。选择花朵，单击工具栏上的 🔳（曲线编辑器）按钮打开动画的曲线编辑器，如图5-31所示。

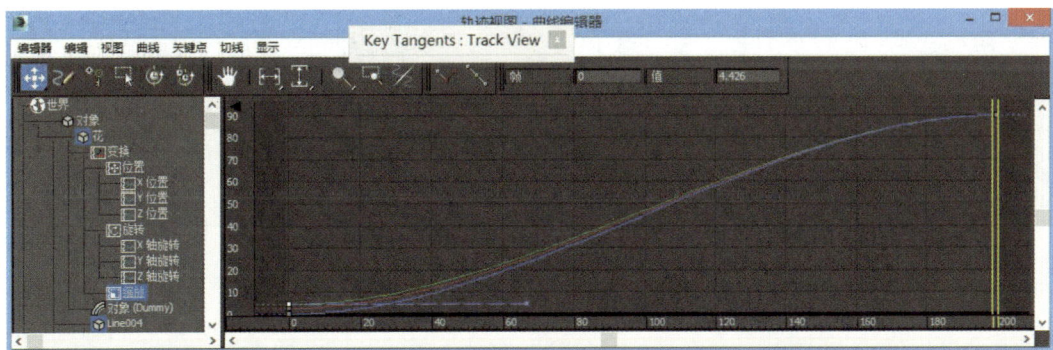

图5-31 曲线编辑器

在编辑器中有3条不同颜色的线段，是分别表示X、Y、Z轴的变化曲线。选择0帧上的点并单击鼠标右键，打开"花\缩放"对话框，如图5-32所示，这里能看到X、Y、Z的具体值。在花朵生长动画的0帧位置，本意是想将花朵的X、Y、Z值都设置为0，但由于前面是利用缩放工具来缩小花朵的，所以不可能做到太准确，现在就可以在对话框中直接将X、Y、Z值和时间都修改为0。

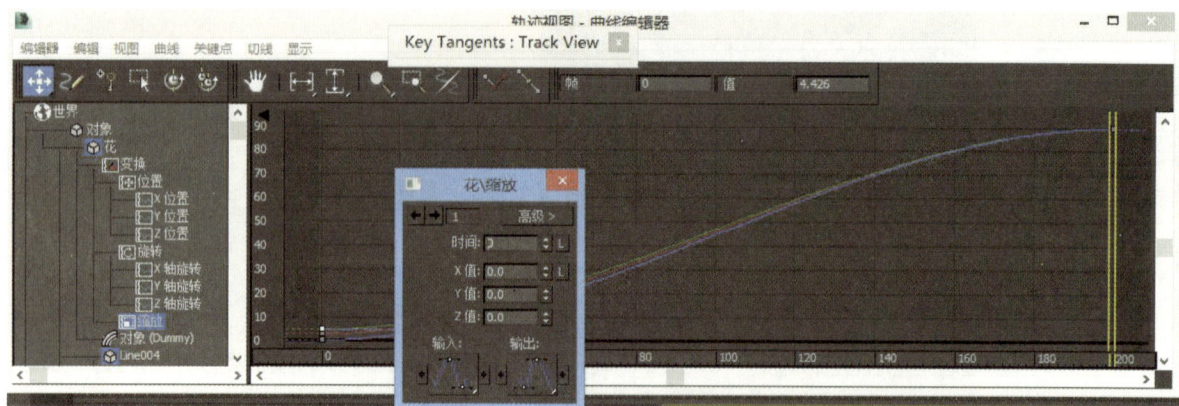

图5-32　花朵缩放曲线设置

也可以利用曲线编辑器上的 ![icon]（移动关键点）工具，框选0帧的3个关键点并移动到100帧，这样就可以设置花朵在100帧的时间开始开花，到200帧的时候盛放。结果如图5-33所示。

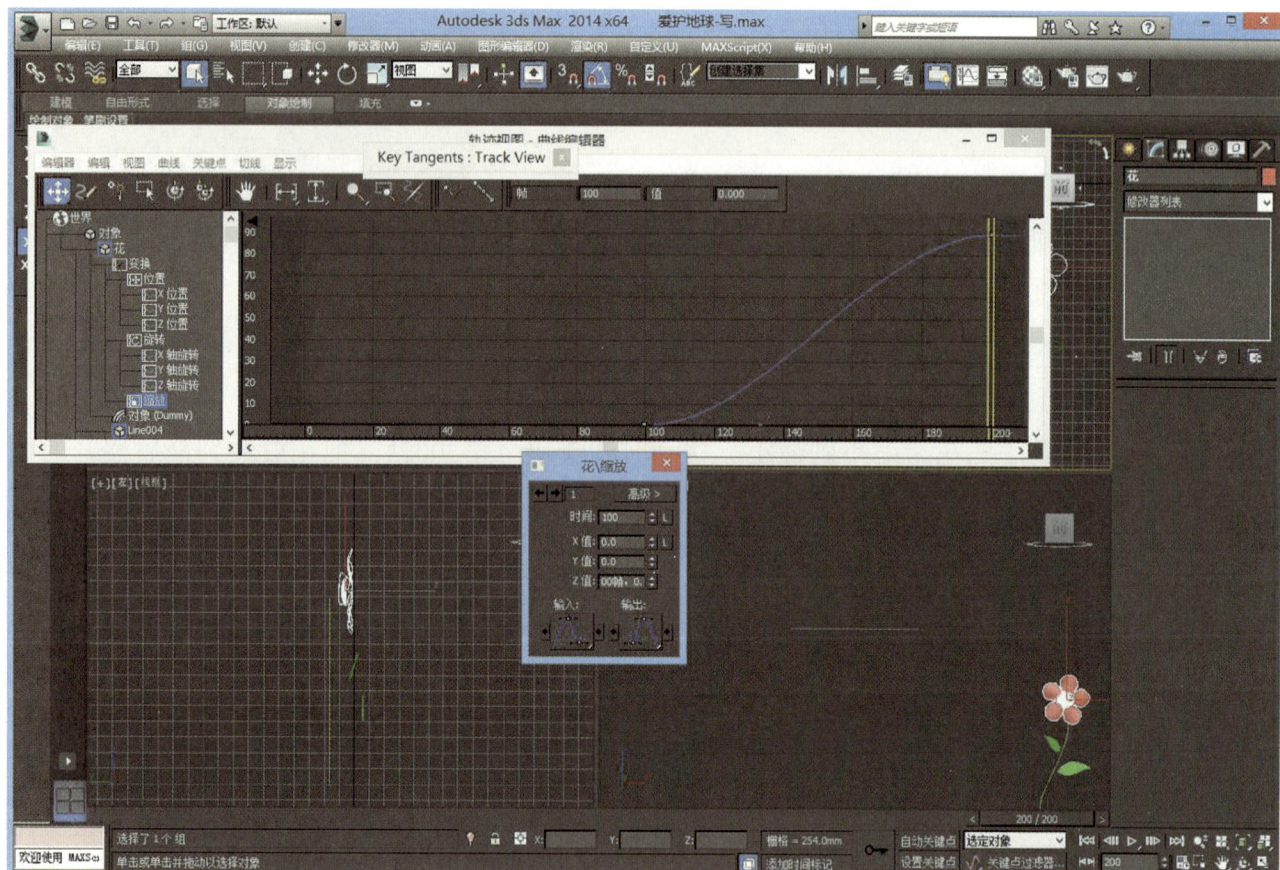

图5-33　调节关键点

必 备知识

动画制作——使用"自动关键点"设置对象的动画

1 在视口右下角，单击 自动关键点 按钮启用自动关键点模式。这时，"自动关键点"按钮、时间滑块通道以及活动视口周围的高亮边界均变为红色，如图5-34所示。

2 将时间滑块拖动到非0的时间点上，利用 ![icon]（移动）、![icon]（缩放）或 ![icon]（旋转）工具对选定对象进行相应的操作。

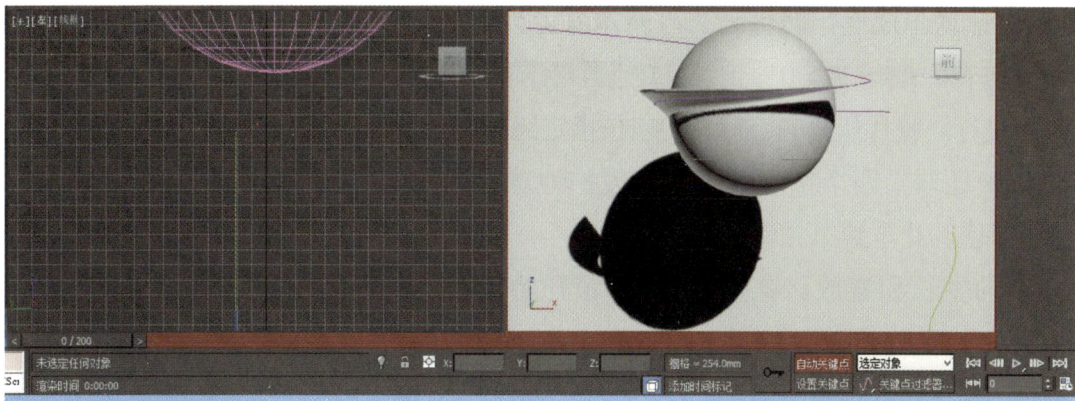

图5-34 打开"自动关键点"按钮进行设置

3 更改可设置动画的参数。例如，假设从还未设置成动画因而没有关键点的圆柱体开始。启用"自动关键点"，转至第20帧，围绕圆柱体的Y轴将圆柱体旋转90度。此操作会在第0帧与第20帧之间创建旋转关键点。第0帧处的关键点存储圆柱体的原始方向，第20帧处的关键点存储经过旋转90度的动画处理后的圆柱体。在视口中播放动画时，圆柱体将在20帧上围绕Y轴旋转90度。

4 完成操作后，单击"自动关键点"按钮使其弹起，禁用"自动关键点"命令。

任务拓展

1. 制作蔓藤的生长动画，如图5-35所示。
2. 制作花瓶和花朵，如图5-36所示。

图5-35 蔓藤的生长

图5-36 花瓶和花朵

任务 3 动画生成与渲染

任务分析

上述两个任务不但制作了各个部分的模型，还制作了各自的简单动画。本任务要将各个部分有机地整合起来，成为一个完整的影片。

首先要设计动画过程，即动画的"剧本"。设置动画时间长为200帧。

1 地球自转。地球从第0帧到第100帧自转一圈，在第101帧到第120帧缩小五分之一。

2 胶片飞行。胶片从第0帧到第100帧按指定路径绕地球转一圈。

3 "爱护地球"四个字的动画。"爱护地球"四个字自第0帧开始从地球中心出发，到第120帧时定格。

4 花朵的生长和盛放。花茎从第100帧开始生长，到第130帧时长成；叶子从第130帧开始生长，到第150帧时长成；花朵从第130帧开始生长，到第180帧时盛放。

(任)务实施

利用"曲线编辑器"准确地完成动画的设置。首先选中模型，按鼠标右键打开功能菜单，选择"曲线编辑器"命令，如图5-37所示，这样就能打开模型对应的动画曲线编辑器了。再利用工具移动和修改参数来完成整个动画的设置。

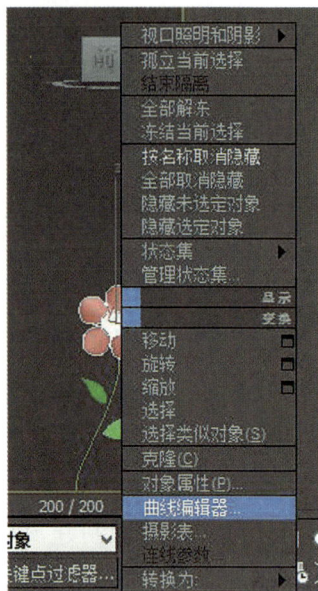

图5-37 功能菜单

1. 地球的动画曲线

地球的动画曲线如图5-38所示。

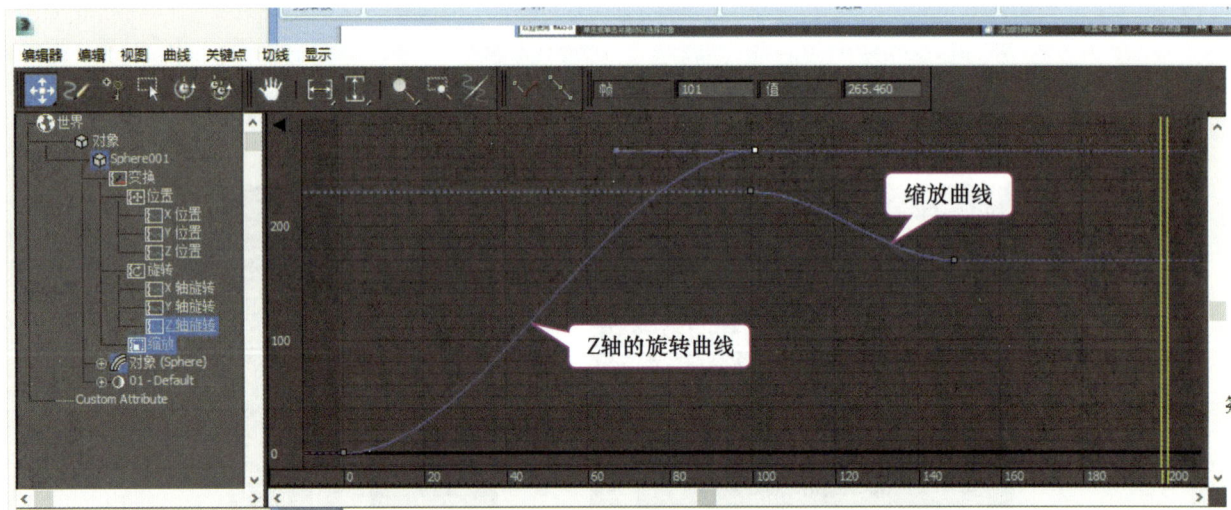

图5-38 地球曲线编辑器

2. 胶片的动画曲线

胶片是利用指定"路径变形"的方式产生动画的，所以修改的时候需在路径参数面板中进行。

3. 字体的动画曲线

先完成字体模型的制作，然后把它叠加在地球的中心位置，把时间滑块拖到第100帧处，打开"自动关键点"按钮，把字体移动到相应的位置。为了准确定位，也可以使用"曲线编辑器"来设置，因为每个字的位置不同，所以它们的曲线也有所不同。

1 "爱"字的动画曲线。"爱"字的动画曲线如图5-39所示。

2 "护"字的动画曲线。"护"字的动画曲线如图5-40所示。

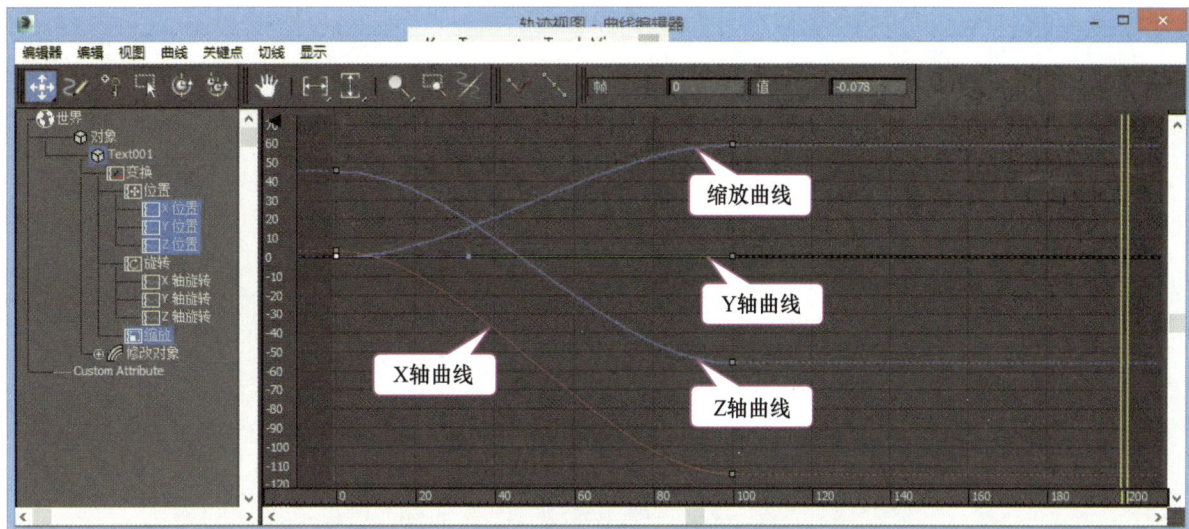

图5-39 "爱"字的动画曲线编辑器

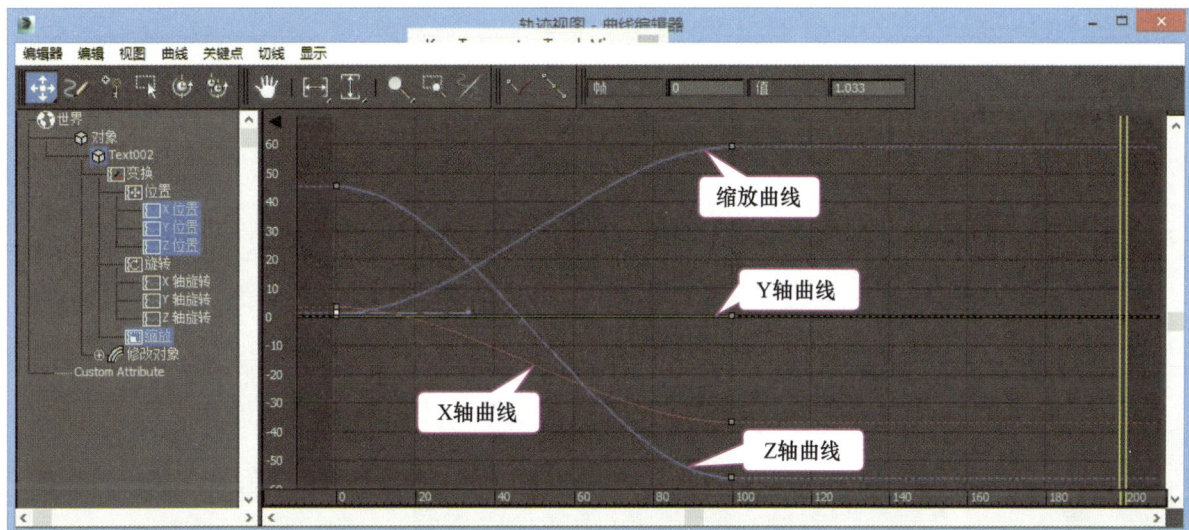

图5-40 "护"字的动画曲线编辑器

3 "地"字的动画曲线。"地"字的动画曲线如图5-41所示。

4 "球"字的动画曲线。"球"字的动画曲线如图5-42所示。

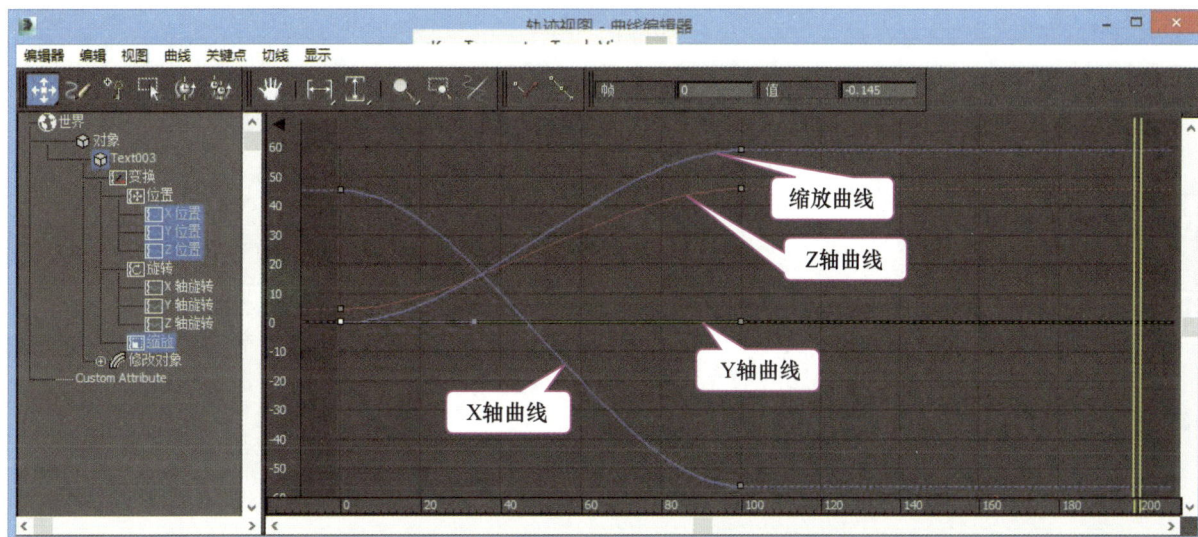

图5-41 "地"字的动画曲线编辑器

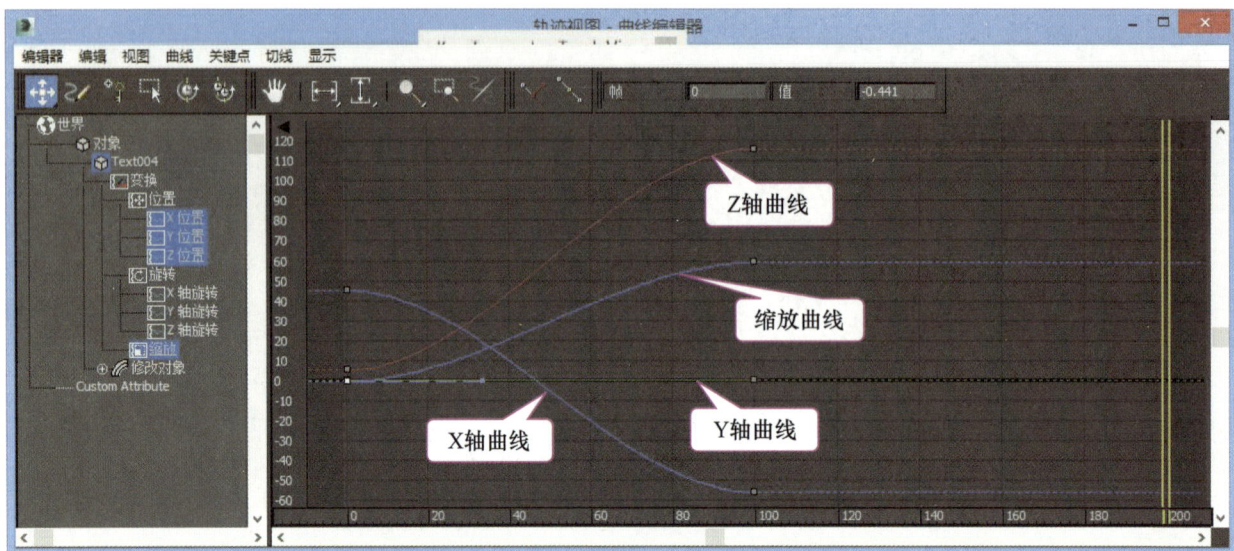

图5-42 "球"字的动画曲线编辑器

4. 叶子和花朵的动画曲线

1 叶子的动画曲线如图5-43所示。

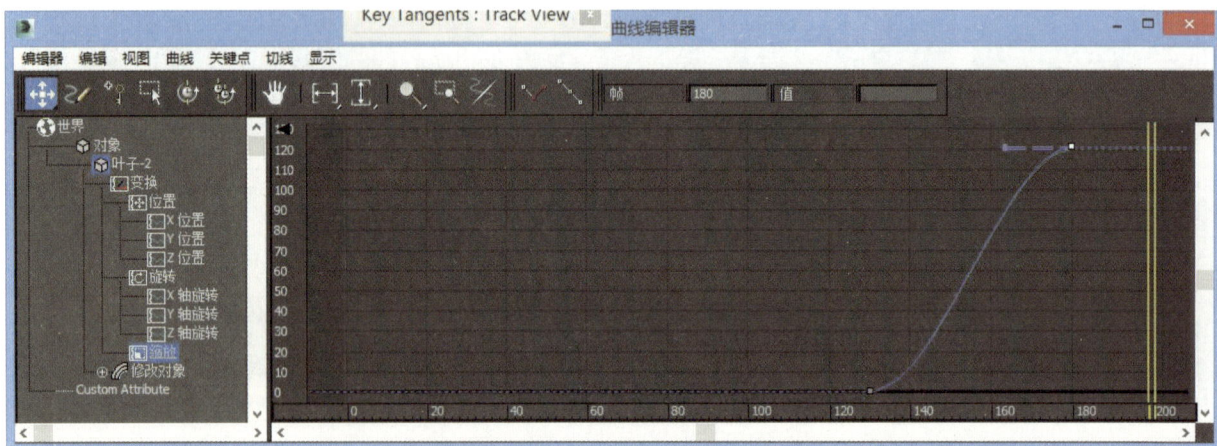

图5-43 叶子的动画曲线编辑器

2 花朵的动画曲线如图5-44所示。

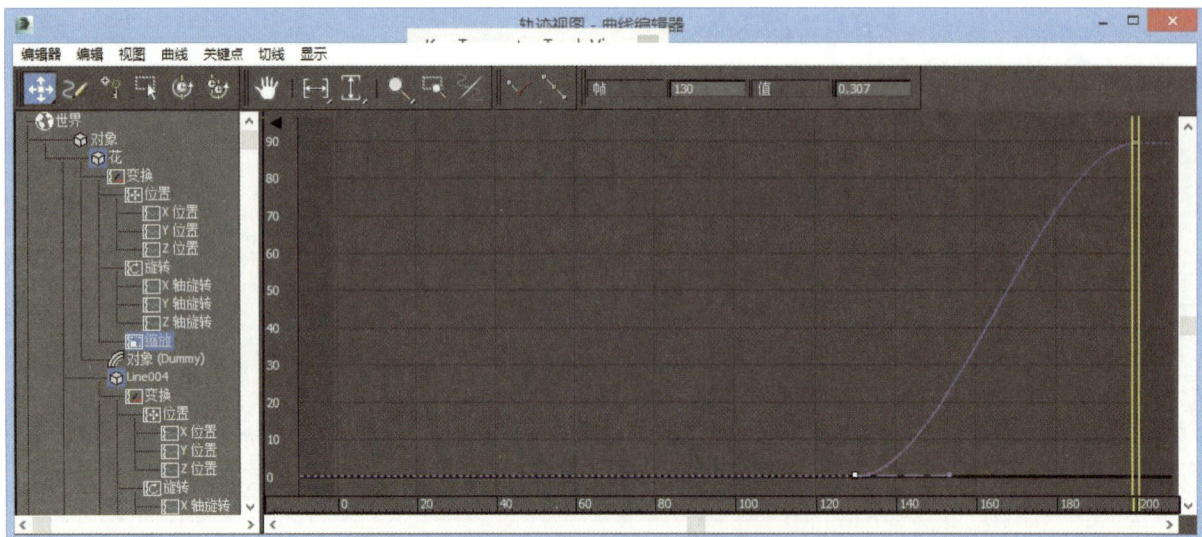

图5-44 花朵的动画曲线编辑器

3 花茎的生长。花茎的生长是利用指定"路径变形"的方式产生动画的，所以修改的时候请在"路径参数"面板中进行修改。

5．添加背景图

在前视图添加一个平面，并贴上贴图作为背景，最后调节好透视图的角度。

6．渲染成影片

1 单击工具栏上的 ![icon]（渲染设置）按钮，打开渲染设置面板，在"公用参数"卷展栏中设置"范围"为"0至200"，如图5-45所示。

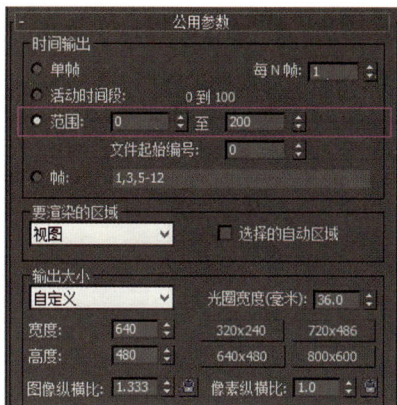

图5-45　渲染设置面板

2 在"渲染输出"栏中单击 文件... 按钮，输入保存的文件名为"爱护地球.avi"，并选择压缩器，如图5-46所示。

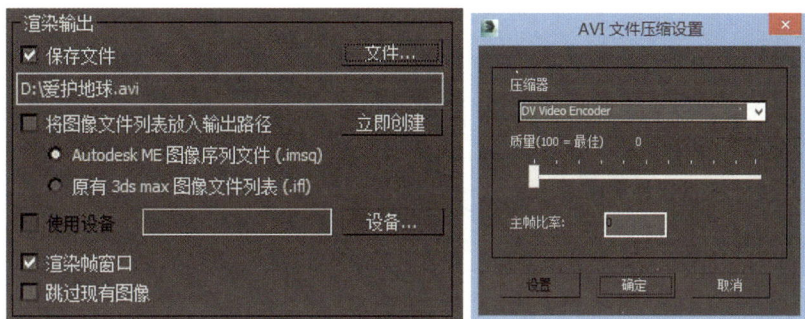

图5-46　压缩设置

3 按"渲染"按钮进行渲染输出，效果如图5-47和图5-48所示。

图5-47　第30帧的画面　　　　　图5-48　第200帧的画面

必备知识

轨迹视图——曲线编辑器

"轨迹视图"提供两种不同的基于图形的编辑器，用于查看和修改场景中的动画数据。也可以使用"轨迹视图"来指定动画控制器，以便插补或控制场景中对象的所有关键点和参数。

"轨迹视图"有两种模式："曲线编辑器"和"摄影表"。"曲线编辑器"将动画显示为功能曲线上的关键点；通过编辑关键点的切线，可以控制中间帧，如图5-49所示。"摄影表"模式将动画显示为包含关键点和范围的电子表格，并允许调整运动的时间控制，如图5-50所示。"轨迹视图"中的关键点和曲线也可显示在轨迹栏中。"运动"面板上也包含"关键点属性"对话框,与"轨迹视图"上的相同。

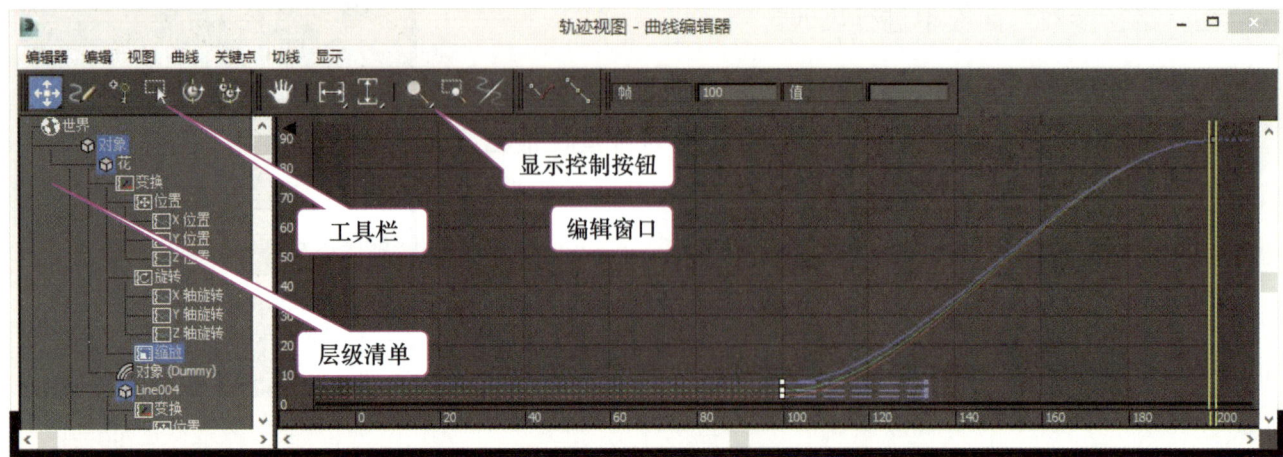

图5-49　曲线编辑器

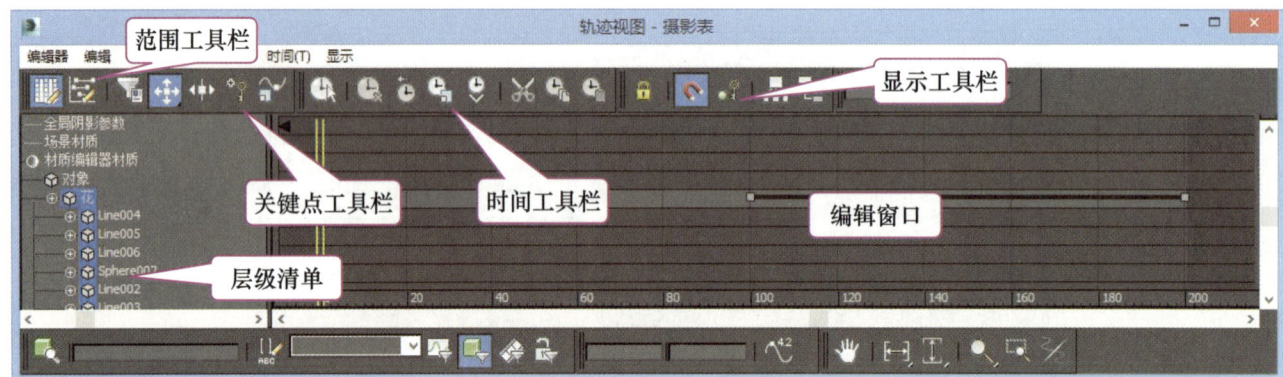

图5-50　摄影表

任 务拓展

打开"蝴蝶.max"文件,利用曲线编辑器做出蝴蝶翻飞的动画,如图5-51所示。

图5-51　蝴蝶翻飞

项目评价

本项目讲解了3ds Max中三种动画制作方法——路径变形、记录关键点和曲线编辑。下面,给自己做个评价吧。

	很 满 意	满 意	还 可 以	不 满 意
项目的完成情况				
与同组成员沟通及协作情况				
掌握的知识点				
产品设计评价				
体会和经验				

实战强化

做一条短片介绍你的学校或团队吧。

单元小结

本单元的项目主要实现的是广告制作的三维动画，进行了基础动画制作的训练，学习了基本变换动画和参数动画的制作方法，以及基本的动画制作流程和"轨迹视图"调节方法。这些基础的动画制作方法对于制作一般的片头动画、建筑浏览动画来说已经足够了。

动画是三维软件中最难掌握的部分，因为在模型的基础上加入了一个时间维度。在3ds Max中，动画大致可以分为以下几种。

1. 基本变换动画

基本变换动画是指对物体进行移动、旋转和缩放的动画变化，是最简单的动画类型。

2. 参数动画

在3ds Max中，几乎所有可以调节的参数都可以记录成动画，如"弯曲"修改器的弯曲度、灯光的强弱、摄影机的焦距、材质的光泽度等。参数动画的指定非常简单，只要打开"自动关键点"按钮记录下变化就行了。

3. 角色动画

角色动画是一种特殊的分类法，主要是根据人物（或动物）制作要求制作带有拟人色彩的动画效果，它涉及骨骼、皮肤、表情变形、正向反向动力学、约束等概念，有一套完整的制作流程。

4. 粒子动画

粒子动画使用粒子系统制作一些特殊效果，如礼花、水流、喷泉、雨雪等。3ds Max提供了两种不同类型的粒子系统：事件驱动和非事件驱动。

5. 动力学动画

动力学动画直接使用基于物理算法的特性进行物体的受力、碰撞、液体流动等动态模拟，可以很容易并且精确地制作出仿真运动效果，如下落、碰撞、变形等，使用的物理参数包括弹力、摩擦力、阻力、最大静摩擦力、重力、风力、螺旋力等。

项目5 制作影视片头

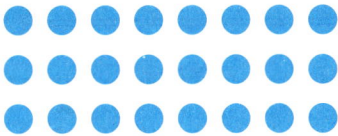

学习单元3
场景设计

→ 单元概述

  本单元通过三个项目的制作，学习场景的设计，以及不同的建模方法，包括基础空间的建造、物件的制作、周边环境的制作以及材质贴图。

→ 学习目标

（1）知识目标

  ○ 认识和掌握空间创建的基本要求和方法。

  ○ 掌握几何体建模、修改建模、二维线建模的各种方法和技巧。

  ○ 掌握室内场景环境灯光的设置方法。

  ○ 掌握摄影机的设置和使用方法。

（2）技能目标

  ○ 灵活运用3ds Max的各种建模及修改方法。

  ○ 熟练掌握3ds Max的材质设置。

  ○ 掌握室内外环境灯光的设置。

（3）素养目标

  ○ 严谨求实，培养学生良好的学习习惯与职业道德。

  ○ 分组实训，互帮互教，培养学生的团队协作能力和沟通能力。

  ○ 培养学生的审美情趣和艺术修养，感受艺术与美的熏陶，在科技与艺术所营造的现代艺术设计过程中享受成功与快乐。

项目6
设计游戏室内场景——卡通书房

项目描述

　　游戏场景设计是指除了角色造型外的一切物体的造型设计，场景设计一般分为室内空间、室外空间和内外结合空间，好的游戏场景与空间布局、道具和光照密不可分，它能够提高游戏的美感，提升用户体验。近年来，我国网络游戏产业发展迅猛，游戏行业人才缺口越来越大。掌握游戏场景设计这项技能，可为日后从事游戏设计工作打下良好的基础。

　　本项目要完成一个全新的游戏场景的设计，游戏场景的设计者要从宏观上把握游戏场景的造型，要有整体意识，设计思路为：整体构思——局部构建——总体归纳。也就是说，要先有整体的思路，然后分局部打造细节，最后再整体归纳，本项目分为五个任务。

　　第一个任务是创建基础空间。这个室内场景是一个书房，分为上下两层，其中包含办公区、休闲区、阁楼区三个不同区域，完成框架的搭建。

　　第二个任务是制作办公区。物品一般会用几何体建模并进行修改，还会用到一些修改器的命令，并为其赋上贴图材质。

　　第三个任务是制作休闲区与阁楼。休闲区里有沙发、茶几、电视机等物体，二楼阁楼是阳光玻璃房，有航天相关的器材。

　　第四个任务是制作场景配件。小配件是根据角色设定来添加的，场景中的配件要符合逻辑。

　　第五个任务是渲染输出。在场景内加上摄像机，控制摄像机进行运动，在场景内进行巡视察看，展示场景。设计草图如图6-1所示。

图6-1　设计草图

任务 1 创建基础空间

任务分析

　　在接到设计工作任务后，要分步骤进行设计工作，首先是收集资料，了解游戏的设定、背景、画面风格类型、视角等，这样才能确定目标以制订设计方案。本项目设计的是卡通风格的书房，书房主人小京是一个热爱航天科技与信息技术的中学生，房间里有很多科技相关的模型。

　　在设计场景的时候，首先要思考一下场景的大体空间构造是什么样的，例如，场景内都有些什么东西？场景内都有些什么较大的物件？有什么特点鲜明的物品？清楚地知道都有什么，做起来才会事半功倍。首先要确认场景的大框架，确定门窗的位置；然后加入构成场景的主体物，如墙体、书桌、收纳柜、阁楼、楼梯等。

任 务实施

1．准备工作：打开3ds Max软件，视口呈四屏显示

单击屏幕左上角的 ![按钮，选择菜单中的"重置"命令，重新设定系统。执行菜单中的"自定义"→"单位设置"打开单位设置面板，把单位设置为毫米（mm），使用统一的单位来制作后面场景中的所有模型。

2．创建游戏室内场景基础空间

1 创建一个长方体。在透视图建立一个长方体，长度8000mm，宽度5000mm，高度100mm，长宽高分段均默认为1，如图6-2所示。

2 "转换为可编辑多边形"。按鼠标右键，在弹出的功能菜单中执行"转换为"→"转换为可编辑多边形"命令，这样便于对多边形进行修改。操作如图6-3所示。

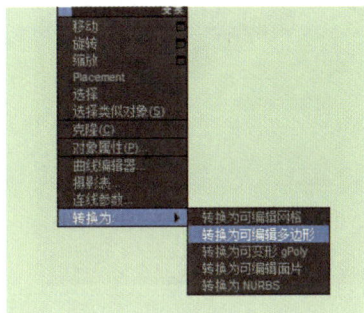

图6-2　设置参数　　　　图6-3　转换为可编辑多边形

3 制作一面墙。

① 进入修改命令面板，使用 ![（边）的选择方式，在左视图框选择上下四条边（上下前后共四条），如图6-4所示。

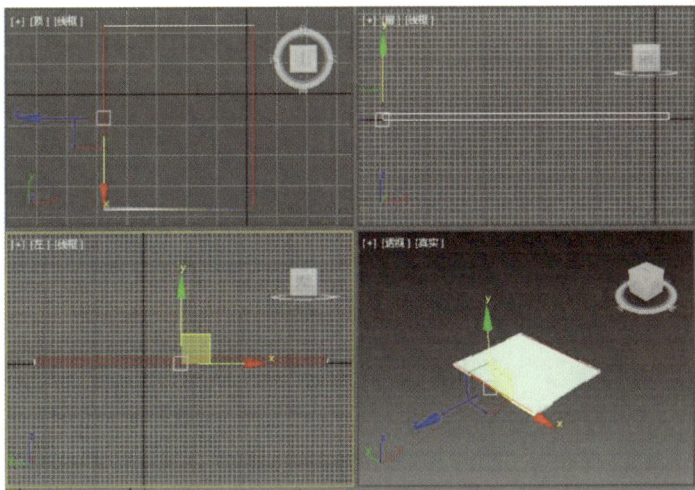

图6-4　选择四条长边

② 单击修改命令面板上的"连接"按钮，这时出现一条连接两条边的红色线段，如图6-5所示。

③ 利用 ![（移动）工具，在顶视图把线段移动到长方体的边上（注意：大约是墙体的厚度），如图6-6所示。

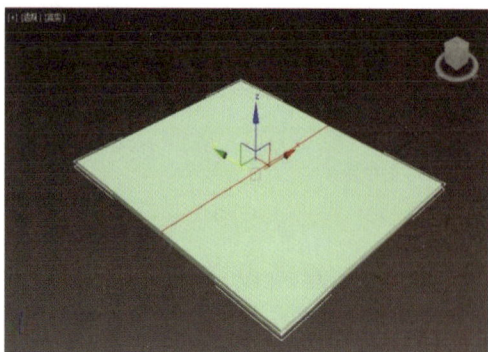

图6-5　连接两边的线

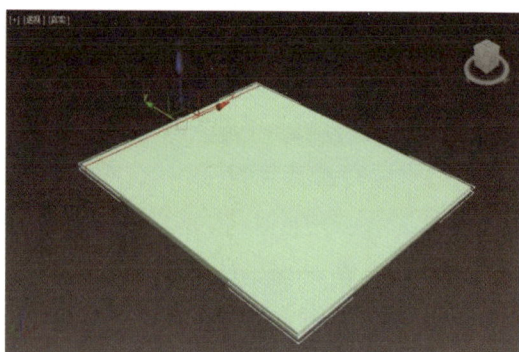

图6-6　墙体线

④在前视图中，利用同样的方法，画出另一边的墙体线，如图6-7所示。

4 "挤出"墙体。将视图显示方式调整为"真实+边面"，使用■（多边形）的选择方式，在顶视图中选择墙体部分的多边形，单击修改命令面板上"挤出"按钮右边的■设置，在"挤出多边形高度"里输入4000mm，单击确认，如图6-8所示。

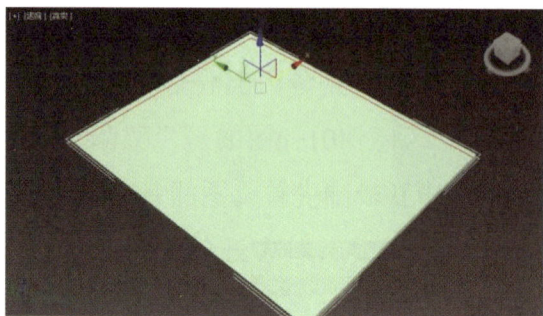

图6-7　画出两边的墙体线

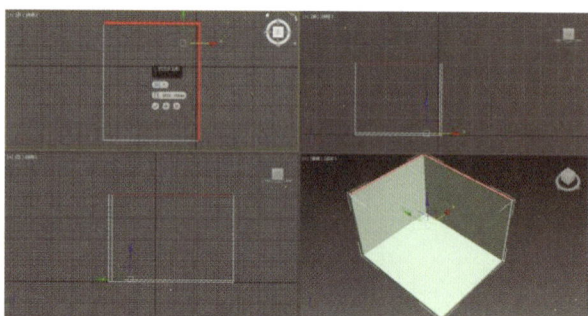

图6-8　挤出墙体

5 画出窗口线条。

①进入修改命令面板，使用■（边）的选择方式，现在场景里物体较少，可以直接在透视图中框选出左边墙体上下四条边，单击修改命令面板上的"连接"按钮右边的■设置，画出窗户的宽度，如图6-9所示。

②用同样的方法画出窗口位置的线条，如图6-10所示。

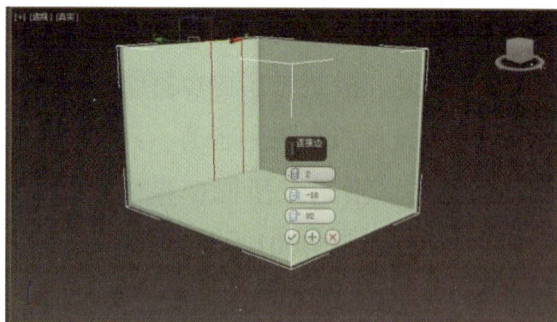

图6-9　画出窗户宽度

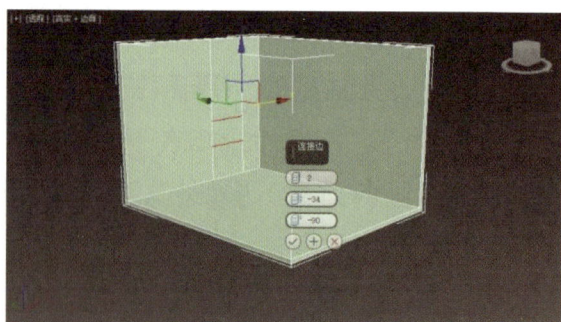

图6-10　画出窗口线

6 做出窗口。使用■（多边形）的选择方式，分别选择窗口位置的两个面，按<Del>键删除。使用■（边界）的选择方式，选择窗口四周的边，单击修改命令面板上的"桥"按钮，这样，窗口就完成了，如图6-11所示。至此，场景基础空间制作就完成了。将此多边形模型名称改为"基础框架"，方便后续查找。

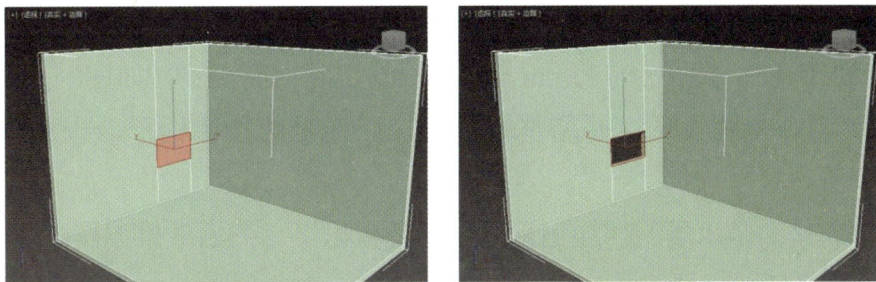

图6-11 制作出窗口

7 设置材质与贴图。空间的材质：墙体是蓝色，地面上贴上木纹材质。用之前学过的"多维/子材质"进行贴图就可以了，效果如图6-12所示。

3. 建造阁楼

1 创建一个长方体，将它命名为"阁楼地板"。在透视图建立一个长方体，可参考图6-13的参数设置，阁楼是阳光玻璃房，里面有航天器材，最后可以根据需求利用放大缩小工具对阁楼地板进行分段调节，如图6-14所示。

2 设置材质与贴图（步骤略）。

图6-12 渲染效果   图6-13 参数设置   图6-14 分段调节

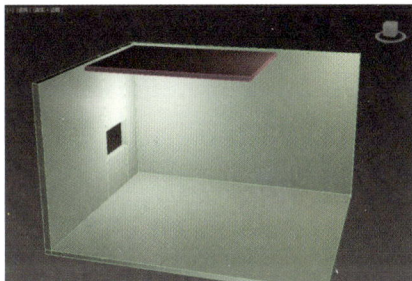

4. 制作楼梯

1 创建"L型楼梯"。单击 （创建）按钮，进入创建命令面板，单击 （几何体）按钮，在下拉列表中选择"L型楼梯"，如图6-15所示。

2 设置参数。为了让空间视觉上更简洁，这里选择"开放式"楼梯，如图6-16所示。可以根据喜好来设计楼梯的造型，具体参数可以根据实际需要进行设置。

3 拉出楼梯，并将模型命名为"楼梯"。在透视图中拉出楼梯，L型楼梯创建效果如图6-17所示。

图6-15 创建L型楼梯   图6-16 参数设置   图6-17 L型楼梯效果

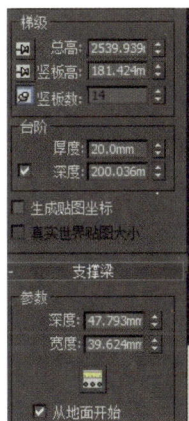

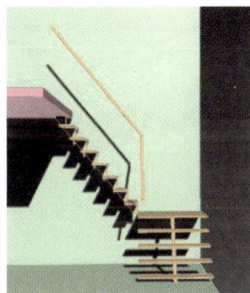

4 创建扶手。此时可以将楼梯以外的模型隐藏，方便制作。创建圆柱体作为扶手下的柱子，圆柱体半径为10mm，高度为1113mm，大小根据实际情况调整，如图6-18所示。

5 利用复制命令复制柱子，并调整好位置。这样复制楼梯柱子，楼梯就基本完成制作了，如图6-19所示。

6 材质设置。楼梯是木质的，加上木纹贴图就可以了。最后效果如图6-20所示。

图6-18 加上柱子   图6-19 楼梯整体效果   图6-20 木质楼梯

必备知识

楼梯模型看似复杂，其实在3ds Max中，有一些现成的模型可供使用，基本可以覆盖日常大部分类型的楼梯模型，便于建立空间，只需要选择对应的类型，根据现场情况适当调整参数和尺寸即可。

1. 楼梯

"楼梯"的创建包括四种常见类型：

L型楼梯：使用"L型楼梯"对象可以创建带有彼此成直角的两段楼梯。

螺旋楼梯：使用"螺旋楼梯"对象可以指定旋转的半径和数量，添加侧弦和中柱，甚至更多。

直线楼梯：使用"直线楼梯"对象可以创建一个简单的楼梯，侧弦、支撑梁和扶手可选。

U型楼梯：使用"U型楼梯"对象可以创建一个两段的楼梯，这两段彼此平行并且它们之间有一个平台。

在详细参数中，每一种楼梯的创建类型包括开放式、封闭式、落地式，效果如图6-21所示，可以调整楼梯踏板底部样式，国内常见的以封闭式居多，也可以做成落地式，下方空间用来储物。

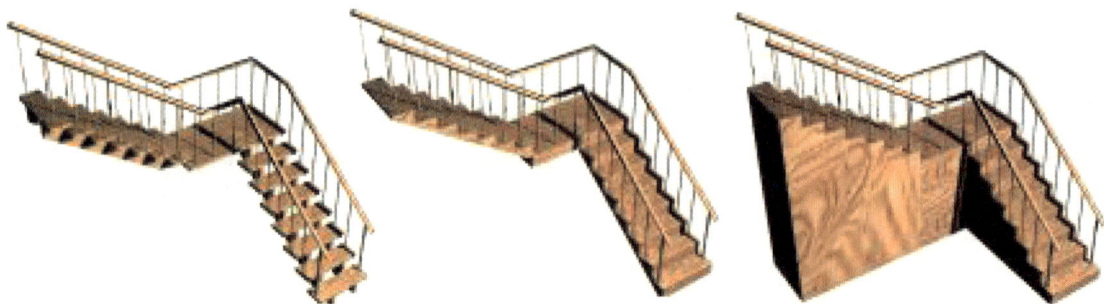

图6-21 开放式、封闭式、落地式楼梯

"生成几何体"选项中，勾选侧弦后，如果只需要一边的侧弦，也可以在创建完成后删除多余的另一边。侧弦参数中"深度"表示侧弦的高度，"宽度"表示侧弦的厚度，"偏移"表示侧弦距离踏板的间隙，"从地面开始"表示侧弦被地平线切割。

扶手受栏杆参数控制，但默认图形比较简单，如需自定义，可以勾选固守路径，然后自定义图形。栏杆参数中，"高度"决定了扶手离踏板的高度，"偏移"表示扶手缩进踏板区域的范围，"分段"表示扶手圆形分段数，"半径"决定了扶手的粗细尺寸，如图6-22所示。

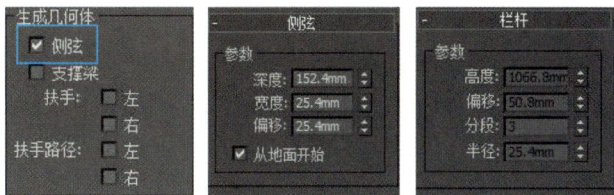

图6-22　侧弦、栏杆参数

布局和梯级决定了楼梯总体尺寸，需要根据项目实际空间具体调整详细数值。将确定好的数字固定，剩下两个会互相影响。

2. 门

在"标准几何体"下拉列表中选择"门"选项，"门"类别包括"枢轴门""推拉门""折叠门"三种类型，如图6-23所示。

（1）枢轴门　枢轴门是仅在一侧装有铰链的门。单击"枢轴门"按钮，在顶视图或透视图中，单击并拖曳光标得到门的基本起始图形，再拖曳光标得到门的宽度，再次向上拖曳光标得到门的高度，如图6-24所示。在其命令面板或修改面板中可以对其参数进行设置，如图6-25所示。

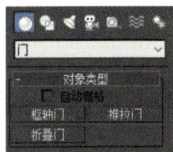

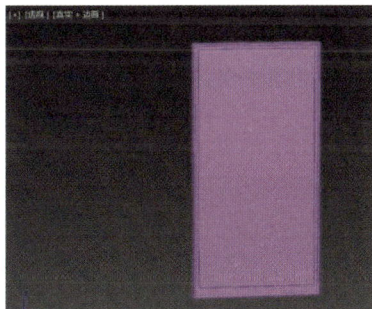

图6-23　对象类型　　　图6-24　创建枢轴门　　　图6-25　参数设置

1 "创建方法"是用来设置创建枢轴门时的创建方法。

2 "参数"。

① "高度、宽度、深度"：用来控制门的高度、宽度和深度；

② "双门"：勾选该选项，门将变成两扇的双开门；

③ "翻转转动方向"：控制门向内或向外开；

④ "翻转转枢"：控制开合方向会沿轴对称方向反向打开；

⑤ "打开"：控制门打开的度数。

3 "页扇参数"。

① "厚度"：决定页扇的厚度；

② "门挺/顶梁"：决定门挺和顶梁的宽度；

③ "底梁"：决定底梁的宽度；

④ "水平/垂直窗格数"：控制门窗框格数量；

⑤ "镶板间距"：决定镶板的宽度；

⑥ "镶板"中的属性都是用来控制镶板的。

（2）折叠门　折叠门的铰链装在中间以及侧端，就像许多壁橱的门那样，也可以将此类型的门设置为一组双门，如图6-26所示。在其命令面板或者修改面板中也可以对其属性进行调整。

（3）推拉门　推拉门是指有一半固定，另一半可以推拉的门，如图6-27所示。在其命令面板或者修改面板中也可以对其属性进行调整。

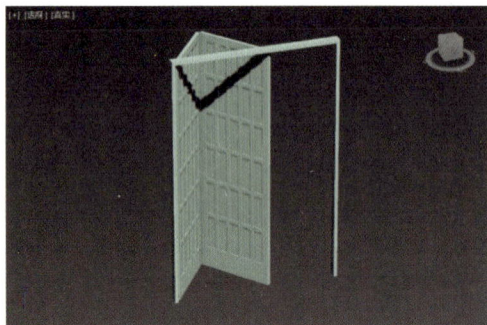

图6-26　折叠门

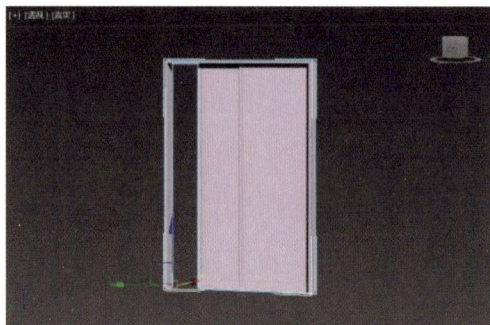

图6-27　推拉门

3．窗

在"标准几何体"下拉列表中选择"窗"选项，窗包括六种类型：遮篷式窗、平开窗、固定窗、旋开窗、伸出式窗和推拉窗。

遮篷式窗：有一扇通过铰链与顶部相连的窗框，可以调整窗户打开的度数。

平开窗：有一到两扇像门一样的窗框，它们可以向内或向外转动。

固定窗：不能打开。如图6-28所示。

图6-28　遮篷式窗、平开窗、固定窗

旋开窗：其轴垂直或水平位于其窗框的中心。

伸出式窗：有三扇窗框，其中两扇窗框打开时像反向的遮篷。

推拉窗：有两扇窗框，其中一扇窗框可以沿着垂直或水平方向滑动。如图6-29所示。

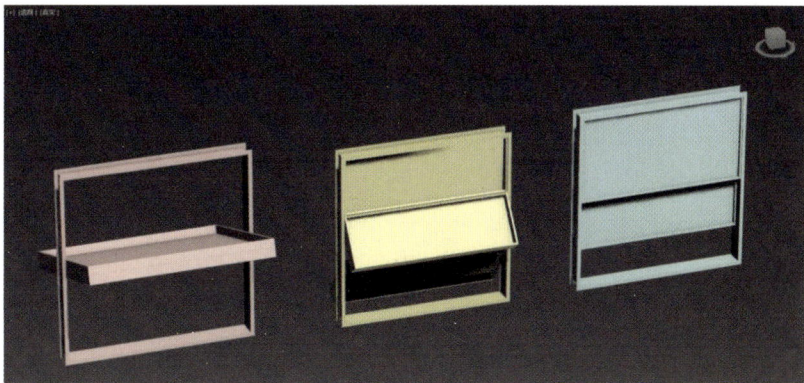

图6-29　旋开窗、伸出式窗、推拉窗

4. 植物

在创建面板中加入了AEC Extended建筑扩展建模的相关功能，包括植物、栏杆级墙面物体。单击"AEC扩展"建模面板中的"植物"按钮，在下方面板"收藏的植物"中选择一种树型，在顶视图里单击鼠标，在视窗中生成植物模型。植物可产生各类种植对象，如树种。3ds Max将生成网格表示方法，以快速、有效地创建漂亮的植物，如图6-30所示。

图6-30　植物

进入修改命令面板，对树木的一些参数进行修改，可以控制高度、密度、修剪、种子、树冠显示和细节级别。

"高度"：控制树木的高度。

"密度"：控制场景中植物叶子和花朵的疏密程度，数值在0～1之间调整。

"修剪"：控制植物的修剪程度。

"种子"：用于控制同一植物的不同样式，效果随机，可以单击"新建"按钮随机自动设置，也可以手动输入"种子"数值控制随机效果。可以为同一物种创建上百万个变体，因此，每个对象都可以是唯一的。

"显示"：控制在场景中显示植物的哪一部分。

"视口树冠模式"可以控制植物细节的数量，减少3ds Max用于显示植物的顶点和面的数量。

任务拓展

利用"标准基本体"中的"长方体"创建模型，将空间的区域划分，一楼办公区域有书柜、书桌、抽屉柜，休闲区中有沙发、茶几，并完成二楼阳光房展示台、护栏的制作，做出两层的空间效果，为了能看清，暂时在适当的地方加入灯光，如图6-31所示。

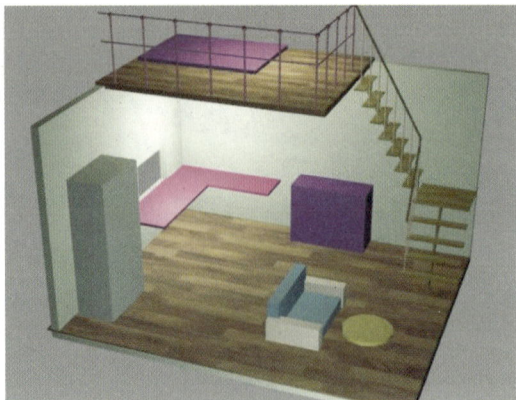

图6-31　室内分区展参考图

任务 2 制作办公区域

任务分析

　　一个场景的构建最初开始先需要进行空间的构造和创建，然后需要构建主要的物体，接下来学习室内场景——书房办公区域物体的创建，包括书架、办公桌、办公椅、学习机、计算机、书本等。

任务实施

1. 书柜

1 选中办公桌左边的长方体，并转换成"可编辑多边形"。

2 在主工具栏中点亮"切换功能区"，激活石墨建模工具栏。

3 在石墨建模栏中选择"建模"中的"编辑"，在"编辑"中选择"快速循环"，这样可以在模型上快速布线，如图6-32所示。

　　也可以进入修改命令面板，使用 （边）选择方式，单击修改命令面板上的"连接"按钮，进行布线，对长方体添加直线的效果如图6-33所示。

图6-32　石墨建模工具栏

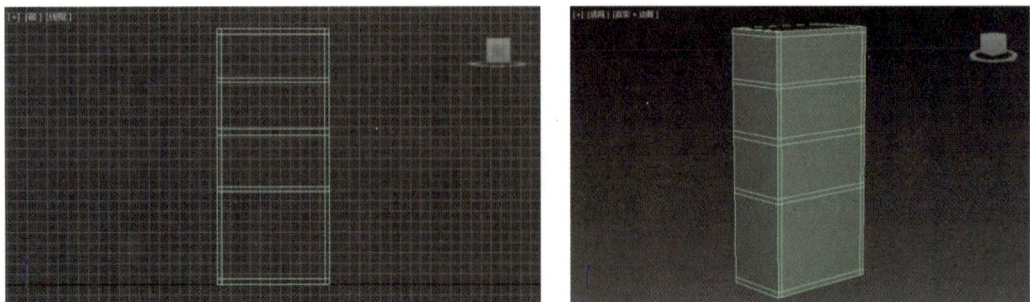

图6-33　对长方体添加直线

4 使用 （多边形）选择方式，单击"挤出"按钮右边的 （设置）按钮，参照图6-34对长方体进行"挤出"操作。

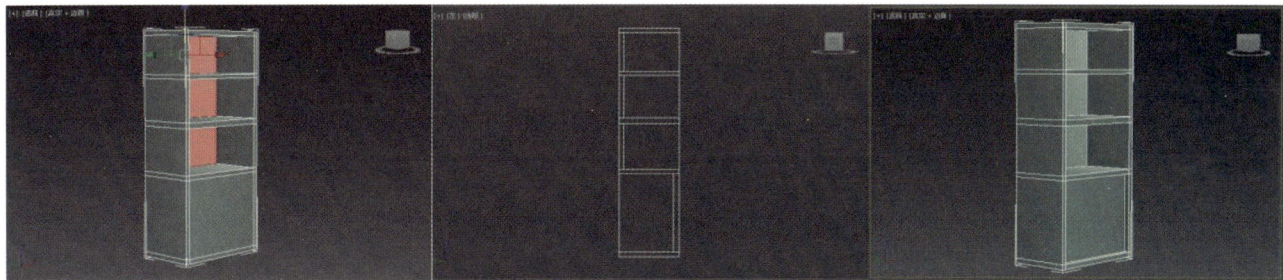

图6-34　"挤出"柜子空间

5 卡通柜子转角有弧度比较可爱，所以在修改命令面板的修改器堆栈中选择"涡轮平滑"修改器，模型效果如图6-35a所示，这样的效果过于圆润有点失真，不符合预期，图6-35b效果较为理想。所以在进一步调整之前，要为模型添加一些线段，增加分段。

a)　　　　　　　　　　　　　　　　b)

图6-35　失败的设计与理想效果

6 在石墨建模栏中选择"建模"中的"编辑"，在"编辑"中选择"快速循环"，为模型增加分段，效果如图6-36所示。线条越多，分段越平滑。

7 在修改命令面板的修改器堆栈中选择"涡轮平滑"修改器，将"涡轮平滑"主体的"迭代次数"调为"2"。

8 设置适合的材质，最后效果如图6-37所示。

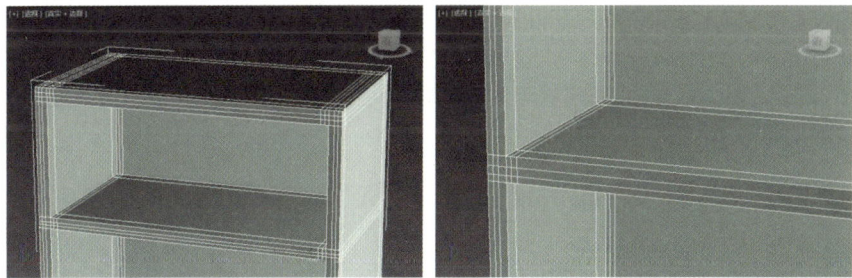

图6-36　增加分段

图6-37　白木质书柜

2. 办公椅

1 创建一个长方体，并转换成"可编辑多边形"，使用 ![边] （边）选择方式，单击修改命令面板上的"连接"按钮，大概是座椅靠背的厚度，选择长方体上的"面"，利用"挤出"命令进行面挤出，做出办公椅的大致轮廓，把它放在房间合适的位置。创建一个圆柱体，放在桌椅下方，效果如图6-38所示。

2 选中办公椅，单击鼠标右键，选择"隐藏未选定对象"，方便后续制作，如图6-39所示。进入修改命令面板，使用 ![点] （点）选择方式，单击修改命令面板上的"目标焊接"按钮，把桌椅转角处的点焊接，效果如图6-40所示。

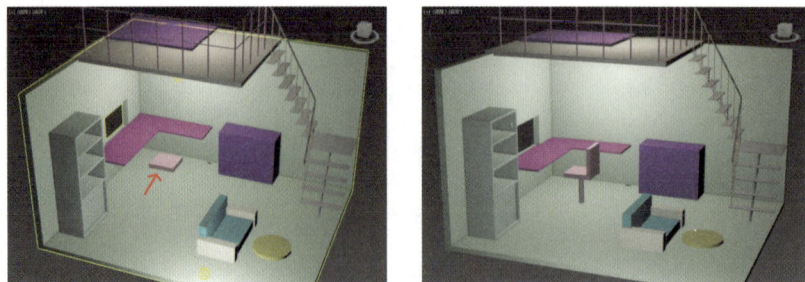

图6-38　办公椅位置

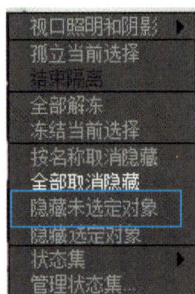

图6-39　隐藏对象

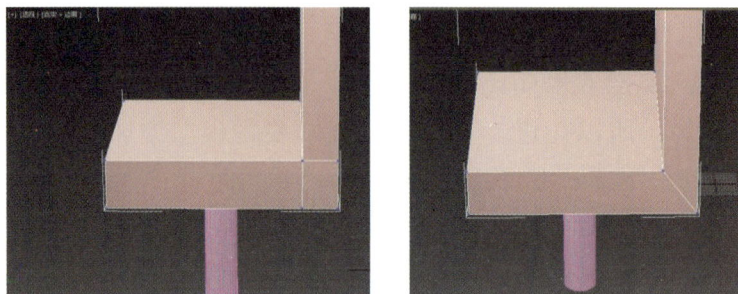

图6-40　焊接转折处的点

3 使用 ✏（边）选择方式，单击修改命令面板上的"切角"按钮右边的设置，设置参数如图6-41所示。

4 使用 ✏（边）选择方式，在座椅靠背中间上加一条竖线，并删除右边的椅子部分，效果如图6-42所示。

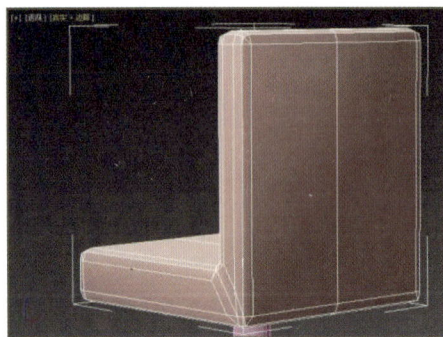

图6-41　参数设置

图6-42　删除右边的椅子

5 选中左边的椅子，在菜单栏选择"镜像" ▮◀，镜像轴为"X"，克隆当前选择为"实例"，设置参数如图6-43所示。

6 进入修改命令面板，使用 ▦（点）选择方式，利用"选择并移动" ✛工具，调整椅子靠背的点，把椅子靠背和坐垫拉一点弧度出来，效果如图6-44所示。

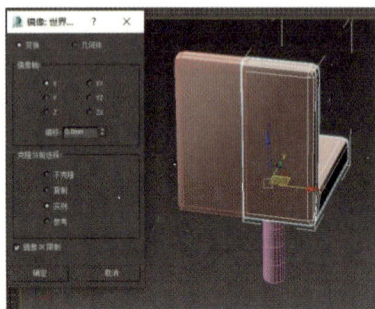

图6-43　克隆

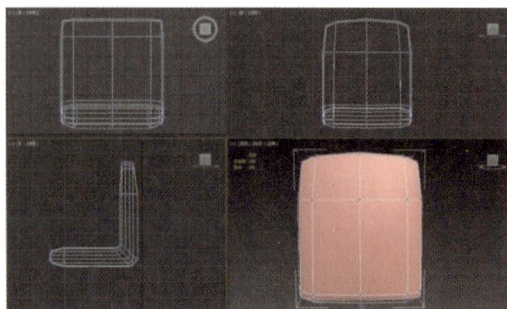

图6-44　调节点

7 选中椅子，在修改命令面板的修改器堆栈中选择"涡轮平滑"修改器，将"涡轮平滑"主体的"迭代次数"调为"1"。（注意：迭代次数不要设置过大，不要超过4。）

8 利用长方体制作椅脚，本任务做的是六脚滑轮，视口效果如图6-45所示。

9 设置适合的材质，最后效果如图6-46所示。

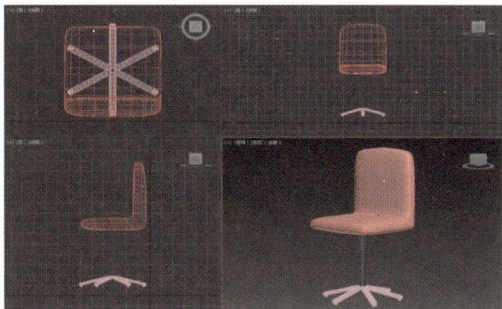

图6-45 视口效果

图6-46 渲染结果

3. 学习机

1 在"顶"视口中绘制一个圆角矩形样条线，然后在"前"视口中绘制一主机的高度，如图6-47所示。

2 对"顶"视口中的图形使用放样操作，拾取直线作为路径，得到如图6-48所示的模型对象，在修改面板参数卷展栏中打开"蒙皮参数"，找到"选项"，将对象的"图形步数"设置为5，"路径步数"设置为12。

3 在修改器列表中找到"FFD（长方体）"修改器，为对象添加修改器后，对象外轮廓出现了橘色的线框，如图6-49所示。

图6-47 样条线

4 在修改器的参数卷展栏中单击 设置点数 按钮，在弹出的"设置FFD尺寸"对话框中将"高度"设置为6，如图6-50所示。

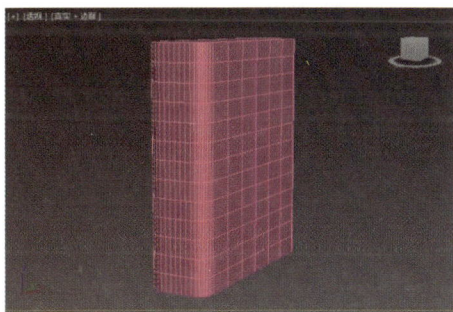

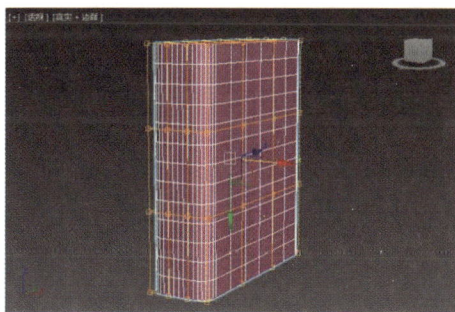

图6-48 放样效果   图6-49 添加"FFD（长方体）"修改器   图6-50 参数设置

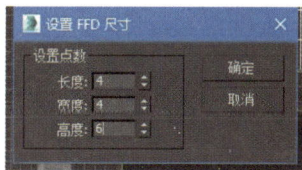

5 选择中间部分的控制点，使用"选择并均匀缩放"工具将模型向内缩放，依次对高度方向上的控制点进行调节，得到中间部分向内凹的弧形效果，如图6-51所示。

6 创建一个"长方体"放在主机顶部的位置，将长方体转化为"可编辑多边形"，并将它做成不规则平滑效果，如图6-52所示。

7 在"前"视口中创建一个"球体"对象，放置到如图6-53所示的位置。

8 对主机使用"布尔"运算，减去球体对象，得到一个凹进去的半球体，效果如图6-54所示。

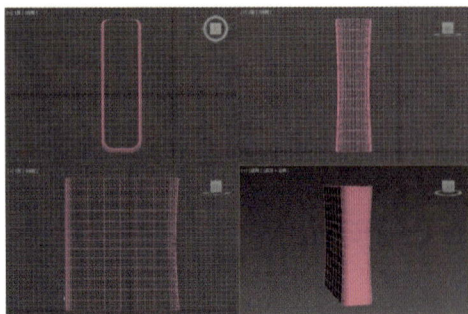
图6-51 变形效果

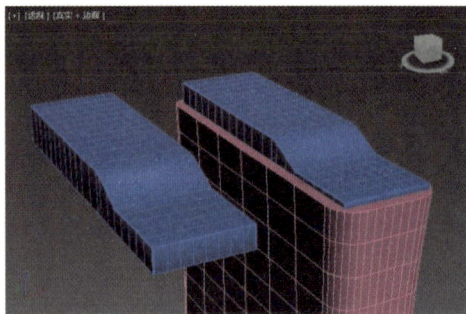
图6-52 主机顶部

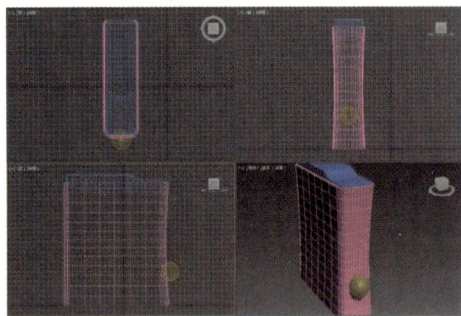
图6-53 球体位置

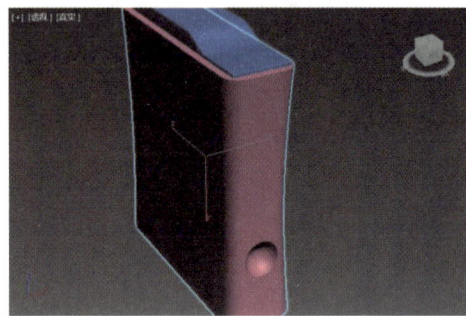
图6-54 "布尔"效果

9 制作剩余的主机装饰，效果如图6-55所示。

10 设置适合的材质，最后效果如图6-56所示。

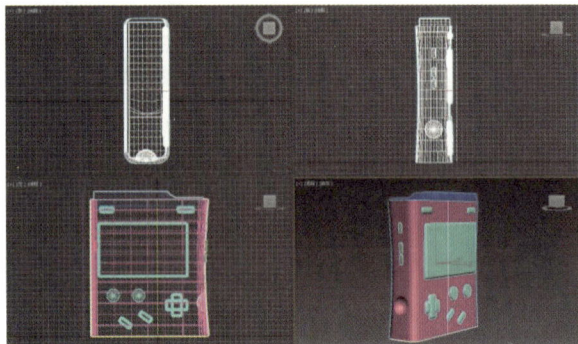
图6-55 主机装饰

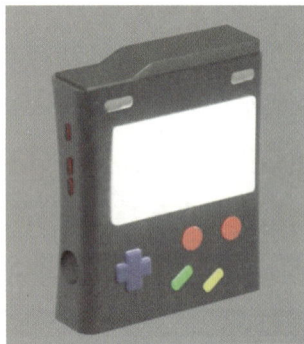
图6-56 学习机渲染效果

任务拓展

　　场景中还有很多主要的物体，如书桌、垃圾桶、收纳柜、计算机、游戏机、抱枕、台灯、水杯、收纳盒、书本、宠物沙发、花瓶、小玩偶、桌面相框等，如图6-57~图6-70所示。利用学过的方法给书房空间增加更多的物体，丰富场景。可以每次都把做好的物体保存为单独的文件，方便修改和调取，也可以直接在同一个文件里建模。

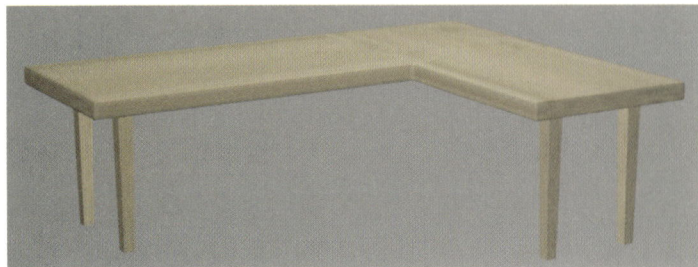
图6-57 书桌

图6-58 垃圾桶

图6-59 收纳柜

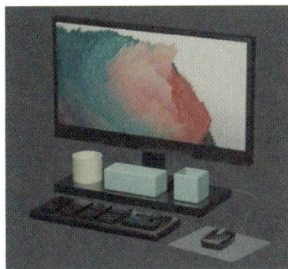

图6-60　计算机

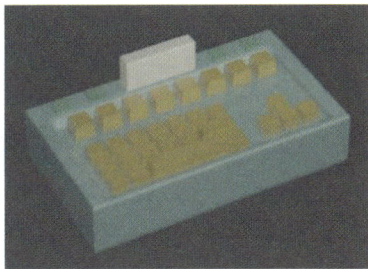

图6-61　游戏机

图6-62　抱枕

图6-63　台灯

图6-64　水杯

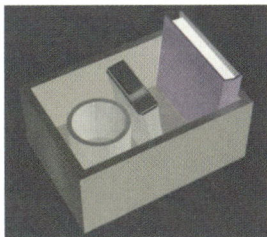

图6-65　收纳盒

图6-66　书本

图6-67　宠物沙发

图6-68　花瓶

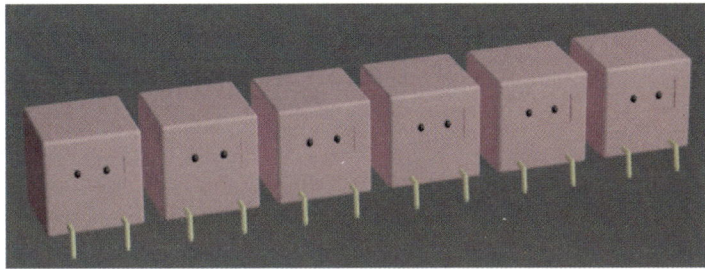

图6-69　小玩偶

图6-70　桌面相框

任务 ③ 制作休闲区与阁楼

任务分析

书房休闲区域是完成学习工作后放松休息的地方，场景里有沙发、茶几、电视、电视柜、乐器等；阁楼是个阳光玻璃房，里面有些航天模型。下面开始制作休闲区域和阁楼区域。

任务实施

1. 沙发

1 创建一个长方体。在透视图中建立一个长方体，将它转变成"可编辑多边形"。进入修改命令面板，在"顶"视口里增加多边形的线面，效果如图6-71所示。

2 进入修改命令面板，使用▢（面）选择方式，选择长方体上方正中央的"面"，利用选择并移动工具，向上拉出一个弧形，效果如图6-72所示。

3 在"左"视口中，在垂直的面上加两条循环线。选择这两条线，在"修改器列表"找到"推力"，添加"推力"修改器，根据实际情况调节"推进值"，让长方体膨胀起来，效果如图6-73所示。

4 为了让沙发坐垫更圆滑，为模型添加"涡轮平滑"修改器，"迭代次数"为1。选择

"镜像"，"镜像轴"为"X"，"克隆当前选择"为"实例"，这样双人沙发垫就做好了，效果如图6-74所示。

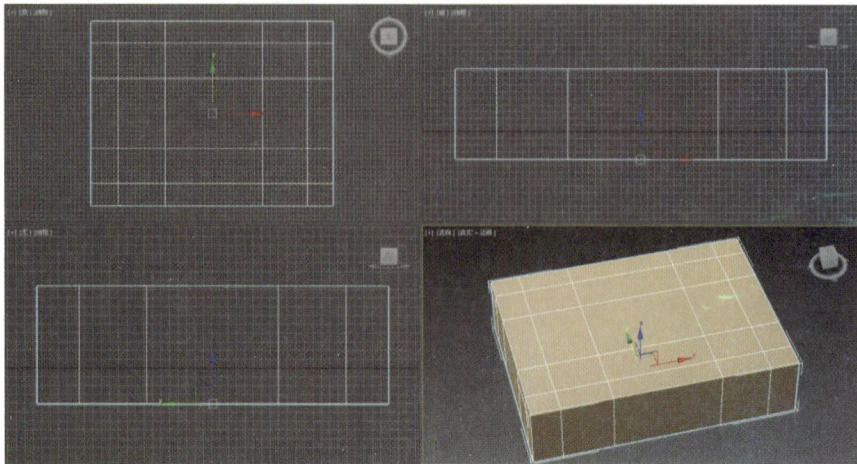

图6-71　长方体

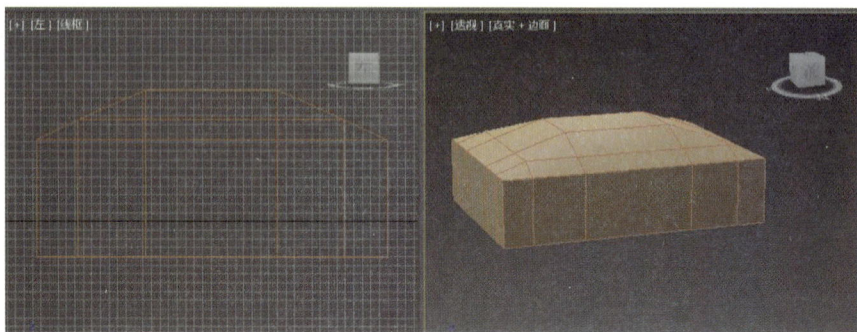

图6-72　弧形面

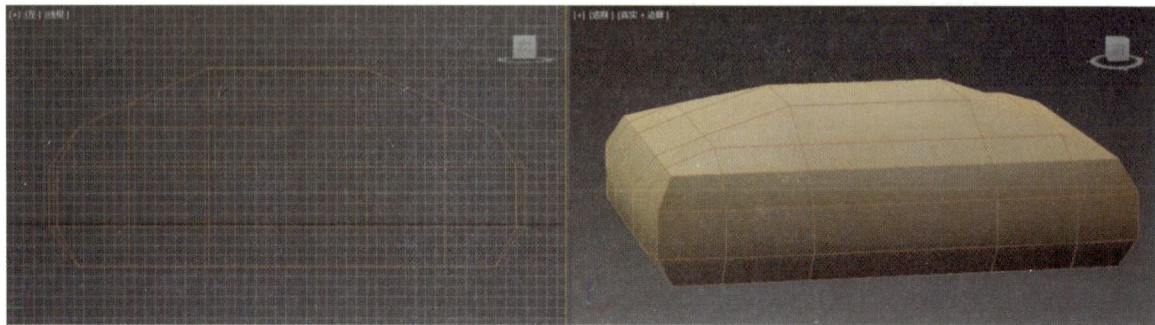

图6-73　添加"推力"修改器

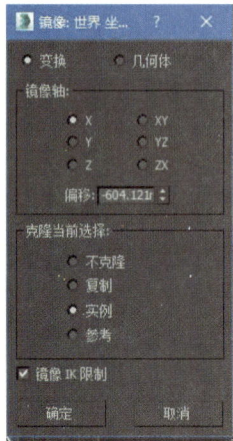
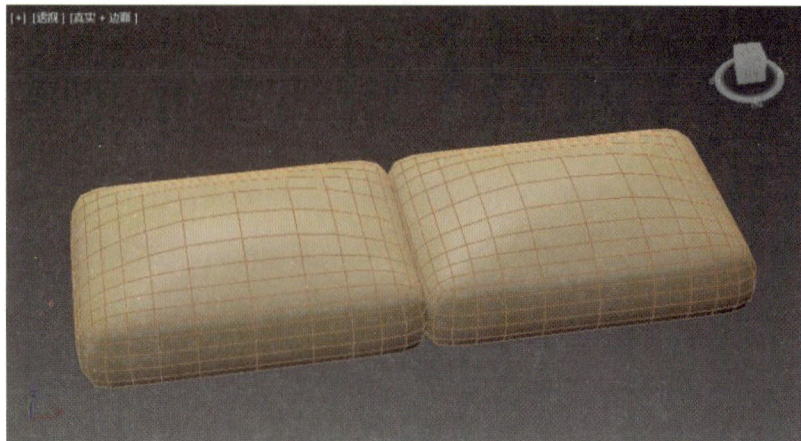

图6-74　"实例"参数与效果

5 在沙发坐垫右边创建一个长方体，将它转化成可编辑多边形，并调整扶手的样式。进一步增加多边形的线，让沙发扶手向内圆润地凸起，像里面装满了海绵一样，效果如图6-75所示。

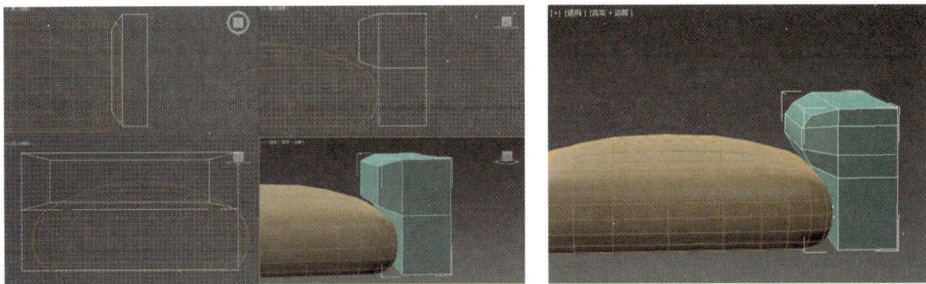

图6-75 扶手雏形

6 进一步调节沙发扶手的模型。在石墨建模栏中选择"建模"中的"编辑"，在"编辑"中选择"快速循环"，在沙发边角加线条，如图6-76所示。

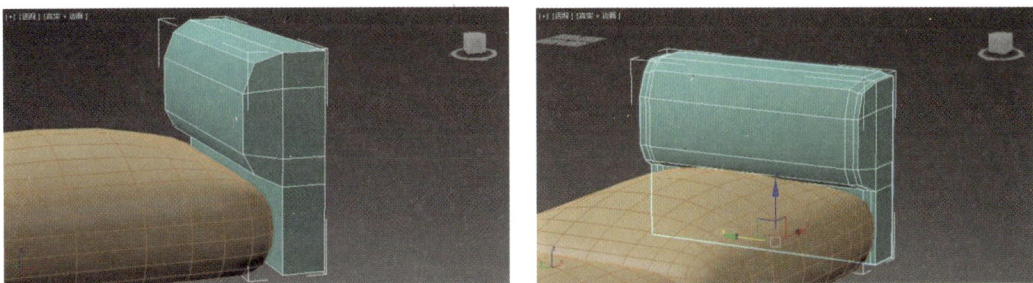

图6-76 扶手结构

7 做沙发扶手修饰。选择中间那条线，做"挤出"，挤出高度为负数，根据实际情况调整，如图6-77所示，这样就做出了沙发扶手包边的效果。为沙发扶手添加"涡轮平滑"命令。

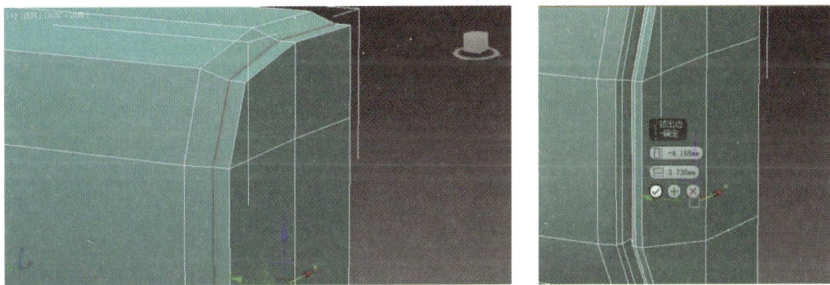

图6-77 "挤出"边角

8 进入修改命令面板，使用 ▦（点）选择方式，利用"选择并移动" ✛ 工具，在"顶"视口里，调整沙发扶手的"点"，将沙发扶手拉长，如图6-78所示。进入修改命令面板，选择"可编辑多边形"，为它添加"对称"修改器，参数如图6-79所示。

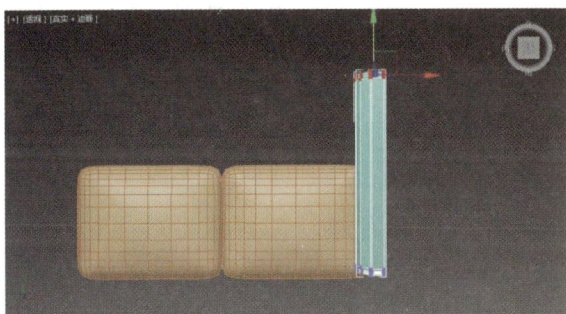

图6-78 调整"点"

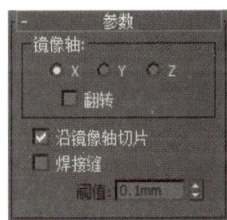

图6-79 "对称"参数

9 单击"修改列表器"→"对称"→"镜像"，在"镜像"状态下，把沙发扶手沿中间弯折90度，为了精准制作，打开角度捕捉。右击"角度捕捉切换" ，把"角度"调成45度，点亮"角度捕捉"，参数如图6-80所示。利用"选择并旋转" 工具，在"顶"视口里旋转沙发扶手，过程如图6-81所示。

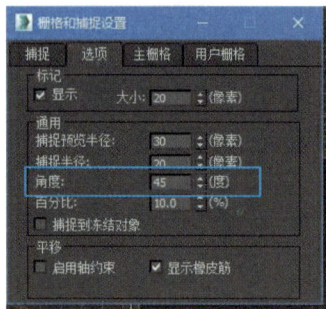

图6-80　角度参数　　　　　　　　　　　图6-81　旋转过程

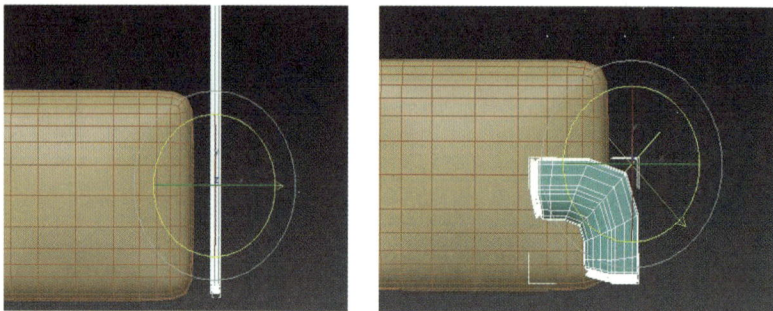

10 利用"选择并移动" 工具，单击"修改列表器"→"对称"→"镜像"，在"镜像"状态下，调整沙发扶手的大小，将沙发扶手紧贴坐垫，如图6-82所示。

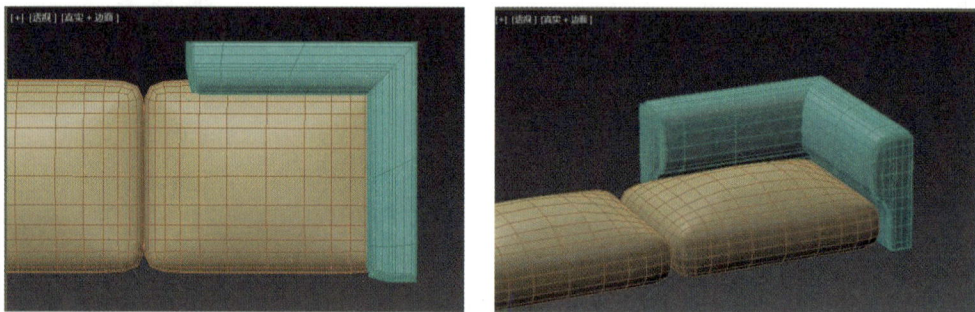

图6-82　沙发扶手位置

11 右击"对称"，选择"塌陷到"，在弹出的对话框中单击"是（Y）"，如图6-83所示。进入修改命令面板，使用 （点）选择方式，利用"选择并移动" 工具，调整沙发靠背的长度，如图6-84所示。

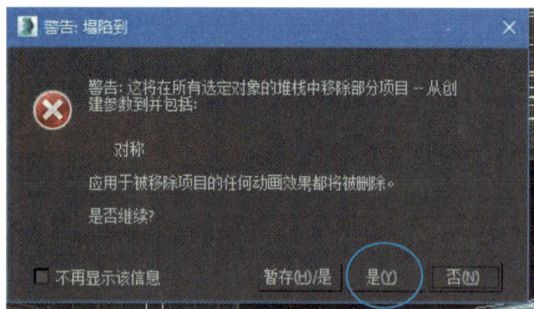

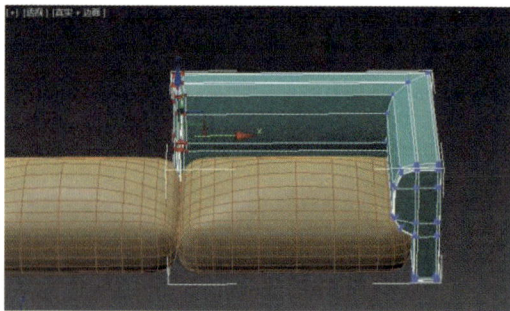

图6-83　弹框　　　　　　　　　　　　图6-84　调整沙发靠背长度

12 在"修改列表器"里单击"可编辑多边形"，在主工具栏里选择"镜像"，"镜像轴"为"X"，"克隆当前选择"为"实例"，这样双人沙发垫就做好了，效果如图6-85所示。

13 为沙发添加四个上大下小的脚柱，对沙发进行微调，至此沙发就制作完成了，效果如图6-86所示。

图6-85 沙发

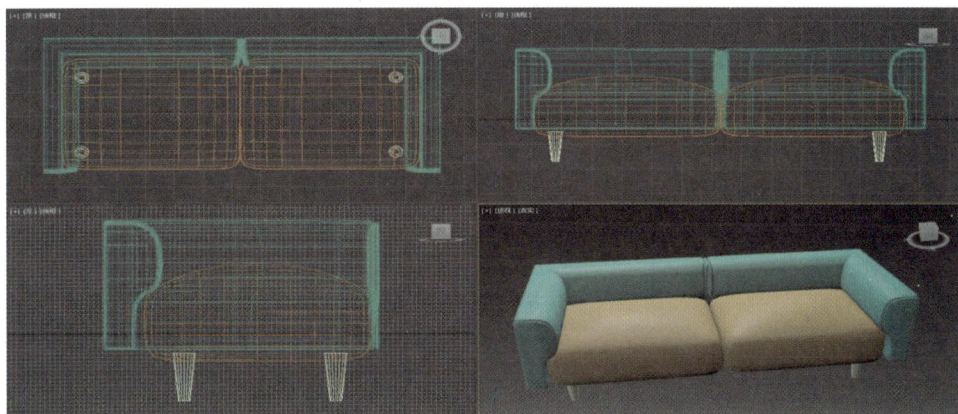

图6-86 沙发整体效果

14 设置适合的材质，最后效果如图6-87所示。

图6-87 沙发渲染效果

2. 吉他

1 选择"创建"→"图形"→"线"，在"顶"视口里画出吉他筒体，图形样式如图6-88 所示。对"Line"添加"挤出"修改器，数量为"80mm"，分段值为"4"，如图6-89所示。

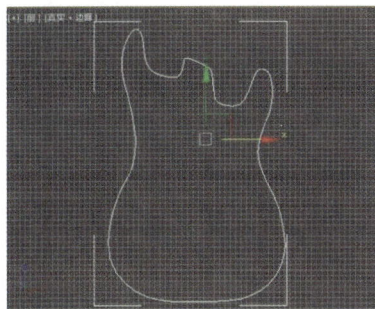

图6-88 样条线

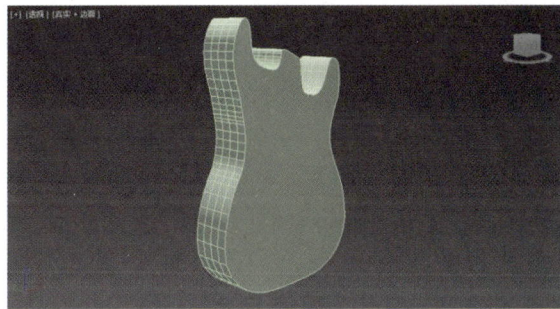

图6-89 吉他筒体

2 将模型转化为可编辑多边形，进入修改命令面板，使用 ⬚（边）选择方式，分别利用

"挤出"和"切角"编辑边，做出平滑的转折效果，如图6-90所示。

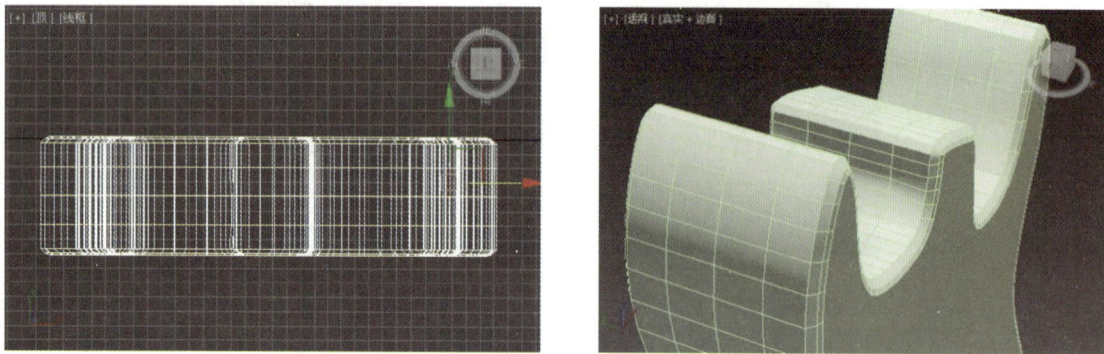

图6-90 切角效果

3 创建琴颈和琴头。在"前"视口建立一个长方体，调整它的大小，将它转化成"可编辑多边形"，如图6-91所示。调整多边形形态，制作琴头部分，效果如图6-92所示。

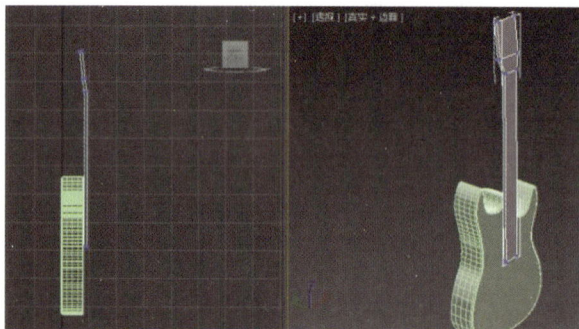

图6-91 琴颈

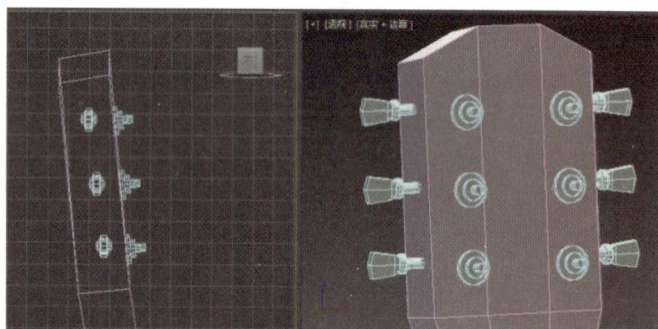

图6-92 琴头

4 利用同样的方法制作吉他零部件，结果如图6-93所示。

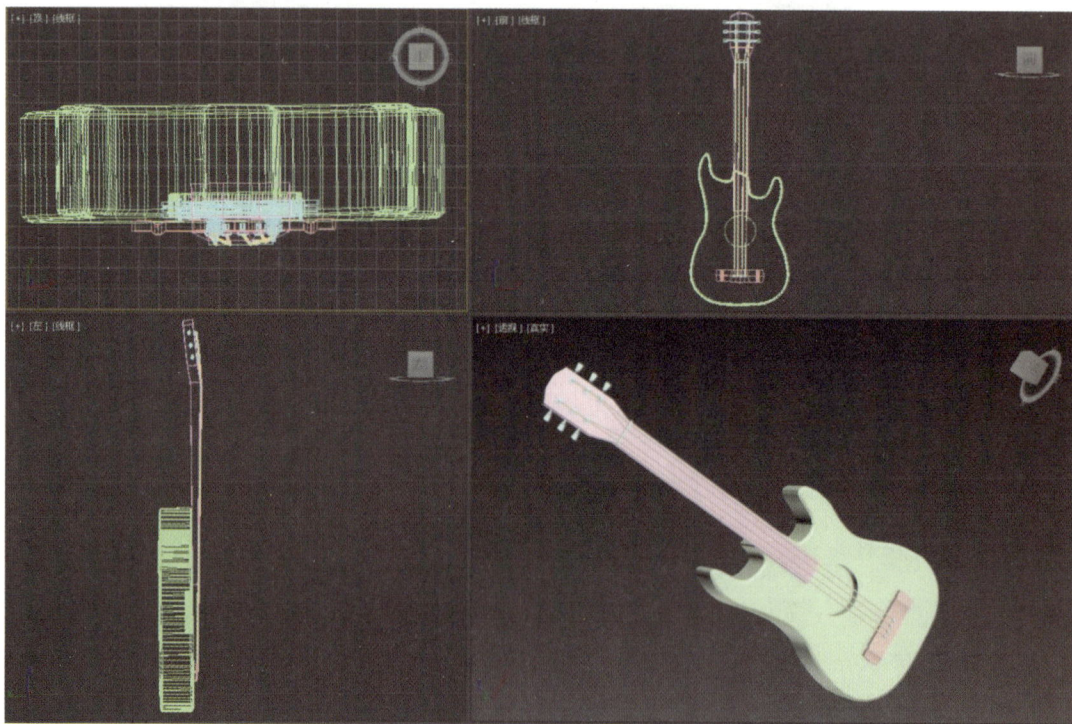

图6-93 吉他构造

5 设置适合的材质，最后效果如图6-94所示。

图6-94 吉他渲染效果

任务拓展

场景中还有很多物体，如水晶茶几、电视机套件、木质小桌、小推车、地毯、阁楼展示柜、异形桌、火箭屋、火箭造型装饰柱、飞行器等，如图6-95～图6-104所示，发挥创造力，给书房空间增加更多的物体，让房间陈设更丰富。

图6-95 水晶茶几

图6-96 电视机套件

图6-97 木质小桌

图6-98 小推车

图6-99 地毯

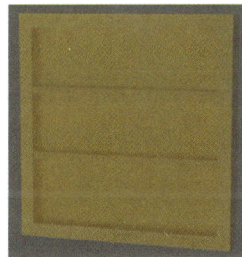

图6-100 阁楼展示柜

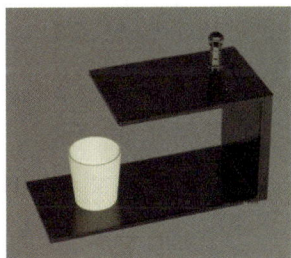

图6-101 异形桌

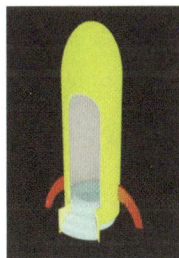

图6-102 火箭屋

图6-103 火箭造型装饰柱

图6-104 飞行器

任务 4 制作场景配件

任务分析

场景中的重点物体都制作完成了，接下来需要给空旷的空间加上一些装饰，从而使得场景变得饱满起来。场景的装饰要符合书房主人的年龄、爱好。

房间的主人小京是一个热爱航天科技的中学生，探索浩瀚宇宙，从事航天事业是他的理想，"特别能吃苦、特别能战斗、特别能攻关、特别能奉献"的航天精神一直鼓励着小京不断进步。因此，在场景里可以摆放航天模型、奖状、相框、书籍等物体，为了贴合场景风格，所有的配件尽量卡通化。

任务实施

1. 卡通火箭

1️⃣ 绘制火箭的轮廓线。如图6-105所示，利用线条工具，绘制出火箭的轮廓线。

2️⃣ 调整轴心。在界面右侧命令面板中单击"层次"→"轴"→"仅影响轴"，如图6-106所示。将轴心移到垂直线上，如图6-107所示。再次单击"仅影响轴"，关闭此命令。

3️⃣ 车削。调整轴，单击"修改器列表"弹出下拉列表，选择"车削"修改器，把二维图形变成三维模型，随后把模型"转换为可编辑多边形"，调整火箭主体形态，层次界面如图6-108所示。

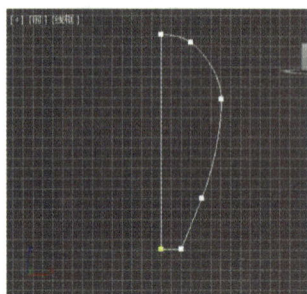

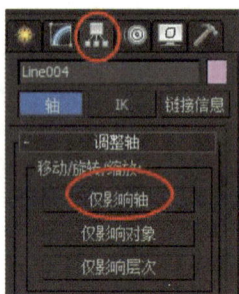

图6-105　轮廓线　　　图6-106　层次界面　　　图6-107　移动轴心　　　图6-108　层次界面

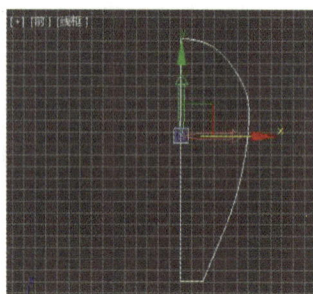

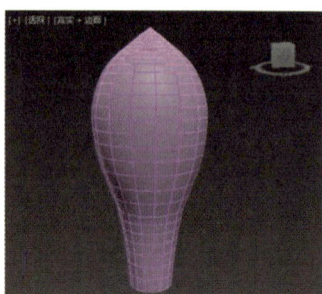

4️⃣ 火箭天线。把火箭的顶做成内凹的形状，如图6-109所示，复制圆形面，单击鼠标右键添加"挤出"命令，制作火箭天线，利用"选择并均匀缩放"工具调节天线上端的大小，效果如图6-110所示。

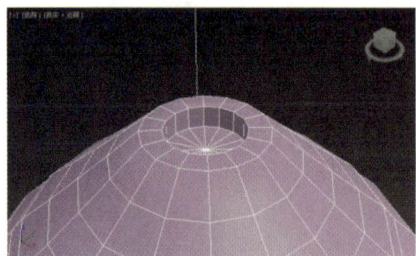

图6-109　火箭顶部　　　　　　　　　　图6-110　火箭天线

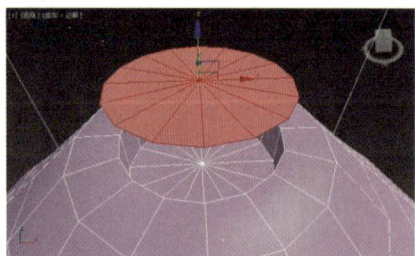

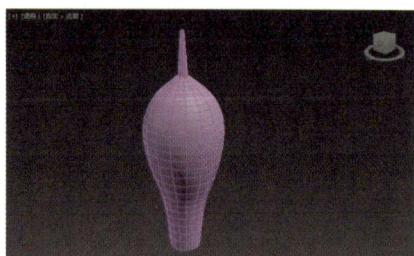

5️⃣ 火箭尾翼。利用同样的方法制作火箭尾翼，结果如图6-111所示。

6️⃣ 添加底座，设置适合的材质，最后效果如图6-112所示。

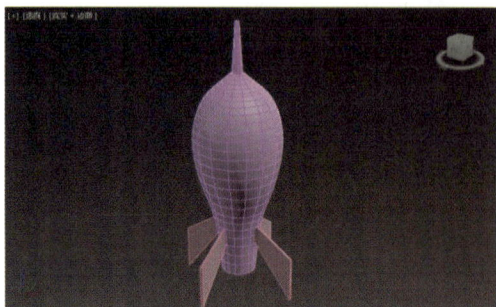

图6-111　火箭尾翼　　　　　　　　图6-112　火箭渲染效果

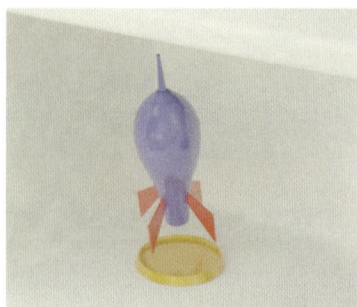

2．桌面旗帜

1 在前视图创建一个平面，参数数值和效果如图6-113所示。

2 制作旗杆。利用圆柱体、球体制作旗杆，如图6-114所示。为旗帜添加贴图，旋转角度并复制，效果如图6-115所示。

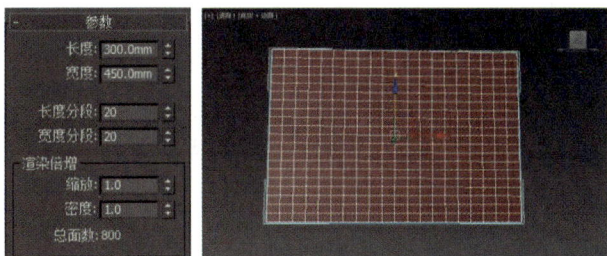

图6-113　平面参数设置和效果

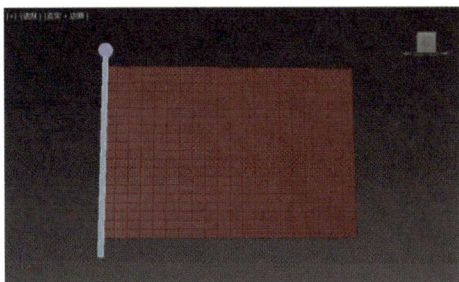

图6-114　旗杆

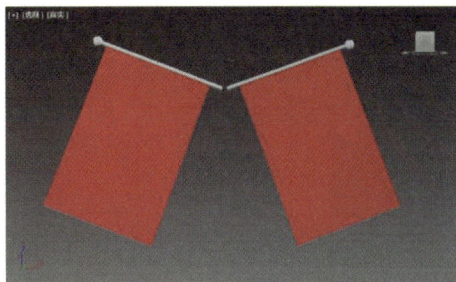

图6-115　对称的旗帜

3 桌面旗台。利用同样的方法制作旗帜底座，旗台效果如图6-116所示。可以利用"涟漪"修改器为旗面添加纹理效果，如图6-117所示。

图6-116　旗台效果

图6-117　飘动的旗帜

必备知识

对象空间修改器包含涟漪和波浪，如图6-118所示。

1．涟漪修改器

涟漪修改器可以在对象几何体中产生同心涟漪效果。可以使用两种不同涟漪效果中的一个，也可以使用两者的组合。涟漪使用标准的Gizmo和中心，可以将其变换以提高涟漪变化的数量。涟漪空间扭曲具有相似的功能。

2．波浪修改器

波浪修改器在对象几何体上产生波浪效果。可以使用两种波浪之一，或将其组合使用。波浪使用标准Gizmo和中心，可以变换从而增加可能的波浪效果。波浪空间扭曲具有相似的功能。

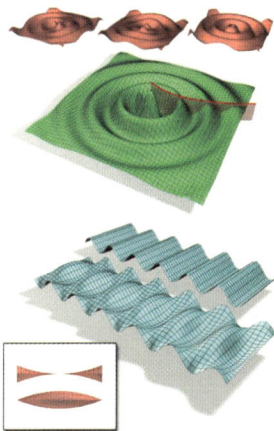

图6-118　涟漪和波浪

任务拓展

场景中还有很多其他摆设物品，如地球仪、时钟、壁画、茶具、相机、广州塔模型、中央公园模型、牌坊模型、水晶音乐盒、书籍、武器模型、宇航员玩偶、望远镜、飞机模型等，可以发挥创意，在场景中加入更多的物体，丰富书房空间，如图6-119~图6-132所示。

图6-119　地球仪

图6-120　时钟

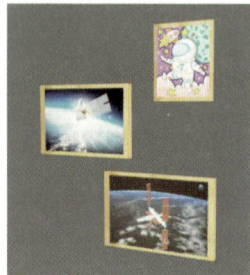
图6-121　壁画

图6-122　茶具

图6-123　相机

图6-124　广州塔模型

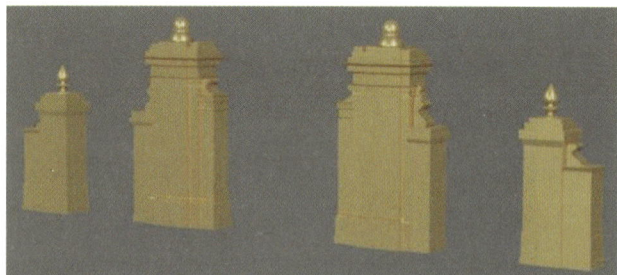
图6-125　中央公园模型

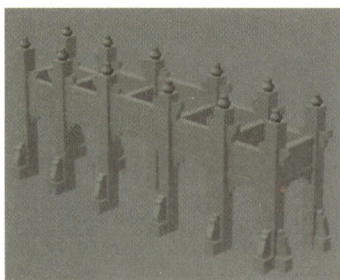
图6-126　牌坊模型

图6-127　水晶音乐盒

图6-128　书籍

图6-129　武器模型

图6-130　宇航员玩偶

图6-131　望远镜

图6-132　飞机模型

任务 5　渲染输出

任务分析

在场景内创建摄像机，选择不同的角度进行渲染输出。

1. 摄影机巡视

1 在场景内创建一个摄影机，按<C>键可以快速进入摄影机的视角界面，按<Ctrl+C>组合键可以快速创建一个摄影机。

2 时间轴是用来观看和调节动画时间长度的，单击时间配置按钮，可以调整时间轴的长短及帧数，如图6-133所示。

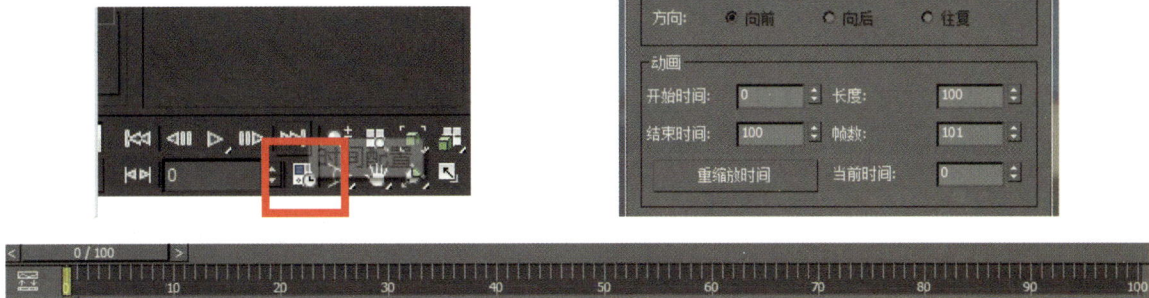

图6-133 调整时间轴

3 摄影机巡视时，需要给它打上关键帧来进行每一次不同的镜头运动，一般情况下选用自动关键帧（按<N>键）的方式。

4 制作摄影机的动画。选择一个与参考效果接近的位置摆放摄影机。

5 在场景中再创建一条样条线，以此作为摄像机运动的路径，并调整路径。

6 选择摄影机，在运动面板上找到指定控制器一栏，选择"位置"，再单击左上角的按钮，如图6-134所示。

7 在选择"指定位置控制器"对话框中，选择"路径约束"，如图6-135所示。

8 在"路径参数"卷展栏中，单击"添加路径"按钮，选择画好的路径，把摄影机指定到路径上，如图6-136所示。

9 在"路径选项"中，可以调节它的百分比来设置关键帧，如图6-137所示。

10 利用四个视图来调整摄影机的机位、方向等，截图效果如图6-138所示。

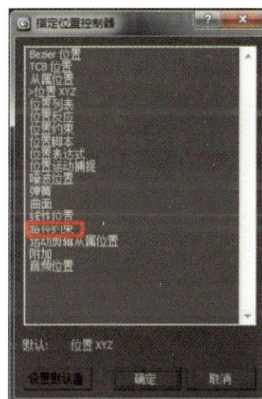

图6-134 位置   图6-135 路径约束

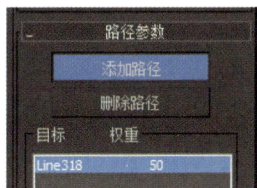

图6-136 添加路径   图6-137 设置关键帧

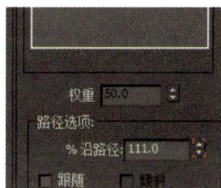

2. 渲染与输出

1 打开渲染设置（按<F10>键），在公用菜单下，设置时间输出为0至100帧，输出大小可根据需要自行调节，如图6-139所示。

2 设置输出大小，如图6-140所示。

图6-138 摄影机机位、方向图

图6-139 公用参数

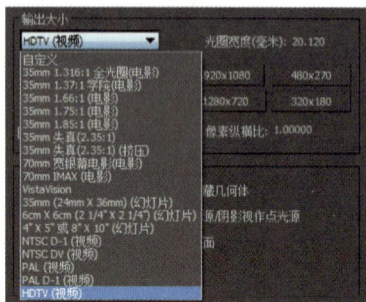
图6-140 输出大小

3 设置渲染输出的保存位置，选择avi格式，单击渲染即渲染出视频，如图6-141所示。

4 设置压缩方式，选择DV Video Encoder压缩器，设置完毕后单击"渲染"，可渲染出视频，如图6-142所示。

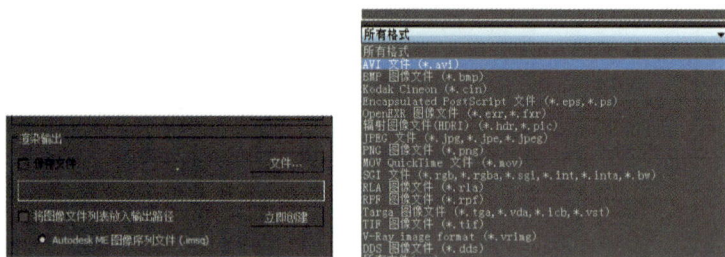
图6-141 保存设置

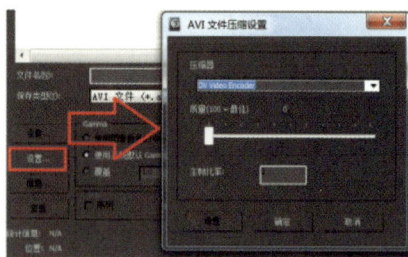
图6-142 压缩设置

必备知识

摄影机（见图6-143）

3ds Max中摄影机分为目标摄影机和自由摄影机。

目标摄影机查看目标对象周围的区域。创建目标摄影机时，看到两个图标，该图标表示摄影机和其目标（一个白色框）。摄影机和摄影目标可以分别设置动画，当摄影机不沿路径移动时使用。

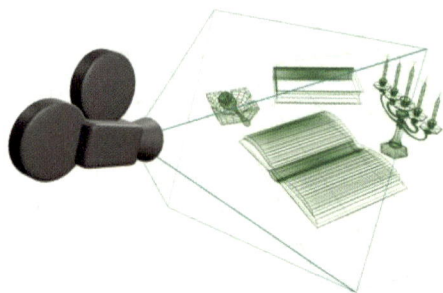
图6-143 摄影机

自由摄影机查看摄影机指向的方向区域。创建自由摄影机时可以看到一个图标，该图标表示摄影机和其视野。自由摄影机适用于当摄影机沿一个指定路径移动时使用的情况。

任务拓展

利用摄影机视角选择好的角度进行单帧渲染，熟练掌握路径的设置与摄影机的运用技巧，如图6-144所示。

图6-144　最终单帧图与摄影机不同视角效果图

项目评价

本项目是对前两个单元内容的提升，有一定难度，同时也是对基础知识掌握情况的自我检测。

游戏的室内场景物品繁多，需要能够准确、快速地选择合适的工具和方法进行建模，要注意不同物品之间的比例大小。材质、贴图方面，需要注意色彩搭配，注重整体效果。灯光部分以自然为宜。摄影机的机位设置一定要注意构图，路径的设置要比较细致。本项目涉及的知识点比较多，需要适时归纳、总结。

下面，给自己做个评价吧。

	很 满 意	满 意	还 可 以	不 满 意
项目的完成情况				
与同组成员沟通及协作情况				
掌握的知识点				
产品设计评价				
体会和经验				

项目7

设计游戏室外场景

项目描述

一款流行的游戏需要一个团队的共同努力，大型游戏在制作中更注重团队人员间的分工协作。

三维游戏场景设计主要是根据原画设计师提供的原画设计稿进行设计制作的，本项目的实景图如图7-1所示，要把它以动漫的方式在3ds Max中实现。将分成三个任务来完成本项目。任务1是创建游戏室外场景基础空间，主要完成原画设计稿中的基础空间模型。模型是三维动画制

图7-1　实景图

作的基础，没有基础模型的建立后面的贴图与动画都无从谈起，如果开始的模型创建就存在问题，那么对后续制作会造成严重影响。任务2是制作场景贴图。贴图是模型表面颜色及纹理所需的图片，贴图的绘制在游戏设计过程中有着十分重要的地位，行业中有"三分模型，七分贴图"之说，可见贴图制作的重要性。任务3是渲染输出，这是整个制作的最后阶段。在这一任务实施的过程中，要考虑到灯光、模型、贴图三者之间的关系，最终渲染输出结果。

游戏场景是围绕游戏角色创建的，其主要作用是交代时空关系、营造环境气氛和突出游戏角色形象等，在内容上主要包括生活处所、社会环境、自然环境、历史环境等。

任务 1 创建游戏室外场景基础空间

任务分析

一般，三维游戏的场景设计是需要依靠全体设计人员来共同完成的，每个人负责其中的一个部分，因此，统一的制作标准是项目合作完成的基础。

1. 本项目场景制作的统一标准

1 软件版本：Autodesk 3ds Max 2014。

2 单位设置：厘米（cm），在制作前确定3ds Max的单位为厘米（cm），游戏中人的大小为100cm×100cm×180cm。

3 模型的命名规则：物件分为区域场景物件和共用场景物件，区域场景物件是指只在区域出现的物件，共用场景物件是指在多个区域中出现的物件。物件类型和编号最好在设定时注明。

4 物件模型面数：一般房屋建筑为2000～3000面，但因为各个物件相差比较大，所以面数只要使用合理就可以。

5 贴图规格：128×128，256×256，512×512，1024×1024……，特殊情况也会用到1:2，如128×256。

2．在场景制作时需要注意的事项

物件安全区域的制作：所有与地相连的物件（如房子、树等）需要制作类似地基的安全区域，物件高度的范围值为-50～-10cm。

3．物件交档前检查

1 每个物件的轴心都要归零并放在（0，0，0）点。

2 不要有多于四边的面，三角面尽量少。

3 清除所有多余的点、面、物件。

4 检查模型命名和模型面数是否正确。

任务实施

子任务一：酒楼的制作

1．准备工作：设置场景单位比例

在制作前确认3ds Max的单位为厘米（cm），场景的尺寸要以事物的真实比例为基准、以主角的大小为参照。如人的大小为100cm×100cm×180cm，房间约为1500cm×2000cm×300cm，树约为500cm×500cm×1000cm。

单位设置。单击菜单栏中"自定义"下的"单位设置"，弹出"单位设置"对话框，设置显示单位比例为厘米。在"系统单位设置"对话框中，设置系统单位比例为厘米。具体操作如图7-2所示。

图7-2 场景单位设置

2．酒楼模型的创建

1 制作酒楼外形。在 ■（创建面板）上单击几何体中的"长方体"按钮，在前视图创建一个"长方体"，设置长、宽、高的分段数为2，将模型的名字命名为"房子-01"，如图7-3所示。

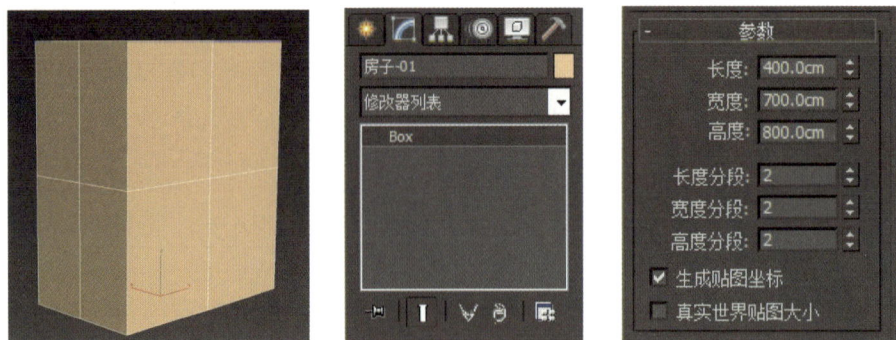

图7-3　制作酒楼外形

2 创建酒楼墙体。使用工具栏中的 ![图标]（选择对象）工具选中模型"房子-01"，并在视图中单击鼠标右键，在弹出的快捷菜单中选择"转换为可编辑多边形"命令。

3 制作酒楼墙体细节。选中"房子-01"，在修改命令面板的下拉列表中选择"编辑多边形"修改器，选择"选择栏"下的 ![图标]（多边形），进入多边形修改模式，按住键盘上的<Ctrl>键并选中前面的四个面，执行编辑多边形下的"插入"命令，插入类型为组，插入量为35cm，完成后单击"确定"按钮，如图7-4所示。

4 创建酒楼内墙。执行编辑多边形下的"挤出"命令，挤出类型为组，挤出高度为−365cm，完成后单击"确定"按钮。

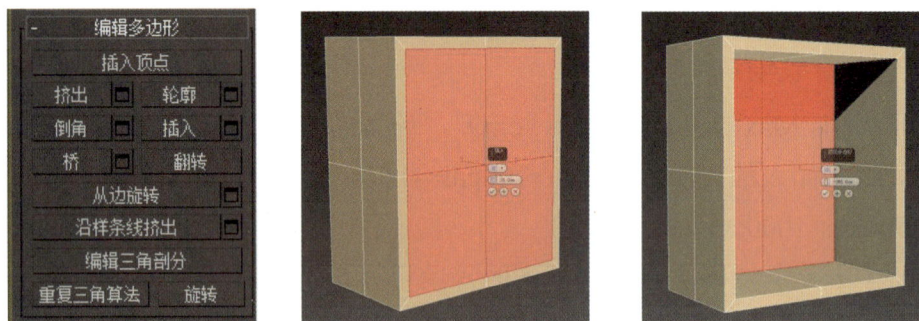

图7-4　制作酒楼墙体细节

5 优化模型面数。使用多边形选择方式，选中"房子-01"的底面，按<Delete>键将模型看不见的底面删除，如图7-5所示。

6 制作地板。在顶视图创建一个"长方体"，设置长、宽、高的分段数为1，将其命名为"房子-01-地板"。利用工具栏中的"选择并移动"工具，将"房子-01-地板"沿Z轴位置调整到如图7-6所示的位置。

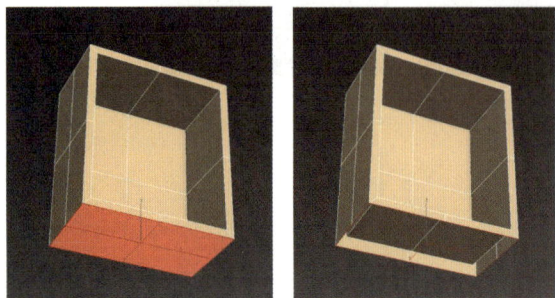

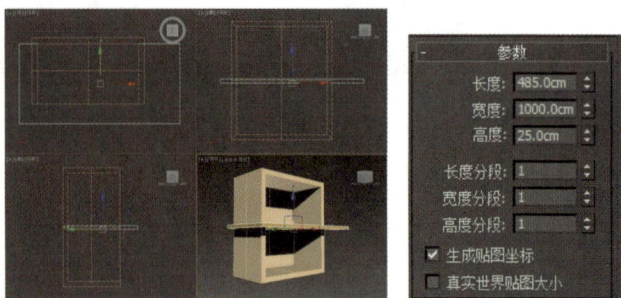

图7-5　优化模型　　　　　　　　　图7-6　制作酒楼地板

7　制作酒楼房顶。房顶是整个模型相对复杂的部分，我们首先在顶视图创建一个"长方体"，并设置长、宽、高，将其命名为"房子-01-顶"。在视图中单击鼠标右键，在弹出的快捷菜单中选择"转换为可编辑多边形"命令。使用▥（点）选择方式，在左视图通过工具栏中的▥（选择并移动）工具，移动中间点的位置，调整到如图7-7所示的位置。

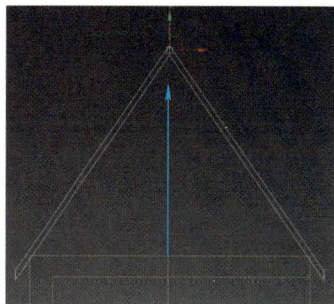

8　制作酒楼房顶细节。使用▥（多边形）选择方式，分别选中"房子01-顶"前面和后面的面，执行"挤出"命令，挤出类型为组，调整高度，完成后单击"确定"按钮，如图7-8所示。

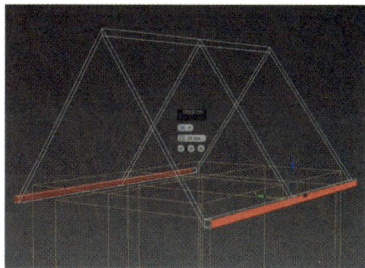

9　开启捕捉功能。单击工具栏中的▥（3捕捉开关）并单击鼠标右键，弹出"栅格和捕捉设置"对话框，在"捕捉"选项卡中选择"顶点"，在"选项"中选择"启用轴约束""显示橡皮筋"，如图7-9所示。

3. 酒楼房檐和屋脊制作

1　制作酒楼房檐。在顶视图中创建一个"长方体"，设置其长、宽、高分段数为2、1、1，命名为"房子-02-顶"。单击鼠标右键，在弹出的快捷菜单中选择"转换为可编辑多边形"命令，利用工具栏中的"选择并移动"工具将其与原有的"房子-01-顶"底面对齐，并删除重合部分的多边形面，最终调整效果如图7-10所示。

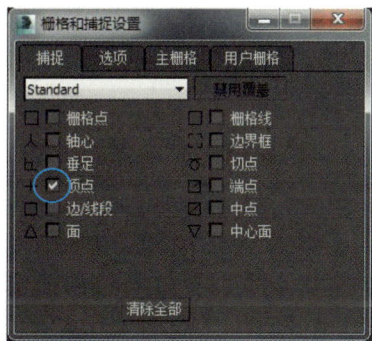

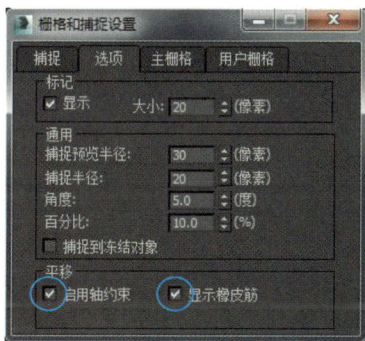

2　为酒楼房檐添加细节。使用▥（边）选择方式，单击场景中的两条垂直边，执行"选择"栏下的 环形 命令，再执行"连接"命令，在视图弹出连接边对话框中，设置分段数为1，创建完成后单击▥（确定）按钮，如图7-11所示。

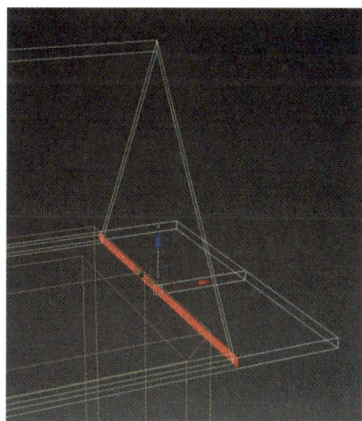

3　调整酒楼房檐细节。使用▥（边）选择方式，分别选中"连接"产生的边中的任意一条，执行"循环"命令将整条边选中，并使用▥"3捕捉开关"与"房子01-顶"中的边对齐，再按照同样方法执行另一条边，完成效果如图7-12所示。

图7-7　制作酒楼房顶

图7-8　制作房顶细节

图7-9　开启捕捉开关

图7-10　制作酒楼房檐

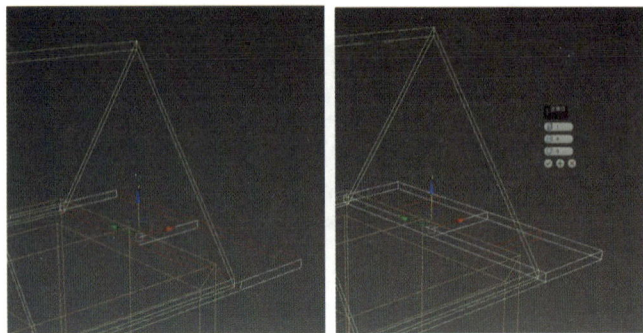

图7-11　添加房檐细节

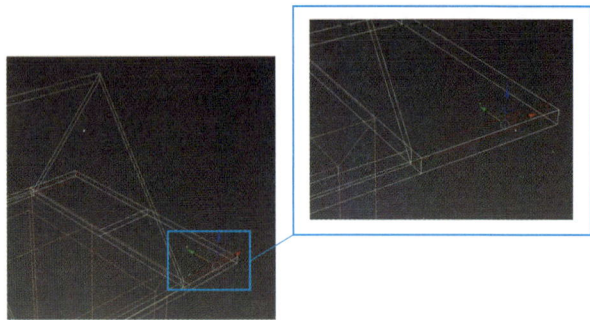

图7-12　调整房檐细节

4 添加酒楼房檐细节。使用 ■（边）选择方式再次选中边，执行"环形"命令将整条边选中，单击鼠标右键，在弹出的快捷菜单中选择"连接"命令，完成效果如图7-13所示。

5 调整酒楼房檐外形。使用工具栏中的 ■（选择并移动）工具，选中边将其沿Z轴方向移动至与"房子-01-顶"重合，效果如图7-14所示。

6 优化模型表面。在建模过程中，应尽量避免四条边以上的面出现，因为这样会影响以后的修改和材质设置。为了优化场景中的模型，使用 ■（点）选择方式，单击鼠标右键，在弹出的快捷菜单中选择"焊接"命令，将模型中的两点进行连接，效果如图7-15所示。

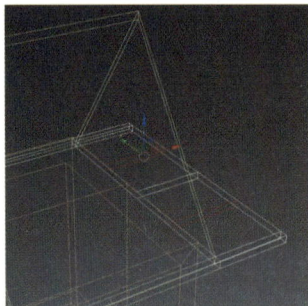

图7-13　添加房檐细节

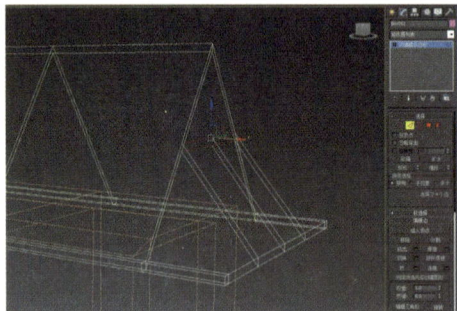

图7-14　调整房檐外形

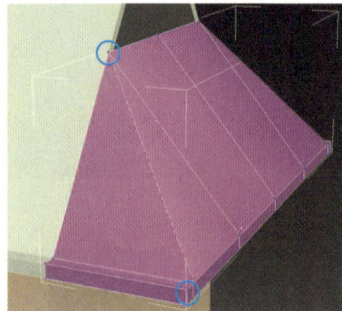

图7-15　优化模型表面

7 制作酒楼屋檐细节。单击工具栏中的 ■（3捕捉开关）按钮，捕捉酒楼屋檐梯形面上的四个顶点，完成样条曲线的创建。在修改命令面板的"渲染"卷展栏中，选择"在渲染中启用""在视口中启用"，并选中"矩形"单选按钮，设置"长度"为10cm、"宽度"为10cm、"角度"为90°。完成效果如图7-16所示。

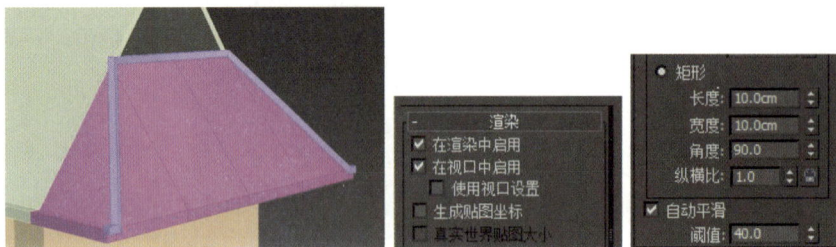

图7-16　制作酒楼屋檐细节

8 制作酒楼屋脊。单击 ■（创建）面板下的"长方体"按钮，在前视图创建一个"长方体"，设置长、宽、高的分段数为1。在视图中单击鼠标右键，在弹出的快捷菜单中选择"转换为可编辑多边形"命令。使用 ■（多边形）选择方式，选中屋顶的面，利用"插入"命令，插入一个比屋顶小一点的多边形，再执行"挤出"命令，挤出一个多边形，完成后单击

（确定）按钮，效果如图7-17所示。

9 制作酒楼屋脊细节。选中顶面执行"倒角"命令，设置倒角高度为45cm，倒角轮廓为-2cm，完成后单击 （确定）按钮，继续选中两侧面执行"挤出"命令，并通过"选择并移动"工具调整挤出面的Z轴位置，效果如图7-18所示。

10 调整酒楼外形。选中模型"房子-01"，使用 （点）选择方式，通过工具栏中的 （选择并移动）工具，将图7-19中的点移动到模型"房子-01-顶"内，效果如图7-19所示。

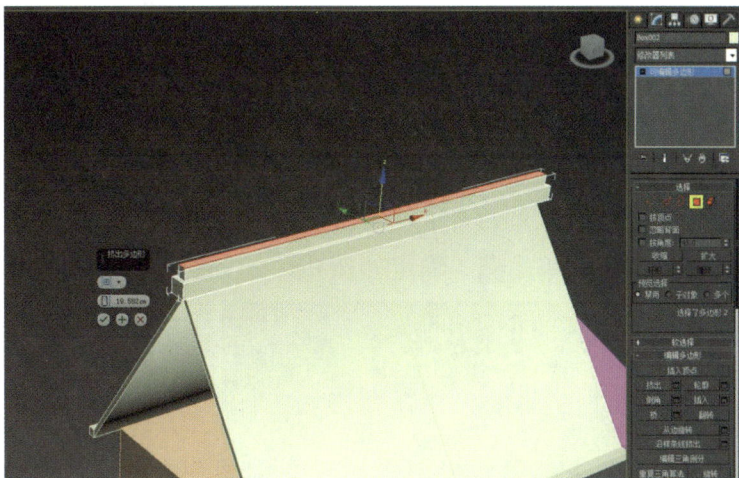

4. 酒楼门、框、栏杆和木雕的制作

1 制作酒楼的门和框。门和框都是由标准的"长方体"组成。在顶视图内创建"长方体"，并通过"实例复制"复制出其相对的门框边。门顶框的创建同理，效果如图7-20所示。

2 继续使用创建命令面板下的"长方体""平面"功能以及复制命令创建酒楼模型的其余部分，制作效果如图7-21所示。

3 制作酒楼栏杆。在前视图创建一个"长方体"，设置长、宽、高的分段数为2、2、3，命名为"栏杆01"。在视

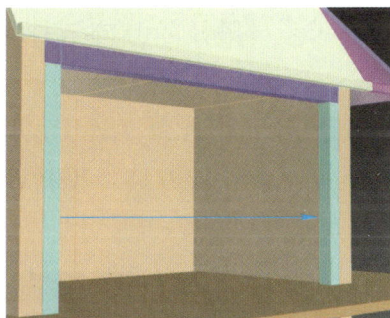

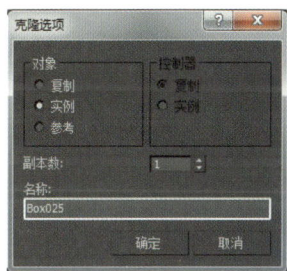

图7-17 制作酒楼屋脊

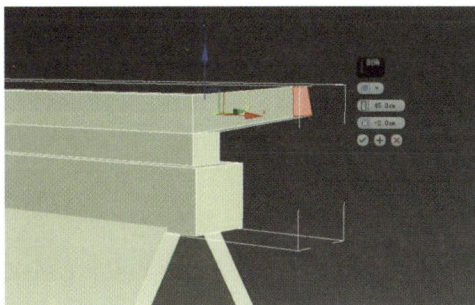

图7-18 制作酒楼屋脊细节

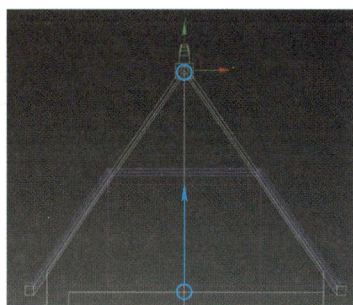

图7-19 调整酒楼外形

图7-20 制作酒楼的门和框

图7-21 酒楼外形效果

图中单击鼠标右键，在弹出的快捷菜单中选择"转换为可编辑多边形"命令，删除其底面，如图7-22所示。

4 制作酒楼栏杆细节。使用 ◈（边）选择方式，选择中间的两条线段并执行 循环 和 "切角" 命令，设置切角量为1cm，完成后单击 ✅（确定）按钮。再使用 ▦（多边形）选择方式，将切角出的中间面全部选中，执行 "倒角" 命令，设置为 "局部法线"、高度为3cm、轮廓为-0.85cm，完成后单击 ✅（确定）按钮，如图7-23所示。

图7-22　制作酒楼栏杆

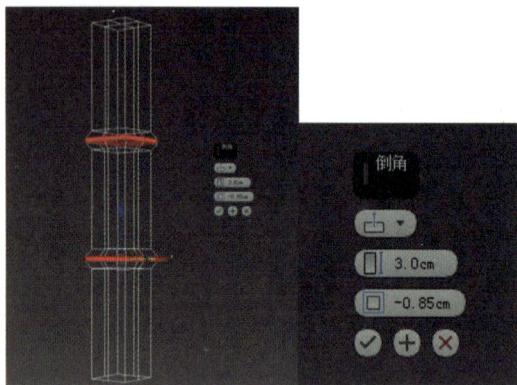

图7-23　制作酒楼栏杆细节

5 调整酒楼栏杆外形。使用 ◈（边）选择方式，选择底边的线段并执行 循环 命令，执行 "连接" 命令，完成后单击 ✅（确定）按钮。通过工具栏中的 ✛（选择并移动）工具和 ▣（缩放）工具进行调节，效果如图7-24所示。

6 制作酒楼栏杆细节。在顶视图中创建一个 "长方体"，并通过 ✛（选择并移动）工具调整其位置。在顶视图中创建一个 "球体"，设置分段数为8，调整其大小和位置，如图7-25所示。

7 完成酒楼栏杆制作。将刚建好的栏杆整体选中，执行复制中的 "实例" 复制出另一个栏杆，调整其位置。在前视图中创建一个 "长方体" 横杆，将两个栏杆连接起来。用同样的方法复制出 "酒楼模型" 左侧的栏杆，效果如图7-26所示。

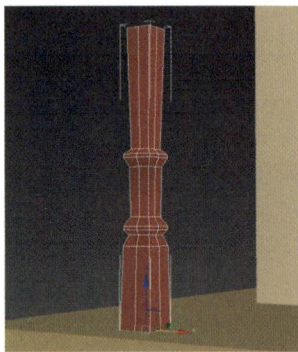

图7-24　调整酒楼栏杆外形

图7-25　制作酒楼栏杆细节

图7-26　完成酒楼栏杆

8 制作酒楼前门木雕。创建一个 "矩形" 并调整其大小和位置。在修改命令面板的 "渲染" 卷展栏中，选择 "在渲染中启用" "在视口中启用"，完成效果如图7-27所示。

9 完善酒楼前门木雕。选中刚创建完成的样条线图形，单击工具栏中的 ▨（镜像）按钮，设置 "镜像轴" 为X，"克隆当前选择" 为 "复制"。在样条曲线的侧面创建两个 "长方体"，效果如图7-28所示。

10 酒楼的基本模型已经创建完成，其余部分例如酒楼的招牌、台阶、石凳等可以根据以上方法进行创建，最终效果如图7-29所示。

图7-27 制作酒楼前门木雕

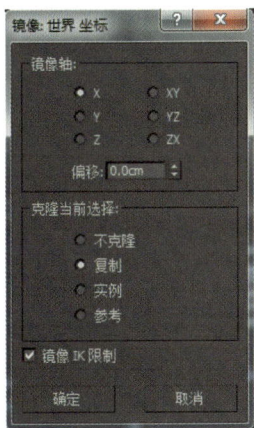

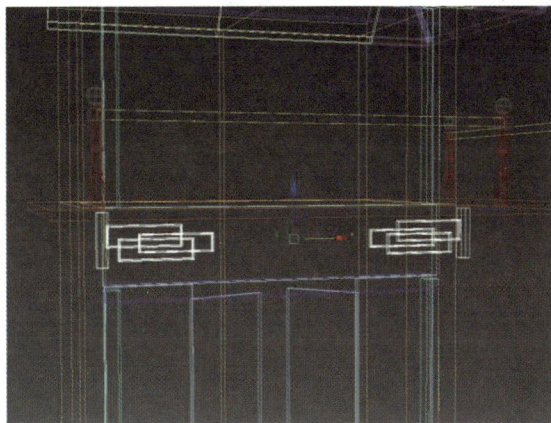

图7-28 完善酒楼前门木雕

图7-29 酒楼模型效果

子任务二：周边房屋模型的创建

1 制作房子墙体。在前视图创建一个"长方体"，设置长、宽、高的分段数为2，1，1，将模型的名字命名为"房子-02"。并在视图中单击鼠标右键，在弹出的快捷菜单中选择"转换为可编辑多边形"命令，如图7-30所示。

2 制作二楼房子模型。选中"房子-02"，在🖉（修改命令）面板中单击▇（多边形）按钮，选中上面的一个面，执行编辑多边形下的"挤出"命令，挤出类型为"组"，设置挤出高度为250cm，完成后单击◙（确定）按钮，如图7-31所示。

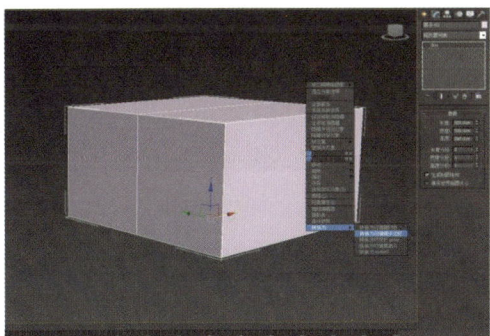

图7-30 制作房子墙体

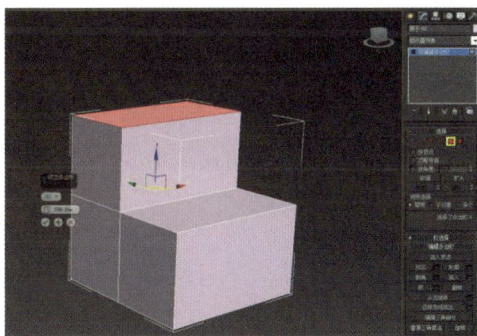

图7-31 制作二楼房子

3 制作房子细节。使用▨（边）选择方式，选中如图7-32所示"房子-02"的边，执行"连接"命令，再使用▇（多边形）选择方式，选择"房子-02"的底部，将其底面删除，效果如图7-32所示。

4 制作房子窗户。使用▇（多边形）选择方式，分别选中如图7-33所示位置的面。执行"插入"命令，插入类型为"按多边形"，完成后单击◙（确定）按钮，并分别调整每个插入面的大小比例。再次选中插入面,执行"挤出"命令,挤出类型为"组",挤出高度为–15cm。

5 制作房子的房顶。使用 (边)选择方式,选中"房子-02"顶面的边,通过工具栏中的 (选择并移动)工具调整位置。在 (创建)面板下的几何体中创建"长方体",将其转换为可编辑的多边形,最终调整成为房顶,效果如图7-34所示。

图7-32 制作房子细节　　图7-33 制作房子窗户　　图7-34 制作房子房顶

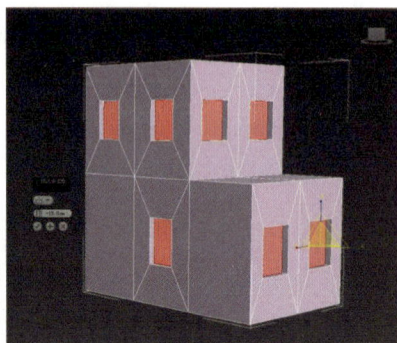

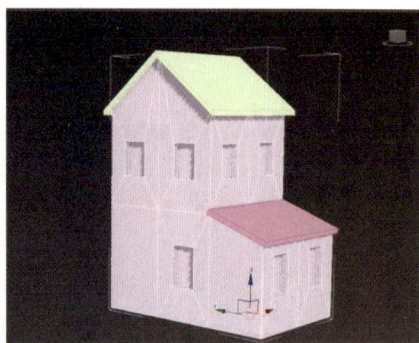

6 增加场景细节。使用同样的方法,在"房子-02"的左侧创建"房子-03",并利用长方体创建完成场景中的"栅栏""桌椅"等,如图7-35所示。

以上模型的制作基本是通过"编辑多边形"建模命令来完成的,"编辑多边形"建模是应用最为广泛的建模方法之一,可以完成生活中大部分常见模型的创建,在创建一些造型独特的模型时具有不可替代的作用。场景中同类的房屋模型可以通过复制及"编辑多边形"命令修改后实现,完成效果如图7-36所示。

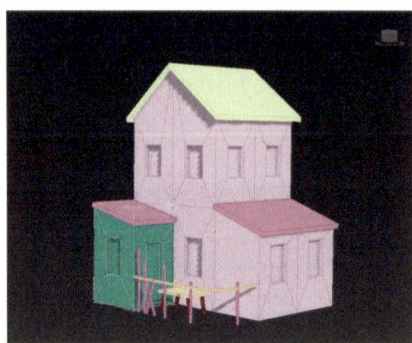

图7-35 增加场景细节　　　　图7-36 场景模型效果

子任务三:树木模型的创建

"编辑样条线"建模也是三维模型创建中常用的方法之一,此建模方法针对特定的模型或不规则模型具有简单、快速的特点,熟练使用能极大地提高工作效率。

下面通过"编辑样条线"建模来完成树木模型的创建。

1 制作树干曲线。首先绘制一条样条曲线作为放样路径,再利用线绘制出三个闭合图形作为放样图形,如图7-37所示。

图7-37 制作树干

2 制作树干外形。选中一条样条曲线，选择"放样"功能（■→■"复合对象"→▇放样▇）。进入修改面板，在"Loft"下"创建方法"卷展栏中选择▇获取图形▇命令，在视图中拾取最大的闭合图形，效果如图7-38所示。

3 增加树干细节。分别设置路径在0～100位置之间的不同位置，多次拾取另外两个闭合图形，使树干从根部到顶部从大到小变化，并设置"蒙皮参数"选项下的图形步数、路径步数均为1。效果如图7-39所示。

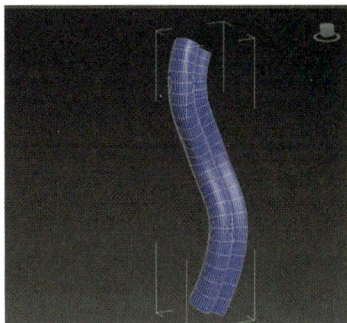

图7-38 制作树干外形

4 调整树干细节。单击■（修改）面板中"Loft"前的"+"，选中其中的"图形"命令，并通过工具栏中的■（选择并移动）工具、■（旋转）工具和■（缩放）工具在刚拾取过图形的位置调整图形的大小比例，效果如图7-40所示。

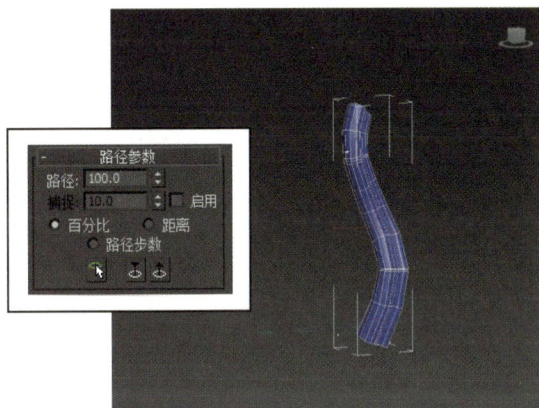

图7-39 增加树干细节

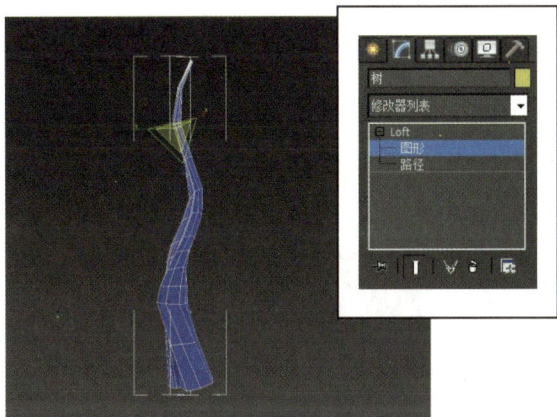

图7-40 调整树干细节

5 制作树枝模型。使用样条曲线，通过"复合对象"中的▇放样▇命令制作树木的枝条。需要注意的是，树木在生长过程中，底部的枝比顶部的粗，大部分枝是对生的，但是相对的位置却不是绝对的，通过工具栏中的■（选择并移动）工具、■（旋转）工具和■（缩放）工具可以调整树枝的位置，如图7-41所示。

6 调整树枝细节。选中完成的树木，在视图中单击鼠标右键，在弹出的快捷菜单中选择"转换为可编辑多边形"命令，并使用"挤出"命令，在枝的顶部进行挤出，使树枝的长短有所不同，并通过以上方法制作更小的树枝，效果如图7-42所示。

7 制作树木叶子和根。树木的一些更细小的枝叶大多是通过贴图完成的，接下来对树干执行"转换为可编辑多边形"命令，在根部通过"挤出"命令将一些露在地表的根制作出来，其余小的树枝和叶子通过创建面板下的"平面"来完成，并通过工具栏中"选择并移动"工具、

图7-41 制作树枝模型

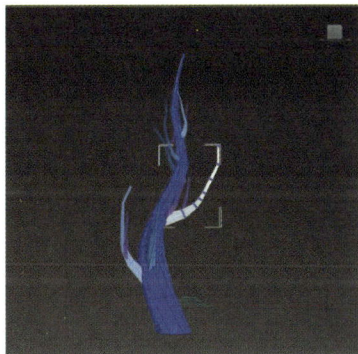

图7-42 调整树枝细节

"旋转"工具和"缩放"工具调整其位置，最终效果如图7-43所示。

子任务四：小桥模型的创建

首先通过"编辑样条线"建模方式来创建小桥的模型。

不难发现很多建筑类模型是由多个标准图形组成的，而"编辑样条线"建模在制作此类模型时的优势十分明显，不仅简单快捷，完成质量也相对较高。

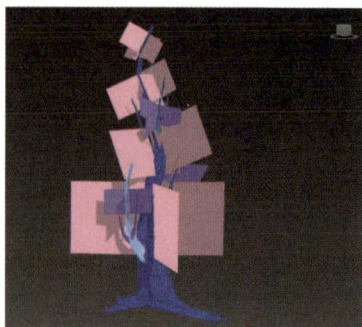

图7-43 制作树木叶子和根

1 绘制小桥基本形状。在前视图创建一个矩形，并单击鼠标右键，在弹出的快捷菜单中选择"转换为可编辑样条线"命令，使用■（线段）选择方式，首先在前视图中选中矩形上面的边线，通过工具栏中的■（缩放）工具调节矩形大小。接着使用■（点）选择方式，并选中矩形的四个顶点，单击鼠标右键，在弹出的快捷菜单中选择"角点"命令，通过工具栏中的■（选择并移动）工具调节顶边位置，如图7-44所示。

2 进一步绘制小桥的基本形状。在前视图创建一个椭圆，并通过■（选择并移动）工具调整椭圆的位置，用于后面制作桥洞。再次选中视图中的矩形，单击■（修改）面板中编辑样条线内的几何体面板中的■附加■按钮，并将鼠标移动至视图中的椭圆，会出现附加图标，单击附加图标完成附加，如图7-45所示。

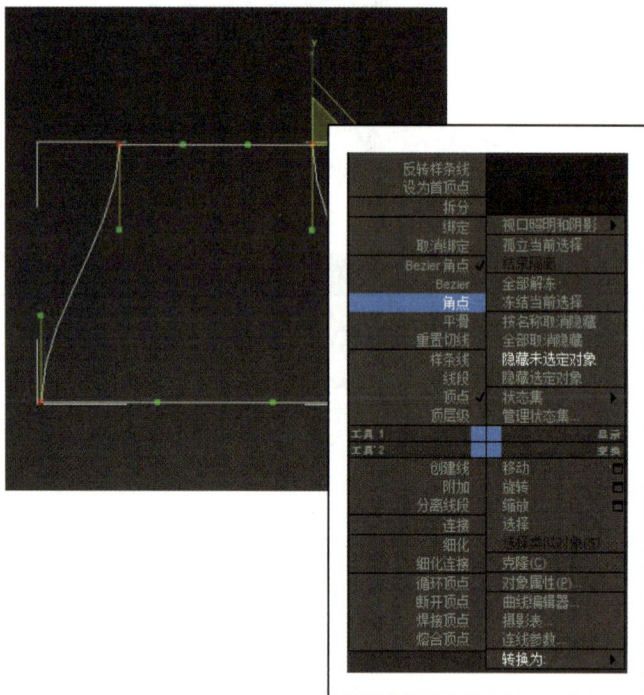

图7-44 制作小桥模型

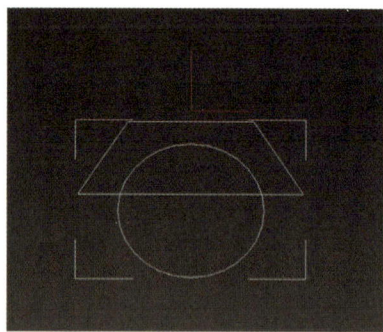

图7-45 制作小桥外形

3 完成小桥外形制作。在■（修改）面板中找到编辑样条线中的"样条线"并选中视图中的矩形，单击"几何体"面板中■布尔■后面的■（差集）按钮，并单击■布尔■按钮，将鼠标移动至视图中的椭圆图形上。这时会出现差集图标，单击差集图标完成修改，效果如图7-46所示。

4 增加小桥细节。选中刚完成的图形，在■（修改）面板的下拉列表中选择"挤出"，为图形添加"挤出"修改器，设置数量为300cm。在前视图创建一个长方体作为石阶并利用复制工具（<Shift>+✛）复制石阶，完成小桥石阶的制作，效果如图7-47所示。

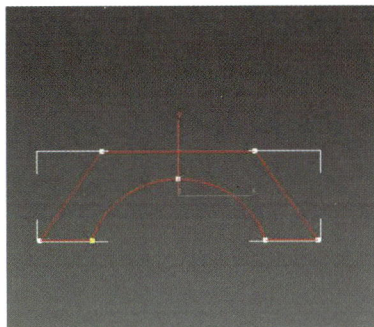

图7-46　完成小桥外形　　　　　图7-47　增加小桥细节

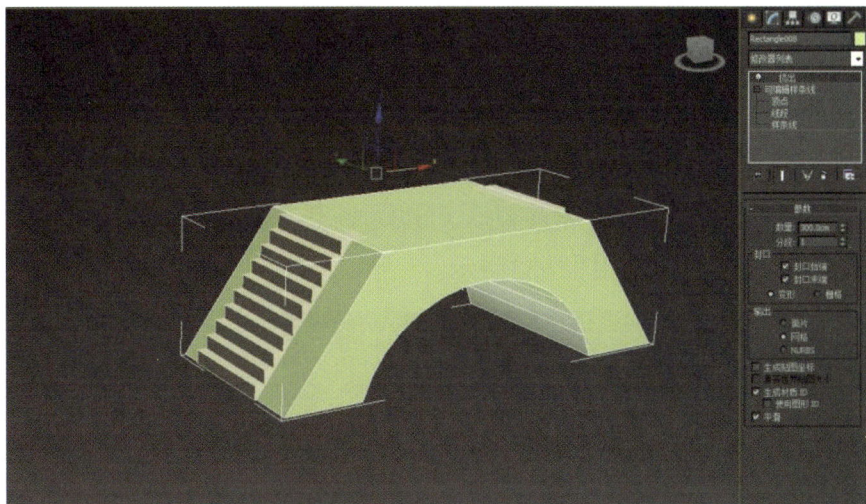

5 制作小桥的栏杆望柱。在前视图创建一个长方体，设置长、宽、高分别为75cm、20cm、20cm，并将其转换为"可编辑多边形"。通过 ⬙（修改）面板下可编辑多边形中的"连接""挤出"命令完成栏杆的制作，效果如图7-48所示。

图7-48　制作小桥栏杆的望柱

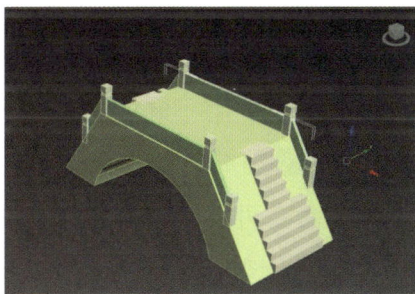

6 制作小桥护栏。利用"复制工具"（<Shift>+✛）复制多个望柱，并分布在小桥四周。创建一个长方体作为护栏，依次将护栏的望柱进行连接，并对模型的其他部分进行调整，效果如图7-49所示。

7 制作桥两端拱形护栏。桥两端的护栏和桥上中间的护栏在形状上有所区别，可以利用"样条线工具"绘制出它的基本形状，然后利用"挤出"修改器让它成为立体形状，完成后调整好位置，效果如图7-50所示。

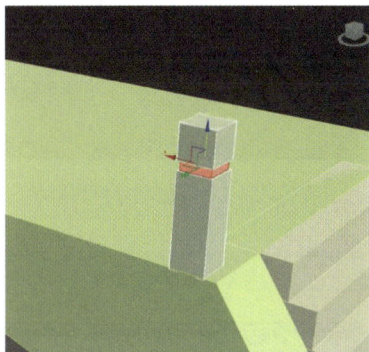

图7-49　制作小桥护栏

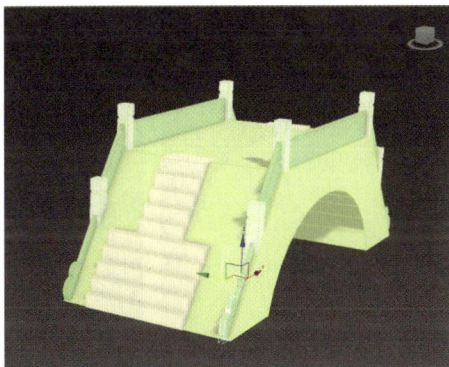

图7-50　制作桥两端拱形护栏

8 制作场景地面。接下来需要为场景模型制作地面，在顶视图创建两个矩形，单击修改面板中编辑样条线内几何体面板中的 ▨附加 按钮，将两个矩形附加成一个。接着找到编辑样条线中的"样条线"并选中大的矩形，单击几何体面板中 ▨布尔 后面的 ▨ （差集）按钮后，并单击"布尔"按钮，将鼠标移动至小的矩形图形上，最后编辑调整样条线中的 ▨ （点），效果如图7-51所示。

9 为了使场景丰富生动，可以为场景增加一些具有生活气息的物品，如小船、箱子、电线杆等。最终效果如图7-52所示。

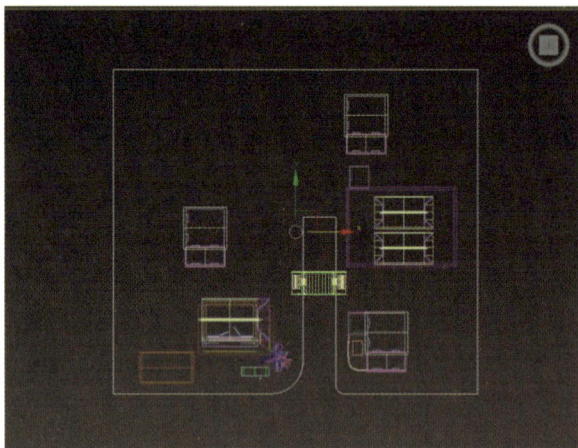

图7-51　制作场景地面

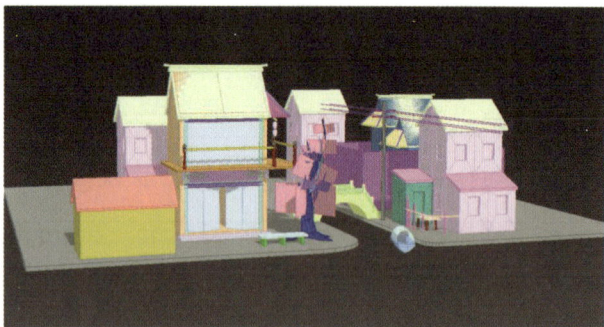

图7-52　模型场景最终效果

必 备知识

可编辑多边形：在视图中选中物体，单击鼠标右键，在弹出的快捷菜单中选择"转换为可编辑多边形"命令，可以将物体转化成为可编辑的多边形。

在可编辑多边形命令中包含五个子对象层级：▨ （顶点）、▨ （边）、▨ （边界）、▨ （多边形）和 ▨ （元素）。选择不同的子对象层级，其他面板也会对应发生变化，在这五个子对象层级中可以使用不同的命令对模型进行修改编辑。

1 ▨移除 移除：在子对象层级下的 ▨ （顶点）、▨ （边）下有此命令。选择顶点或边后，执行此命令可移除选择的顶点和边，如图7-53所示。

2 ▨焊接 焊接：子对象层级下的 ▨ （顶点）中的命令，可以将选中的顶点进行合并。单击编辑顶点面板下的"焊接"后的"设置"按钮，会在窗口中弹出设置焊接阈值等选项。

3 ▨断开 断开：子对象层级下的 ▨ （顶点）中的命令，可以将选中的顶点进行断开，并在断开后的每个相邻的多边形上，创建一个新的顶点，如图7-54所示。

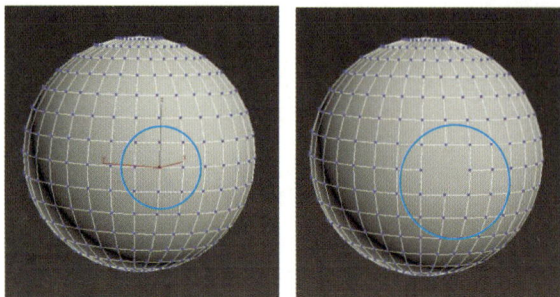

图7-53　移除效果

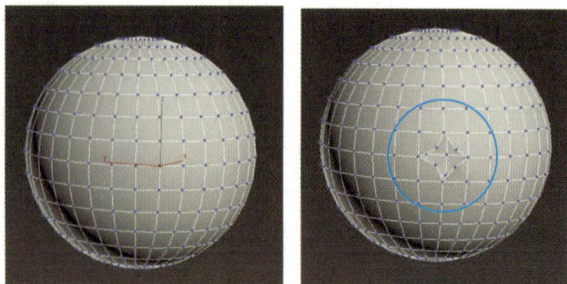

图7-54　断开效果

4 **分离** 分离：在子对象层级■（多边形）下，选中需要进行分离的面，单击编辑集合体面板下的"分离"即可完成。单击"分离"后的"设置"按钮，会在窗口中弹出"分离"对话框，在对话框中有"分离到元素"和"以克隆的方式分离"两种方式，如图7-55所示。

5 **附加** 附加：是针对"可编辑多边形"的命令，可以将多个模型附加在一起。在编辑几何体面板下，单击"附加"按钮，在视图中选中要附加的模型即可。

6 **挤出** 挤出：在子对象层级下的■（顶点）、■（边）、■（边界）、■（多边形）下都有此命令。选择■（顶点）、■（边）、■（边界）、■（多边形）后会沿着法线方向挤出新的多边形，单击对应编辑面板下"挤出"后的"设置"按钮，会在窗口中弹出"挤出类型"和"挤出高度"设置，挤出类型分为"组""自身法线""多边形"三种，挤出效果如图7-56所示。

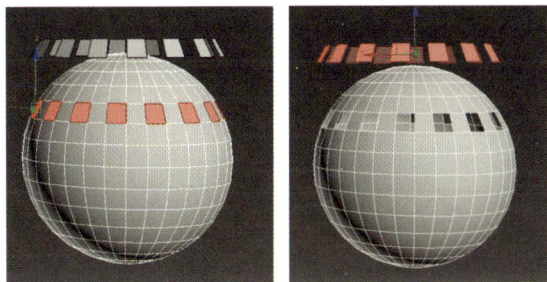

图7-55 分离效果

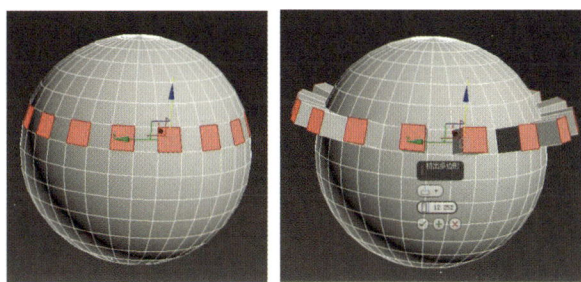

图7-56 挤出效果

7 **倒角** 倒角：子对象层级■（多边形）下的命令，可以使被选择的物体产生倒角。单击"倒角"后的"设置"按钮会在窗口中弹出相应的调整参数，如图7-57所示。

8 **切角** 切角：在子对象层级下的■（顶点）、■（边）、■（多边形）下都有此命令。选择顶点、边和面后执行"切角"命令，会使选择的顶点、边和面向四周切割出新的面，单击"切角"后的"设置"按钮会在窗口中弹出相应的调整参数。

9 **连接** 连接：在子对象层级下的■（边）和■（边界）下有此命令。可以在被选择的边和边界之间创建新的边，单击"连接"后的"设置"按钮会在窗口中弹出相应的调整参数，如图7-58所示。

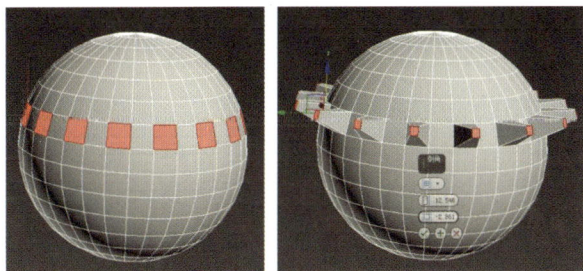

图7-57 倒角效果

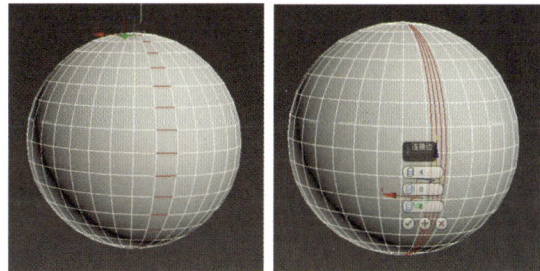

图7-58 连接效果

10 **封口** 封口：在■（边界）下可以将敞开的空面进行封闭处理。

11 **插入** 插入：子对象层级■（多边形）下的命令，效果相当于没有高度的倒角操作。

任务拓展

结合场景制作标准中对于模型的相关要求，完成如图7-59所示的场景效果练习。

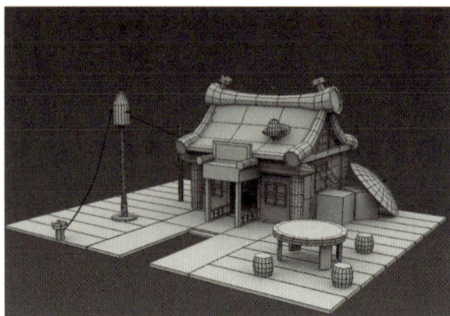

图7-59 拓展任务范例

任务 2 制作场景贴图

任务分析

场景贴图的制作是场景制作的重要环节之一，通常会结合二维图像处理软件进行制作。首先把模型作UV贴图坐标展开，然后将输出正确的贴图坐标导入到二维图像制作软件中进行贴图绘制，最后返回3ds Max中进行贴图。

模型的制作在三维空间环境完成，而贴图的绘制需要在二维空间完成。如果想正确地将贴图指定给模型表面，则必须通过调节贴图坐标来完成。所谓的UV贴图坐标展开，就是将三维模型表面进行二维化处理的过程。

任务实施

准备工作：检查贴图坐标是否正确

如何检查展开的贴图坐标是否正确？

为了准确地检查贴图展开是否正确，会使用贴图中的"棋盘格"，通过观察棋盘格分布是否均匀来判断贴图的展开是否有问题，效果如图7-60所示。

1 为模型指定贴图。打开 ■（材质编辑器），选择一个空白的材质球，然后单击"漫反射"通道右边的方形按钮，会弹出"材质/贴图浏览器"对话框。选择"棋盘格"贴图，单击"确定"按钮，将它加入"漫反射"贴图通道，如图7-61所示。

图7-60 棋盘格

图7-61 指定贴图

2 修改贴图参数。在材质球的"漫反射"贴图通道中，贴图的U和V两个方向默认的重复次数都是1，贴图中的黑白格子太大就不能准确地反映出坐标分布是否正确，将贴图U、V的"重复次数"都调整为10，效果如图7-62所示。说明：图7-62是软件截图，其显示的名字为"瓷砖"，而3ds Max的帮助网页则称之为"平铺"。

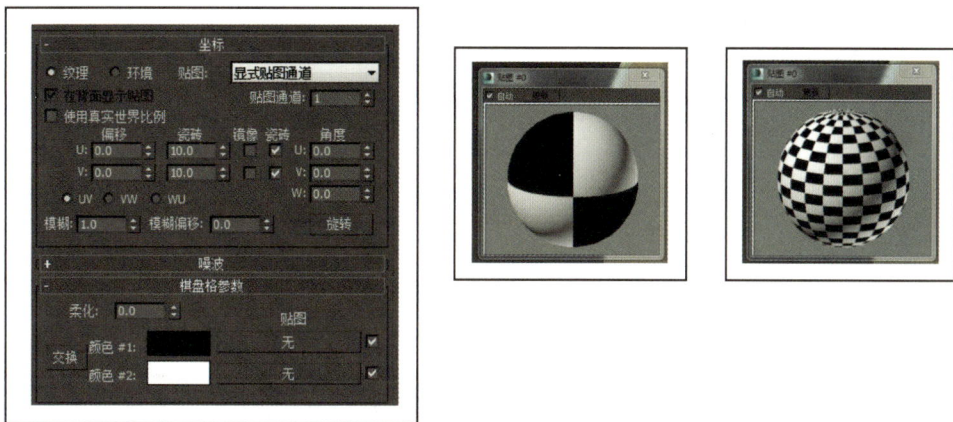

图7-62 修改棋盘格贴图

下面将开始模型表面UV贴图的展开制作。

子任务一：指定UV贴图坐标

（1）酒楼模型的UV贴图坐标指定

在UV贴图坐标指定前，可将模型分为两类：一类是由标准几何体组成的模型，例如本项目中的门、柱、栏杆等；另一类是通过可编辑多边形修改过的模型，是由多个形体共同组成的模型。

1 首先指定第一类模型的UV贴图坐标，因为相对来说这一类模型的操作比较简单。

① 选中酒楼模型中符合第一类要求的部分，将未选中的部分隐藏。选中门框模型，并在修改面板中添加"UV展开"修改器，在修改面板的"编辑UV"卷展栏中单击"打开UV编辑器…"按钮，弹出"编辑UVW"窗口，如图7-63所示。

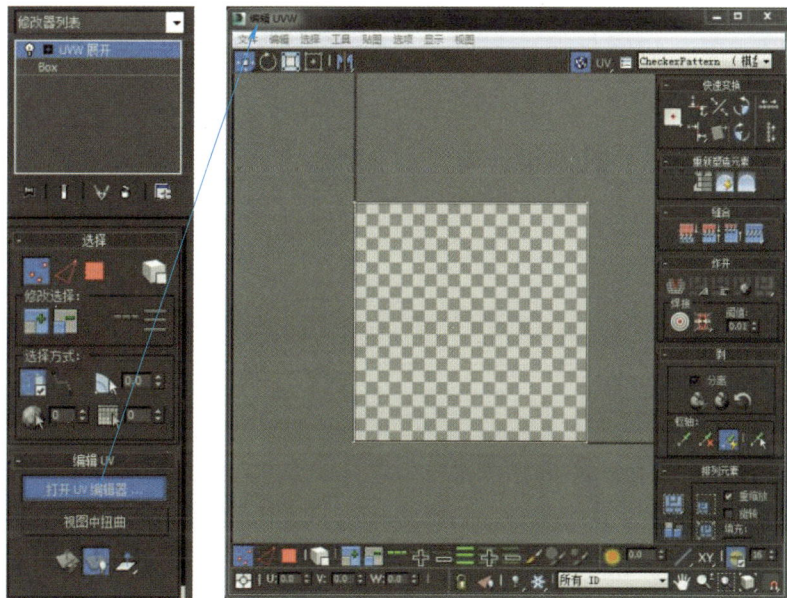

图7-63 添加UV展开

② 在"编辑UVW"对话框中单击▨（多边形）按钮，将场景中的面全部选中。执行"贴图"菜单下的"展平贴图"命令，弹出"展平贴图"对话框，这里不需要修改任何参数，单击"确定"按钮，完成贴图展开，如图7-64所示。

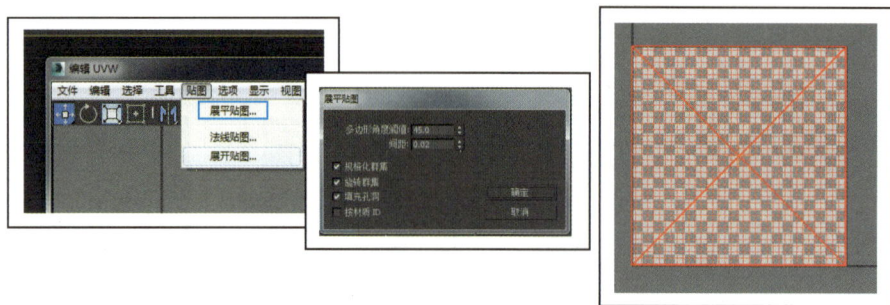

图7-64　展平贴图

③ 展开贴图。能一次将模型的贴图展开，同时也适用于目前视图中的其他模型。分别对其他模型进行处理，最终效果如图7-65所示。

2 接下来将继续指定第二类模型的UV贴图坐标，这类模型一般由多个几何形体组成，直接使用"展平贴图"很难正确地将UV贴图坐标展开。

① 展开制作屋脊UV贴图坐标。选中房子的屋脊，在▨（修改）面板中添加"UV展开"修改器，使用▨（多边形）选择方式，选中将要展开的面，如图7-66所示。

② 调整屋脊UV坐标。单击"打开UV编辑器…"按钮，弹出"编辑UVW"窗口。执行"贴图"菜单下的"展平贴图"命令，单击"确定"按钮，效果如图7-67所示。

③ 缝合屋脊UV贴图图形。在"编辑UVW"窗口中使用"边"，并选择UV中的边，单击鼠标右键，在弹出的快捷菜单中选择"选定缝合"命令，将断开的边依次连接到一起，效果如图7-68所示。

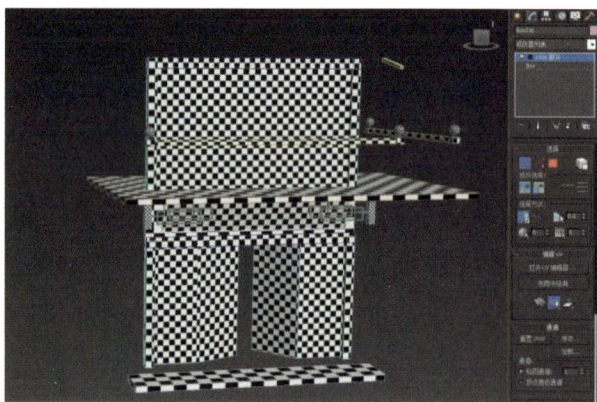

图7-65　展开贴图效果

图7-66　展开制作屋脊UV

图7-67　调整屋脊UV

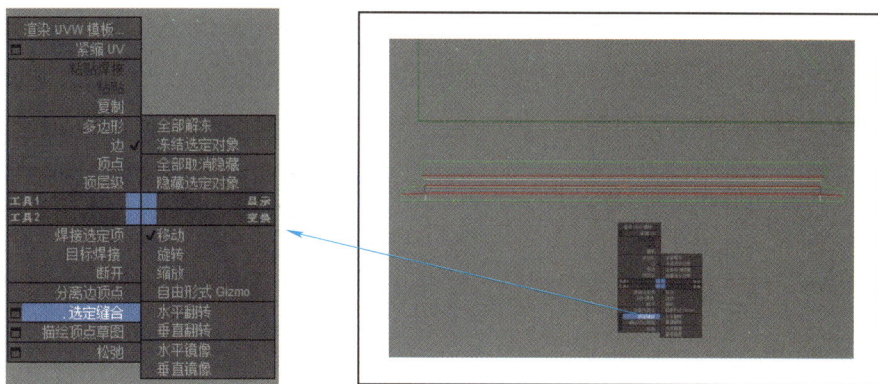

图7-68　缝合UV

④ 完成屋脊UV贴图坐标展开。关闭"编辑UVW"窗口后在视图中可以发现，刚选中的UV贴图坐标已经正确显示了，继续使用同样的方法对其他面进行选择并展开，最终效果如图7-69所示。

⑤ 通过以上两种方法的使用，可以有效地将酒楼模型UV贴图坐标展开，对比之前的棋盘格贴图分布，目前的UV贴图坐标已经能满足接下来的贴图绘制要求，如图7-70所示。

图7-69　完成屋脊UV贴图坐标

图7-70　模型正确指定UV贴图效果

（2）"树木"模型UV坐标的指定

由标准几何图形构成的模型，通过练习已经掌握了其贴图坐标的指定方法。对于图7-71所示的树木模型该如何指定呢？

由标准几何体构成的模型，其UV坐标的指定方法应用于树木模型的效果如图7-72所示。通过观察可见，其法线模型的展开是没有问题的，但是过于零碎的贴图坐标是没办法进行下一步绘制的。

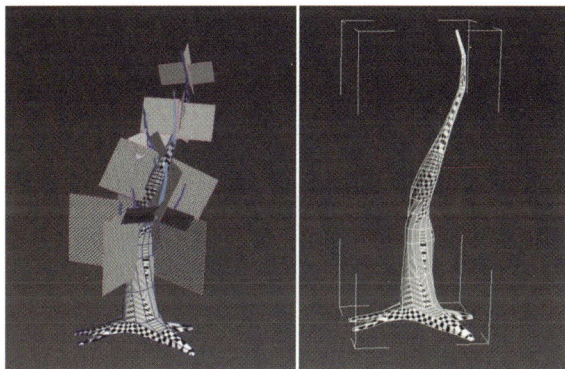

图7-71　树木贴图效果

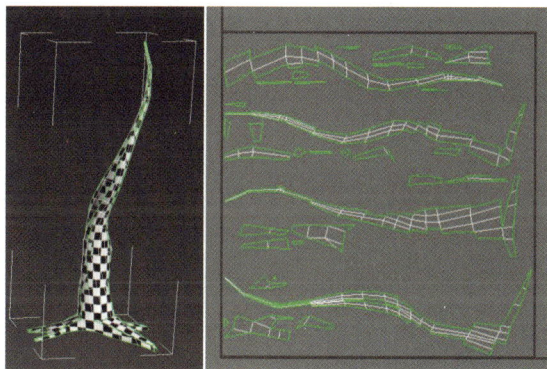

图7-72　自动展开UV

树木模型不能使用上述方法来实现UV坐标的指定，但可以使用不规则图形UV坐标的指定方法，这种方法不仅能应用于树木，还可以用于制作人物模型的UV贴图坐标展开。

1 树木模型由于表面复杂，在制作之前要将模型分为三部分，为了便于观察，使用三种颜色进行区分。制作时可使用编辑多边形中的"分离"功能将模型分开并使用三种颜色区分开来，如图7-73所示。

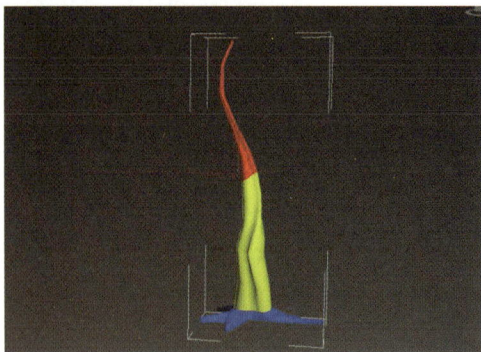

图7-73　分离模型

2 绘制开模线。选中模型中红色部分的模型，并在 （修改）面板中添加"UV展开"修改器。在选择面板下单击 （点），下面的"剥"面板将被激活。使用 （点对点接缝）绘制断开的接缝，绘制完成的接缝会以亮蓝色显示，效果如图7-74所示。

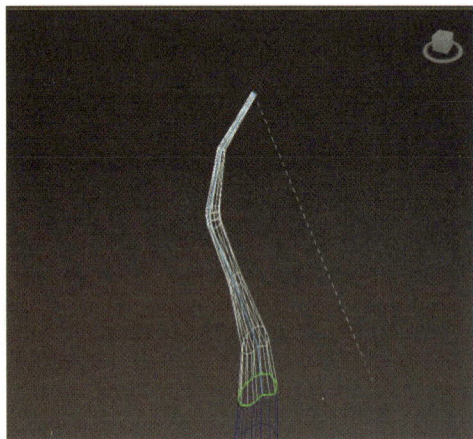

3 展开树木顶端。绘制完成后，单击"剥"面板下的 （毛皮贴图）工具，会弹出"编辑UVW"窗口和"毛皮贴图"对话框。单击"毛皮贴图"对话框中的"开始毛皮"按钮，再单击"开始松弛"按钮，完成UV坐标编辑后单击"提交"按钮，效果如图7-75左所示。

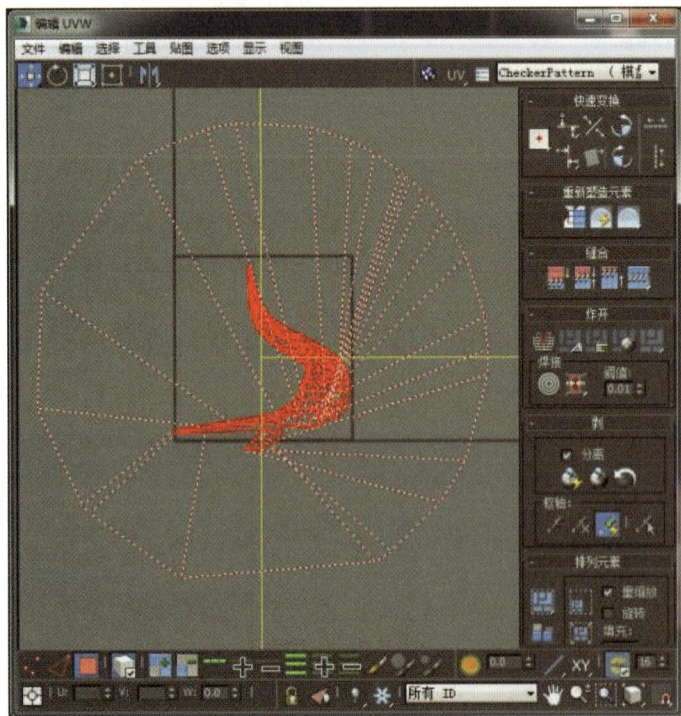

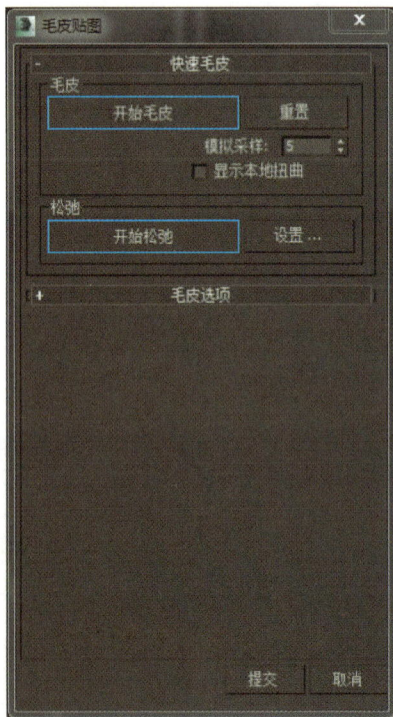

图7-74　绘制开模线

图7-75　毛皮贴图

4 以同样的方法设置模型的中间部分。完成UV坐标编辑后，分别为模型指定"棋盘格"

贴图，观察贴图展开是否正确，效果如图7-76所示。

5 展开树木根部。树木模型的根部较为复杂，需要分别展开，首先在 ▨（修改）面板中添加"UV展开"修改器。使用 ▨（多边形）的选择方式，选中场景中根部模型部分，单击"剥"面板下的 ▨（毛皮贴图），接着单击"毛皮贴图"对话框中的"开始毛皮"按钮，再单击"开始松弛"按钮，完成UV贴图坐标编辑，效果如图7-77所示。

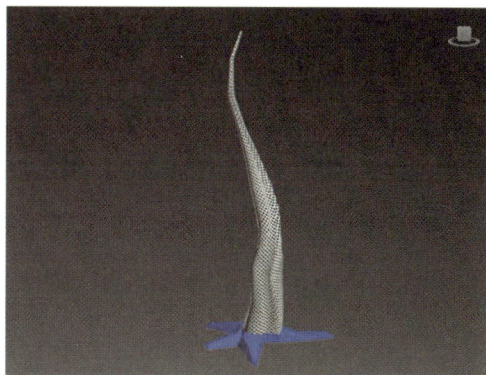

图7-76 正确指定UV效果

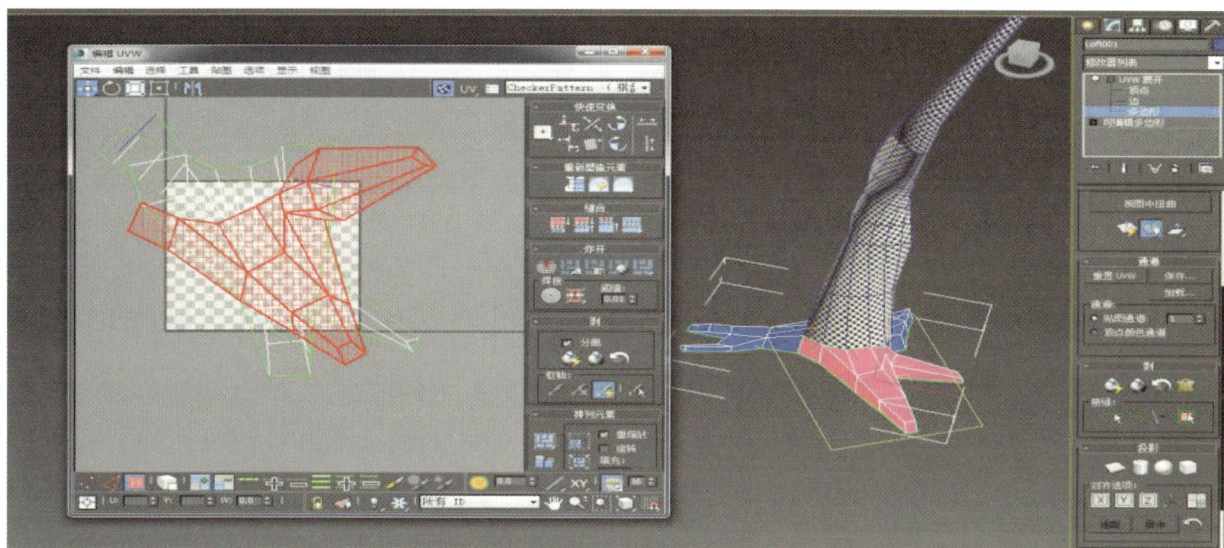

图7-77 展开树木根部

6 整合树木UV坐标。将模型再次塌陷成为"可编辑多边形"，通过"附加"工具合并刚才分离的另外两部分模型。使用 ▨（点）选择方式，将模型的全部点选中并执行"焊接"命令，设置焊接阈值为0.1cm。接着在 ▨（修改）面板中添加"UV展开"修改器，在"编辑UVW"面板调整UV坐标，目的是便于后期的贴图绘制，效果如图7-78所示。

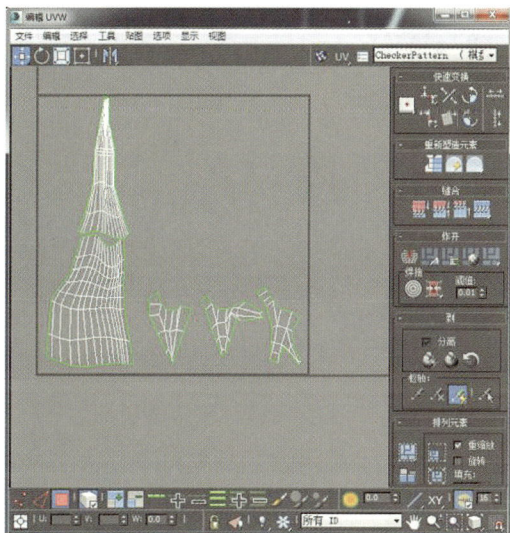

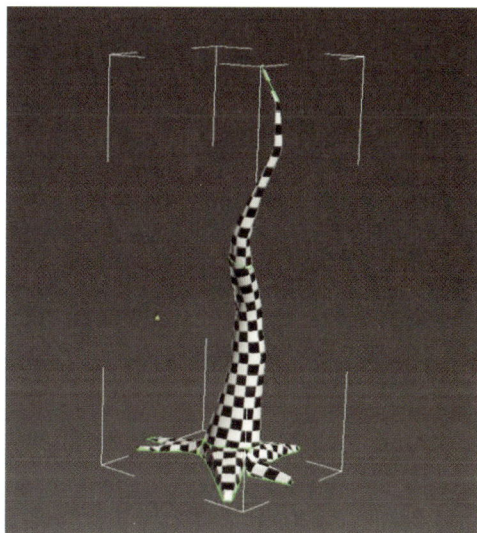

图7-78 整合树木UV

项目7 设计游戏室外场景

子任务二：贴图绘制

场景中的UV调节完成后，将开始对模型进行绘制。

贴图的制作根据材质的不同有所区别，下面将开始小桥模型的贴图制作。

1 渲染UV贴图。打开小桥模型，在修改面板的"UV展开"层级中，打开"编辑ＵＶ"对话框，选择"工具"→"渲染ＵＶ面板"命令，弹出"渲染UVs"对话框，单击"渲染UV模板"打开"渲染贴图"，单击■（保存图像）按钮把模型UV保存到指定路径下，如图7-79所示。

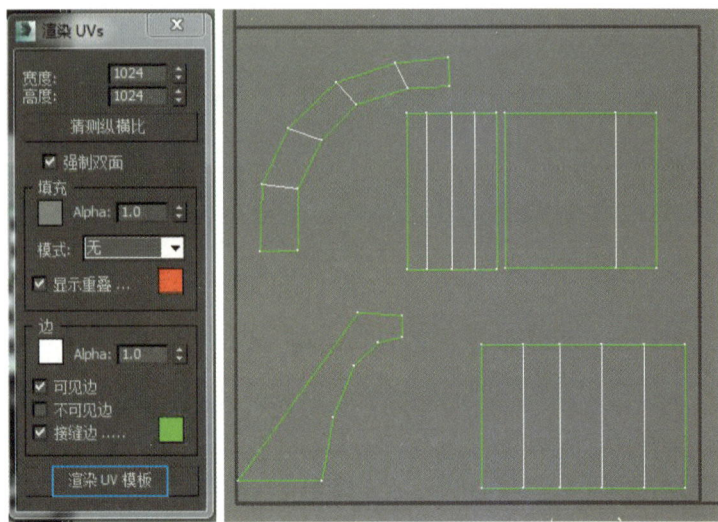

图7-79　渲染UV线

2 导出UV贴图。将UV贴图命名为"小桥-01"保存，保存类型为PNG格式（PNG格式是无背景贴图，可以减少后期处理背景颜色的麻烦），颜色为RGB 24位，如图7-80所示。

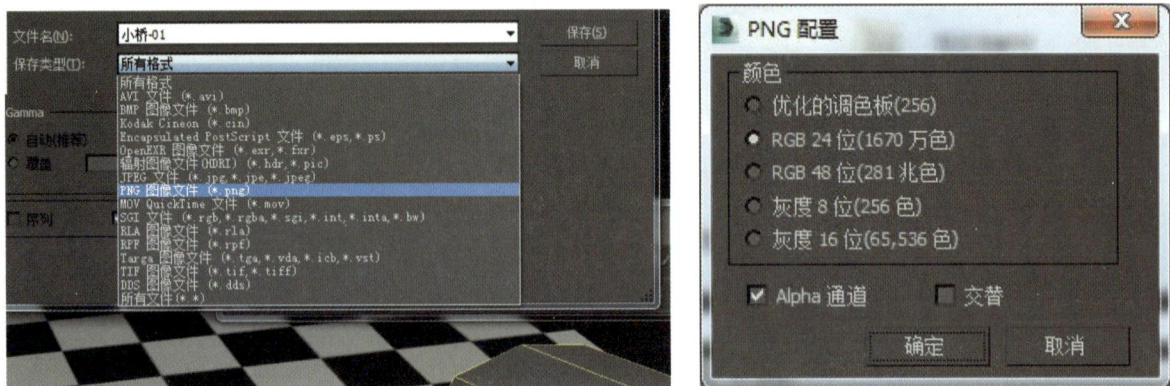

图7-80　导出UV贴图

3 绘制模型贴图。启动Photoshop软件并打开UV贴图"小桥-01.png"和图片文件"石板.png"，将"石板"贴图置于UV贴图"小桥-01"的下面，调节"石板"贴图的大小与UV贴图匹配。同样，依次打开其余材质贴图并调整位置和大小，使它们分别与UV贴图的相关部分匹配，如图7-81所示。

4 指定模型贴图。贴图制作完成后，在Photoshop中将UV贴图（线条部分）所在的图层隐藏，保存图片到指定文件夹内。打开3ds Max的■（材质编辑器）面板，单击"Blinn基本参数"卷展栏中"漫反射"右边的方形按钮，打开"材质/贴图浏览器"对话框。在对话框中选择"位图"，在弹出的对话框中找到指定文件夹内的贴图，如图7-82所示。

图7-81　绘制贴图

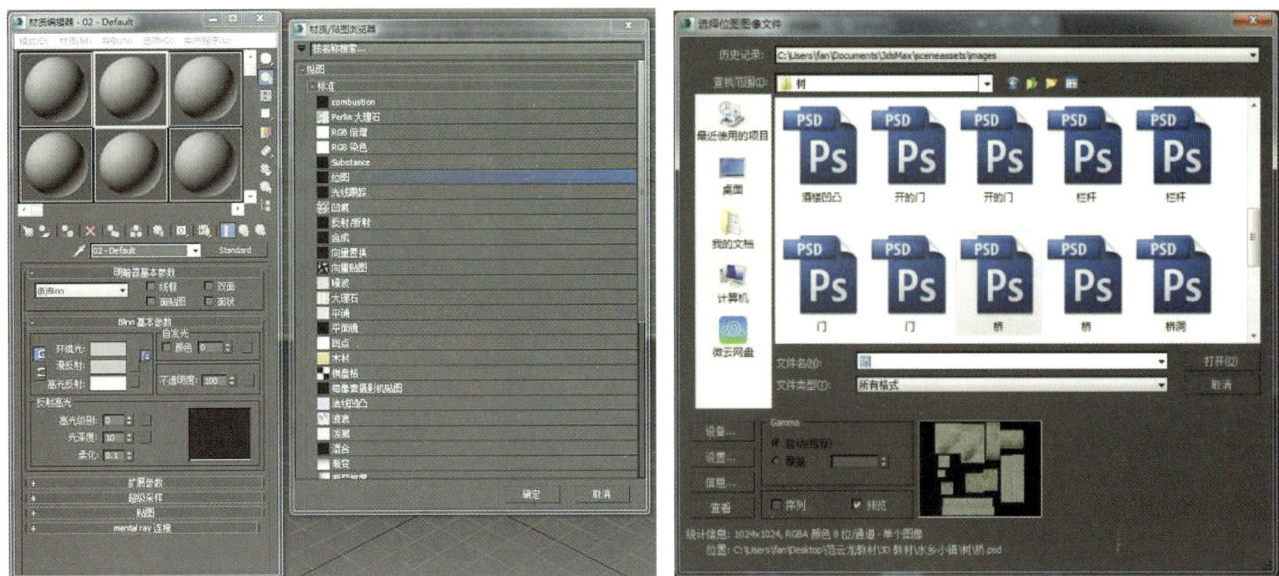

图7-82　指定贴图

5 检查。渲染后观察各部分的二维贴图内容与匹配是否正确，结果如图7-83所示。

图7-83　指定贴图效果

必备知识

三维模型的坐标系包含X、Y、Z三个轴向，与此相对应的贴图坐标是U、V、W，因为贴图是二维的，所以贴图坐标也称"UV坐标"。

在 ■（修改）面板中为模型添加"UV展开"修改器，使用 ■（多边形）选择方式选中模型表面，单击"编辑UV"栏中的"打开UV编辑器"按钮，会弹出"编辑UVW"窗口，通过此窗口可以编辑被选模型表面的UV坐标，如图7-84所示。

"UV展开"修改器的作用是将三维模型表面进行二维化，但实际上一些模型是不能进行完全准确的二维化转换的，比如，生活中的地球仪和地图。3ds Max针对一

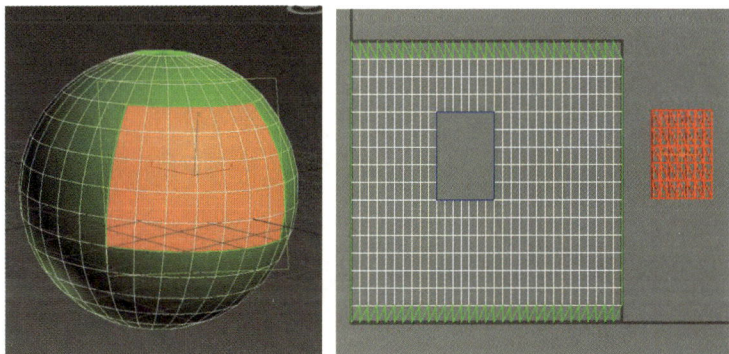

图7-84　UV展开修改

些表面复杂的模型提供了一种简单快捷的展开贴图方式——▩（毛皮贴图）。

在▨（修改）面板中为模型添加"UV展开"修改器，通过工具栏下的"接缝工具"在模型表面绘制展开线，并通过选择栏下的▨（多边形）选中模型表面。单击"剥"下面的▩（毛皮贴图），会弹出"编辑UVW"窗口，如图7-85所示。

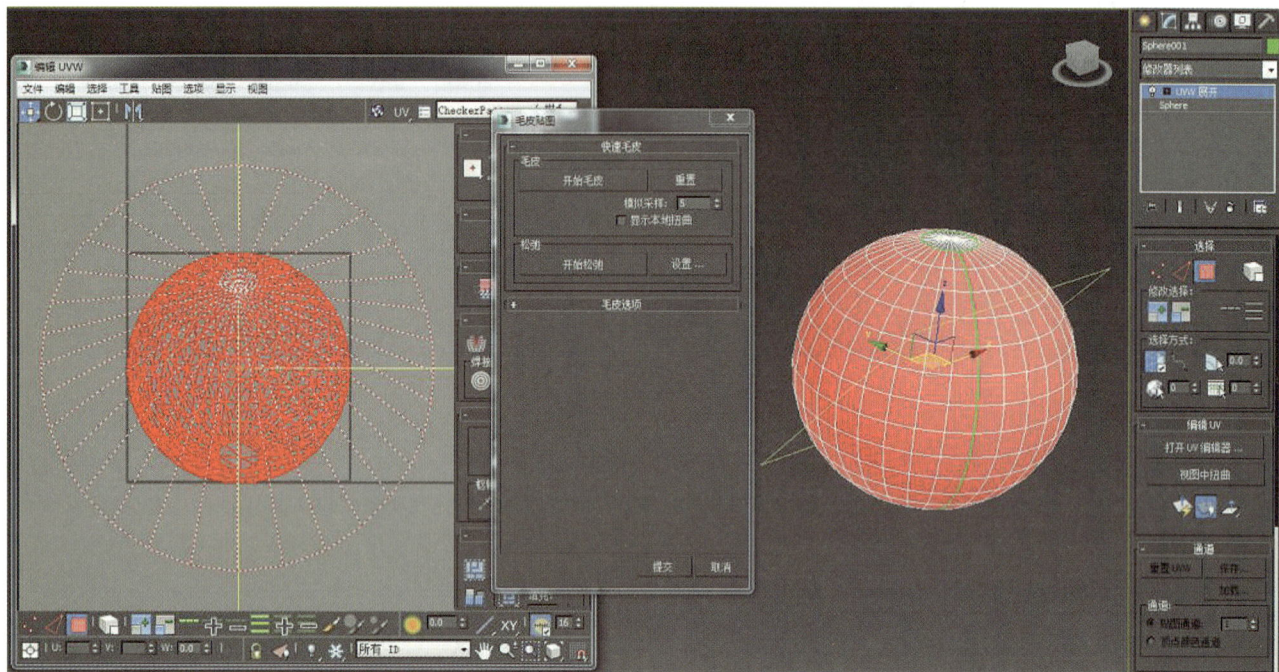

图7-85　毛皮贴图

单击"开始毛皮"按钮后，系统将根据绘制的展开线将模型进行自动展开。继续单击"开始松弛"按钮，系统将对模型的UV坐标进行松弛处理。最后在"编辑UVW"窗口中调整，效果如图7-86所示。

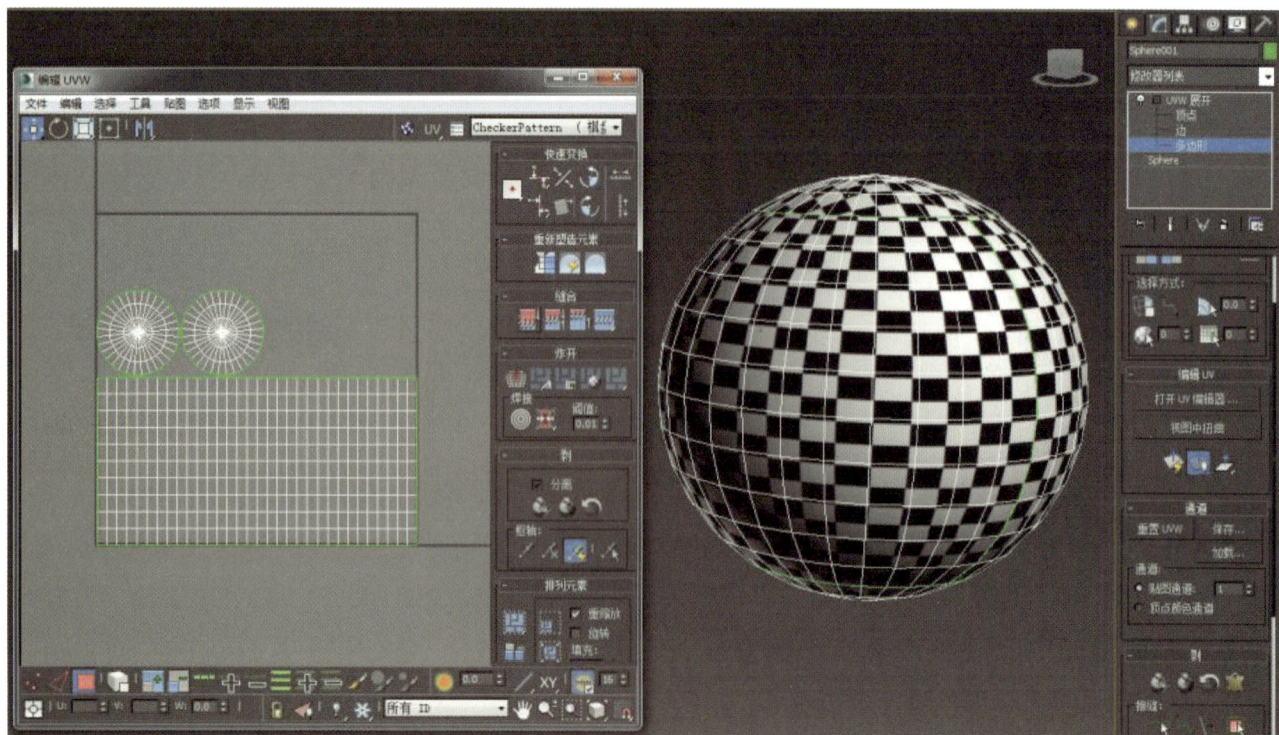

图7-86　指定贴图效果

项目7 设计游戏室外场景

任务拓展

请参考图7-87制作场景。

提示 1）创建样条曲线与图形，通过"放样"命令完成模型制作。

2）在修改面板中添加"UV展开"修改器，将模型的UV坐标展开。

3）通过二维绘图软件完成贴图的绘制。

图7-87　任务拓展范例

任务 3 渲染输出

任务分析

合理的布光不仅能丰富场景的效果，还能有效地弥补环境空间的某些不足。灯光的使用需要与渲染器结合才能发挥出更好的效果，通过渲染器计算灯光与场景之间的相互影响，使场景看起来更加真实，灯光效果更加细腻。材质能够反映出如何反射光与散射光，通过材质编辑器可以模拟一个真实的世界。

任务实施

1．灯光的设置

三维动画场景与其他艺术形式一样强调对光的表达，通过光的表达阐述画面的意图。用光是艺术展示中最重要的组成部分，3ds Max中灯光的三个主要属性就是强度、类型和颜色，下面将对场景中的灯光进行设置。

1 创建主光源，主光源是模拟太阳光的灯光。打开场景文件，在创建面板中的 ◀（灯光）下选择标准灯光下的 目标平行光 ，并在场景中拖动创建，如图7-88所示。

2 设置光源参数。选择光源并切换到 ◢ （修改）面板，在"常规参数"卷展栏的"阴影"栏中选择"启用"，设置阴影类型为"阴影贴图"。在"强度/颜色/衰减"

图7-88　创建主光源

卷展栏中设置"倍增"值为0.8，灯光颜色为暖黄色（R、G、B分别为255，226，188），如图7-89所示。

3 增加辅助光源。观察添加灯光后的场景，整个场景还是太黑，需要继续调整，在顶视图创建一盏目标聚光灯，选择"阴影"栏中的"启用"，设置阴影类型为"阴影贴图"，"倍增"值为0.05，灯光颜色为白色。使用工具栏中的（选择并移动）工具并按住<Shift>键拖曳复制场景中的灯光，效果如图7-90所示。

4 模拟光照效果。设置灯光是为了模拟真实的光照射，丰富由光带来的场景画面效果，现在已有的灯光阵列很显然是不够的，因此，在现有灯光的垂直方向再创建两层灯光阵列，每一层都以"实例"方式来复制。选择"阴影"栏中的"启用"，设置阴影类型为"阴影贴图"，"倍增"值为0.1，灯光颜色为浅蓝色，效果如图7-91所示。

5 增加光照细节。为了进一步增加天空的光线变化，在场景模型的上方再次创建灯光，以"实例"方式来复制。选择"阴影"栏中的"启用"，设置阴影类型为"阴影贴图"，"倍增"值为0.15，灯光颜色为蓝色，效果如图7-92所示。

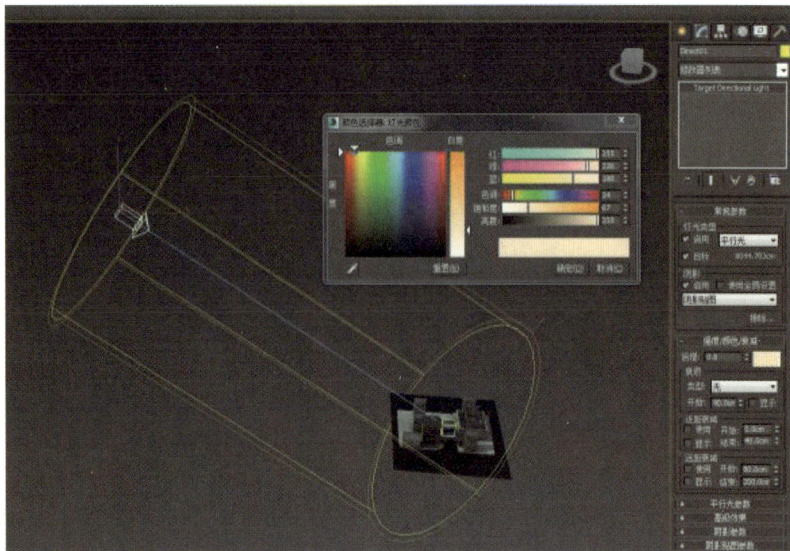

图7-89 设置光源参数

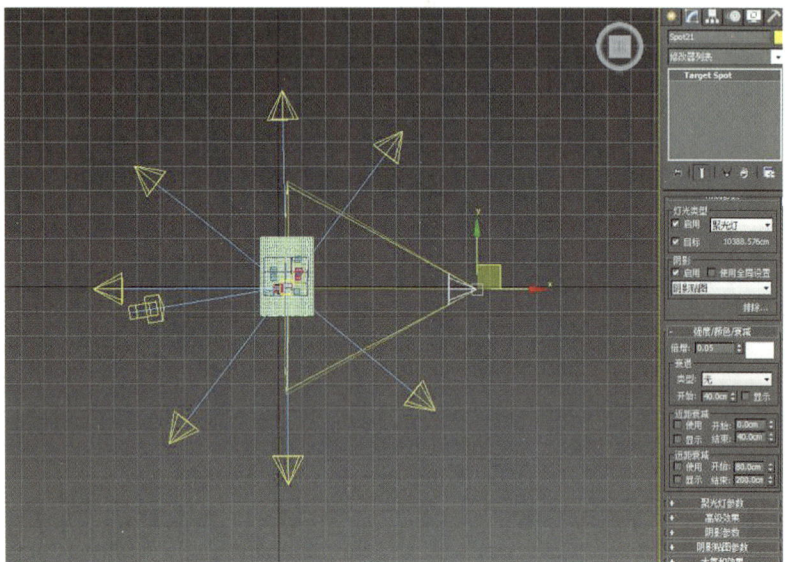

图7-90 增加辅助光源

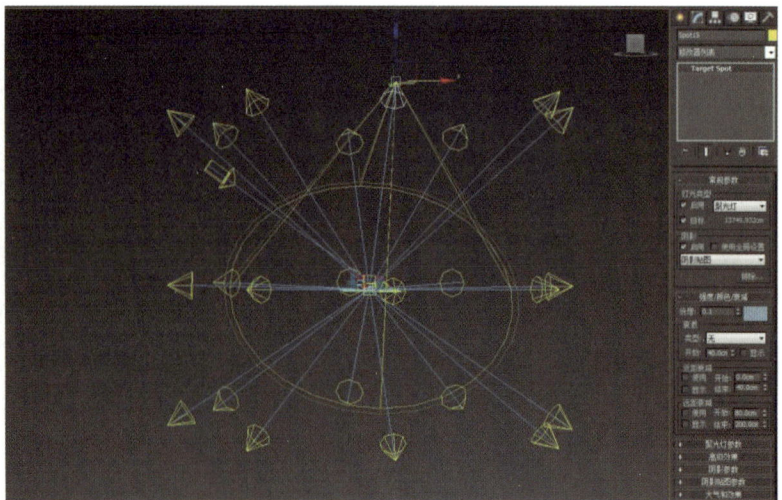

图7-91 模拟光照

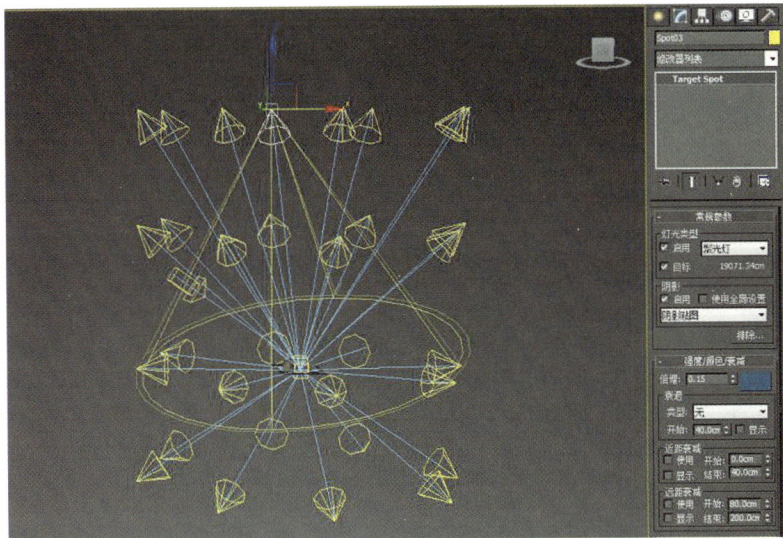

图7-92　增加光照细节

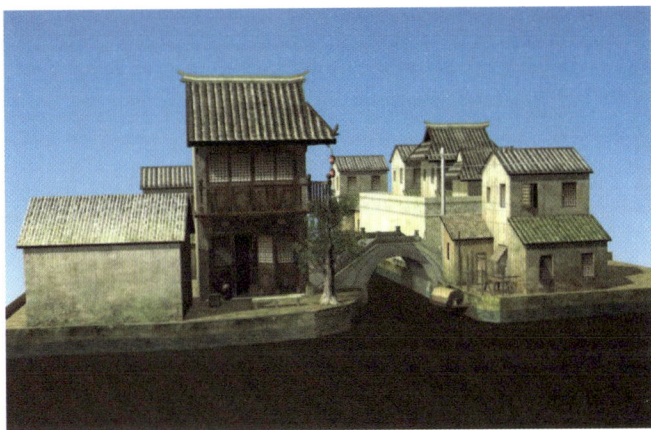

图7-93　添加灯光后的场景效果

6 灯光设置完成后，为环境背景制定一张蓝白的渐变贴图，效果如图7-93所示。

2．材质编辑

通过渲染结果可以看到，场景中的"水"非常不真实，下面将通过材质编辑器来完成"水"的效果。

首先，水和玻璃的效果十分接近，不同的是水的表面并不是平的，水面会有一定的起伏变化；其次，本项目制作的是池塘或小河中的"水"，其透明度要低于玻璃；最后，一般而言池塘或小河的反射效果没有玻璃好，对于人的视觉而言，水面的反射效果与人的距离有关，随着距离的加大，人看到的反射效果有衰减的变化。

1 调节水的颜色。首先调节水的一些基本属性，比如颜色、高光颜色、高光级别等。在"材质编辑器"对话框的"Blinn基本参数"卷展栏中设置环境光和漫反射

颜色为深蓝色（R、G、B分别为34、59、73），高光级别为27，光泽度为20，如图7-94所示。

图7-94　材质指定

2 设置水的材质效果即水的波动效果。在 ![icon]（材质编辑器）对话框的"贴图"卷展栏中，在"凹凸"贴图通道设置凹凸值为10，单击其右边的长条形按钮弹出"材质/贴图浏览器"对话框，在对话框中选择"噪波"，在"噪波参数"卷展栏中选择噪波类型为"规则"，设置大小为30，如图7-95所示。

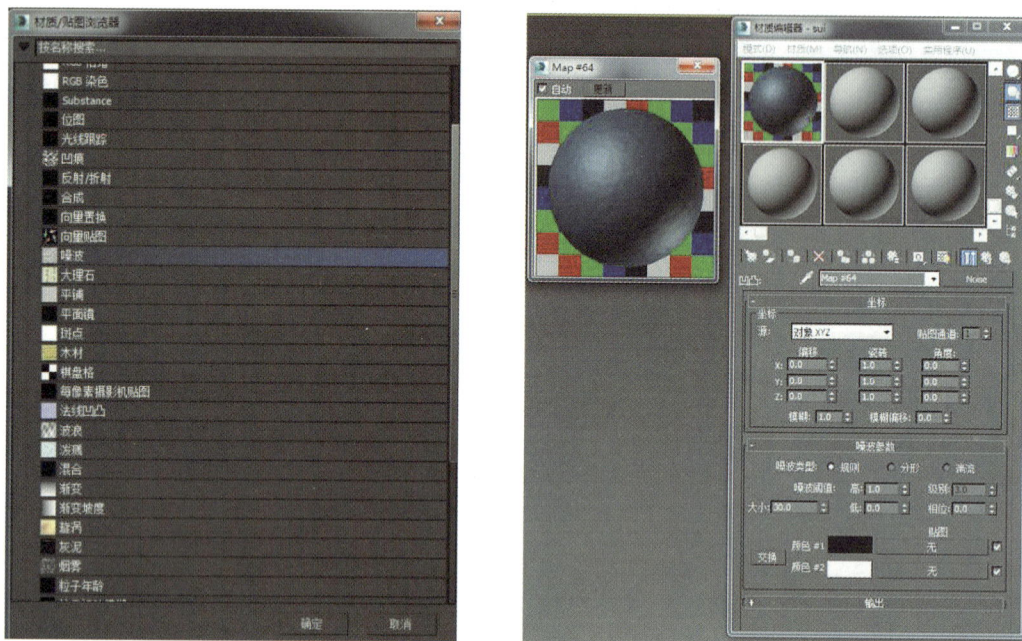

图7-95　制作水材质效果

3 设置水的反射效果。制作时，需要考虑水面近、远处不同反射强度的视觉效应。在 ![icon]（材质编辑器）对话框的"贴图"卷展栏中，在"反射"贴图通道设置反射值为100，单击其右边的长条形按钮弹出"材质/贴图浏览器"对话框，在对话框中选择"Fall off"。在"衰减参数"卷展栏中，为白色通道指定"光线跟踪"贴图，如图7-96所示。

4 材质调节完成后，将材质球指定给场景中水的模型，渲染后的结果如图7-97所示。

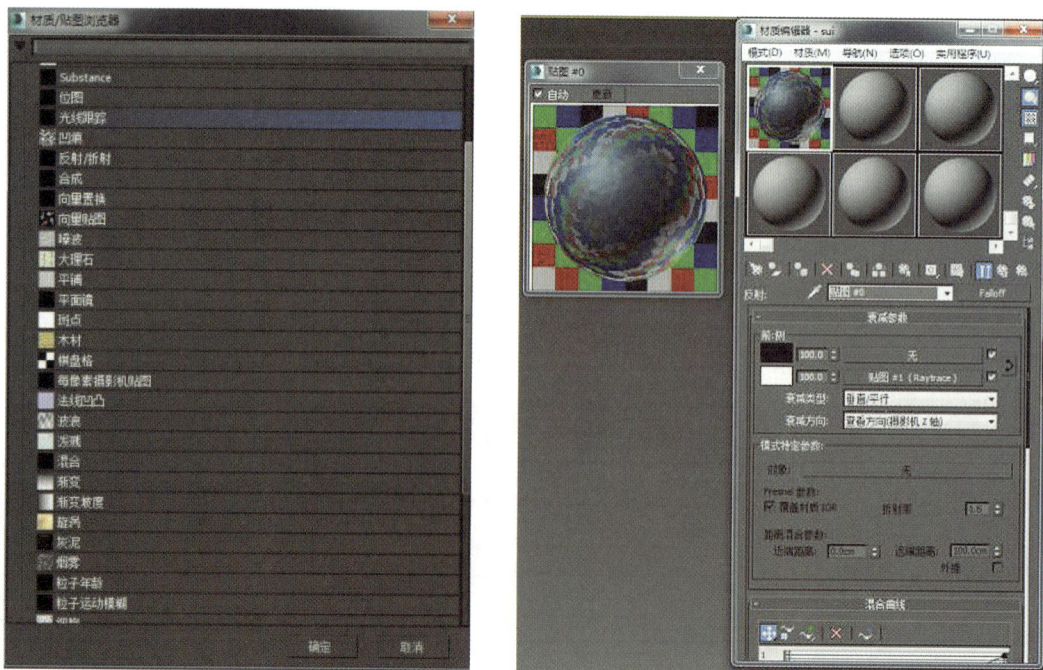

图7-96　水的反射效果

项目 7　设计游戏室外场景

图7-97　场景完成效果

必备知识

3ds Max中提供了多种标准灯光，这些灯光可以在创建面板下的灯光栏中找到。

聚光灯：聚光灯是有向光源，可以准确控制光束的大小，光源来自一点，沿着一定方向进行扩散。聚光灯分为目标聚光灯和自由聚光灯两种，这种灯光类似于生活中常见的灯光，如图7-98所示。

平行光灯：平行光通常会被用来模拟太阳光。分目标平行光灯和自由平行光灯两种。因为光线是平行发射的，当光线产生投影时，阴影的角度就是照射到的模型与地面所成的角度，如图7-99所示。

泛光灯：泛光灯是没有方向控制的光源，能够均匀地向四周发射光线，主要作用是作为辅助光源照亮场景。泛光灯比较容易建立和控制，但是如果辅助光源控制不好那么也很容易导致场景缺乏层次感，如图7-100所示。

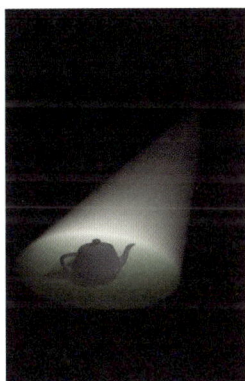

图7-98　聚光灯

图7-99　平行灯光

图7-100　泛光灯

天光灯：天光是用来模拟日光效果的，可以在场景中任意位置创建，不需要考虑光源的方向。天光经常与全局光照明系统一起使用，照射在模型表面会产生非常细腻柔和的投影效果。

Mr Area Omin和Mr Area Spot灯光：是Mental Ray渲染器的灯光，这种渲染器的渲染效果非常优秀，这种类型灯光可以在参数栏中规定灯光面积的大小，从而实现非常真实的照明效果。

任务拓展

根据图7-101给出的实例模型，完成场景中地面材质与整体灯光效果的制作。

图7-101　任务拓展范例

项目评价

本项目学习了游戏室外场景模型的制作方法，主要涉及的内容有编辑多边形建模和样条曲线建模、"UV展开"、用Photoshop绘制场景贴图、设置灯光阵列等，这些功能在前面的各个项目中都已学习过了，可见复杂的模型都是细化为多个小模型并使用基本的功能来实现的。

一般地，复杂的模型是需要一个团队的人员分工合作来完成的，因此，在设计制作中大家都要遵循统一的风格和规定，这样才能保证项目的顺利完成。

给自己一个评价吧。

	很 满 意	满 意	还 可 以	不 满 意
项目的完成情况				
与同组成员沟通及协作情况				
掌握的知识点				
产品设计评价				
体会和经验				

实战强化

请按照图7-102所示的原画设计稿制作其三维模型，模型面数控制在2000～3000以内，模型UV贴图坐标指定正确，贴图大小为512×512，在制作时要特别注意模型和贴图的命名正确，提交文件前要检查场景文件。

图7-102　实战强化范例

项目8
制作展柜

项目描述

当今社会，企业展厅设计已成为汇聚企业文化神韵，令企业文化迈向社会的一个窗口，展柜作为展厅中最重要的物质载体无疑有着举足轻重的地位。

本项目旨在制作完成展柜。我们将分为三个任务来进行。第一个任务是制作展柜模型。这里，我们将利用制作展柜模型，进一步熟悉创建标准模型、二维线形绘制图形，重点是利用编辑多边形学习倒角、挤出、壳等修改的命令；第二个任务是设置展柜材质与灯光。学会利用V-Ray材质对展柜材质、灯光进行设置及渲染输出。在展柜的材质制作中除了进一步熟悉金属、塑胶及展板材质之外，还需学习将展柜玻璃设置为磨砂玻璃，将装饰垫板设置为透明玻璃。在展柜灯光设置中，利用VR—光源，考虑展柜照明、装饰照明。第三个任务是后期处理，根据展柜柜台的位置将展品进行合理摆放，突出商家所要展示的展品。

简洁、洗练、突出主题的设计作品永远是精彩的设计作品，设计者应以此为标准！设计草图如图8-1所示。

图8-1 设计草图

任务 1 制作展柜模型

任务分析

展柜设计要适应整个场景的风格，并且还要突出所要展示的展品，其造型设置要个性化并实用，能够迅速地吸引观者的注意力并传达最多的信息。

一般情况下，将二维线形通过修改方式转变成三维物体是常用方法，这里所运用的倒角、挤出、壳等都是常用的修改命令。通过参展柜的设计与制作，进一步掌握创建命令和修改工具的应用。

任务实施

1 创建展柜底座。单击■（3ds Max图标）重新设置系统。设定并打开栅格捕捉。

2 单击 ■（创建）→ ■（图形）→ [矩形] 按钮，在前视图中拖动光标创建矩形，参数设置：长度为600，宽度为500，角半径为100，如图8-2所示。

3 选择矩形图形，右击并执行快捷菜单中的"转换为"→"转换为可编辑样条线"命令，将图形转换为可编辑样条线，然后按数字键<2>进入样条线的"线段"子层级，选择如图8-3所示的线段，按<Delete>键将其删除。

4 按数字键<1>，进入"顶点"子层级，选择左上端的顶点，将其向左平移到和下端顶点对齐的位置，如图8-4所示。

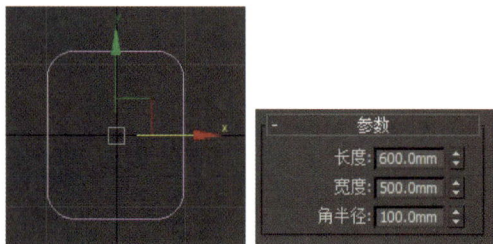

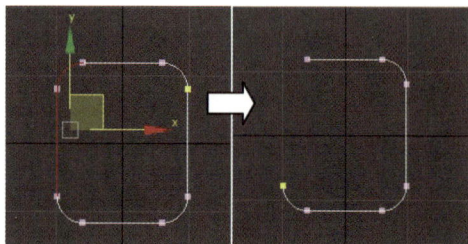

图8-2 创建矩形　　　　　　　图8-3 删除矩形中线段　　　　　　图8-4 调节顶点

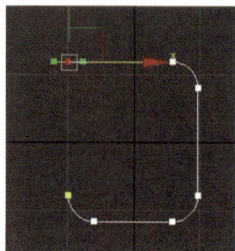

5 按数字键<3>，进入"样条线"子层级，在"修改"命令面板中的"几何体"卷展栏中，设置 [轮廓] 按钮右侧文本框的数值为50，如图8-5所示。

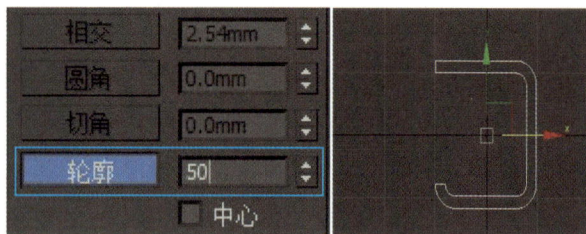

> 轮廓的作用就是复制与原图相似的闭合二维图形。

图8-5 轮廓参数设置和轮廓曲线

6 在"修改"命令面板中，给图形添加一个"挤出"修改命令，然后在"参数"卷展栏中设置挤出"数量"为450，如图8-6所示。效果如图8-7所示。

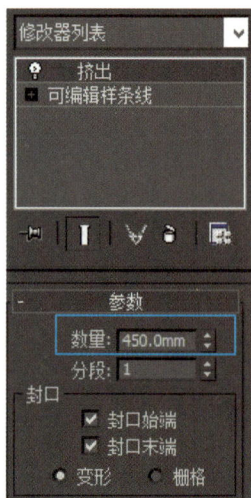

图8-6 挤出参数设置　　　　　　图8-7 挤出效果图形

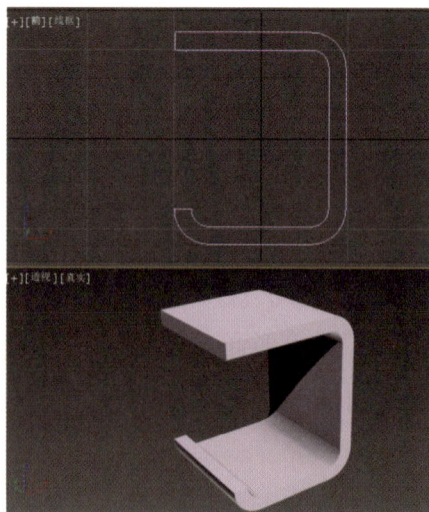

7 在前视图中再次创建一个矩形，并设置其参数：长度为540，宽度为450，角半径为

60。调整位置，如图8-8所示。将矩形置入镜像对象内部，再给该矩形添加一个"挤出"修改命令，并设置其挤出"数量"为400，适当调整位置。

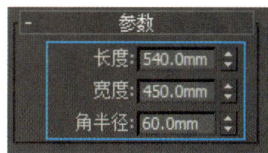

图8-8 矩形参数设置

8 在"修改"命令面板中给挤出图形添加一个"壳"命令，然后在"参数"卷展栏中设置"内部量"为20，挤出的图形会由一个单面体转变为双面体，并有10mm的厚度。效果如图8-9所示。

9 在前视图中再创建一个长方体，参数设置：长度为600，宽度为500，高度为420，选择 ✛（选择并移动）工具，将创建的长方体调整到如图8-10所示位置。

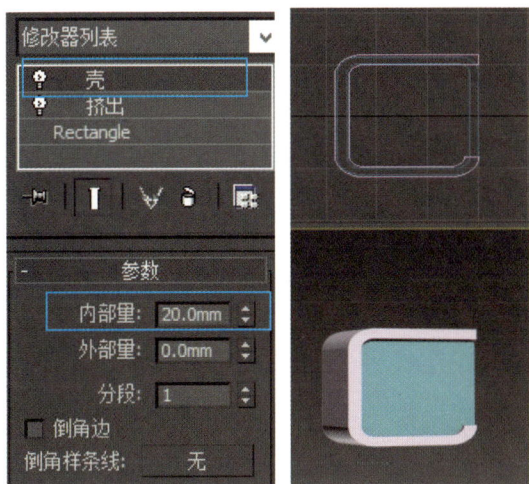

图8-9 壳挤出图形参数设置及效果图

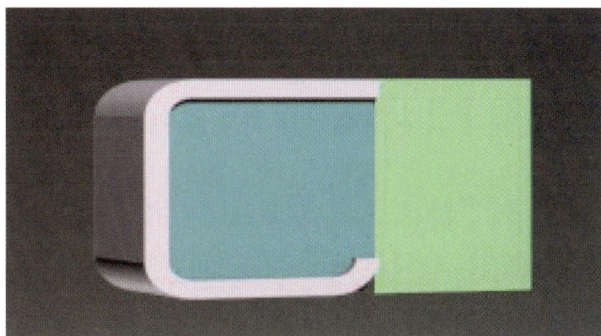

图8-10 创建长方体并调节位置

10 创建上部框架。在刚创建的长方体上面再创建一个长方体，参数设置：长度为400，宽度为500，高度为900。效果如图8-11所示。

11 选中刚才创建的长方体，右击并执行快捷菜单中的"转换为"→"转换为可编辑多边形"命令，将长方体转换为可编辑多边形，然后按数字键<4>，进入"多边形"子层级中，圈选所有多边形面，如图8-12所示。

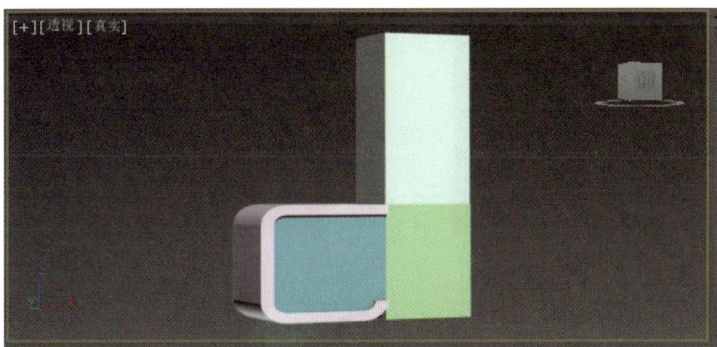

图8-11 创建上部长方体

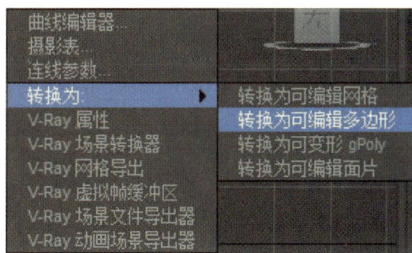

图8-12 转换为可编辑多边形

12 在"修改"命令面板中的"编辑多边形"卷展栏中单击 倒角 按钮右侧的"设置"按钮 ，在弹出的"倒角多边形"对话框的"倒角类型"选项区域中选择"按多边形"单选按钮，并设置倒角"高度"为0，"轮廓量"为-20。如图8-13所示。在倒角多边形后，按<Delete>键将多边形删除，如图8-14所示。

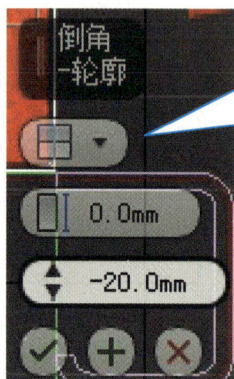

图8-13 倒角多边形

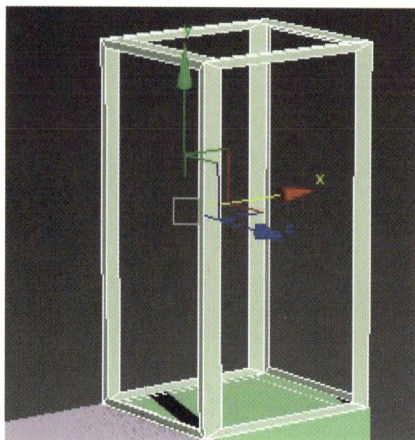

图8-14 删除多边形面

小技巧 当运用多边形建模中的"可编辑多边形"命令时，可以任意调节模型参数。在"可编辑多边形"下拉列表中，有许多命令后都有相关的■（设置）按钮，这些设置按钮可以使图形编辑更加精确和多样。

13 在"修改"命令面板中，给多边形添加"壳"命令，并设置壳"内部量"为2，如图8-15所示。

14 创建放置格。单击■（创建）→■（图形）→ 线 按钮，在前视图中创建三条横向的线和一条纵向的样条线，并单击"修改"命令面板中的"几何体"卷展栏中的 附加 工具，将样条线设置为一个整体，如图8-16所示。

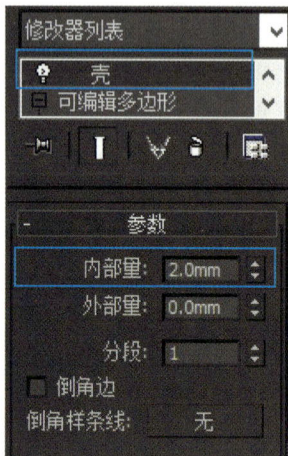

图8-15 壳多边形参数设置及效果图

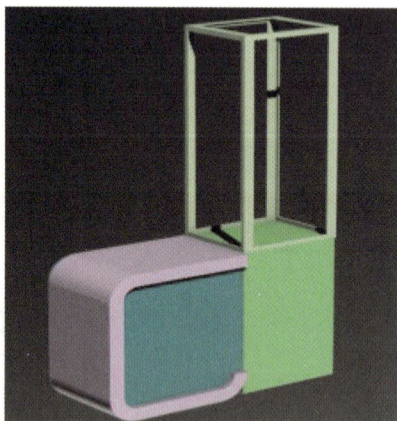

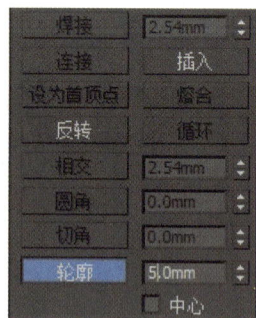

图8-16 附加样条线

15 按数字键<3>进入"样条线"子层级中，选择所有的样条线，然后在"几何体"卷展栏中单击 轮廓 按钮，在该按钮右侧的文本框中输入5.0，按<Enter>键确定，如图8-17所示。

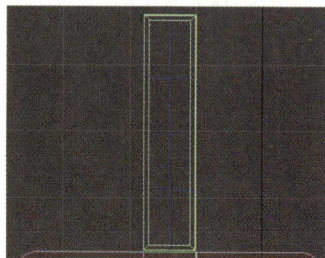

16 在"修改"命令面板中给图形添加一个"挤出"修改命令，并设置挤出"数值"为419，如图8-18所示。

图8-17 轮廓参数设置

17 创建上部框架玻璃。单击 ▦（创建）→ ▣ →（几何体）→ 长方体 按钮，分别在左右两侧及后面创建厚度为2的长方体，并置于展架框中。

18 创建顶端柜头。在展柜顶端创建长方体，参数设置：长度为490，宽度为530，高度为120。并在侧面利用圆柱添加两条装饰，效果如图8-19所示。

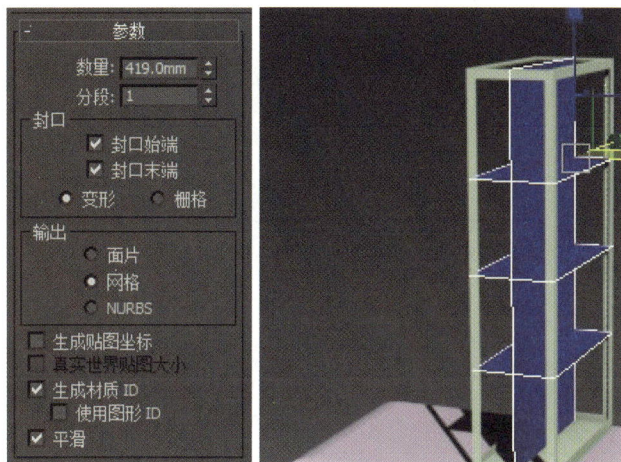

图8-18　挤出样条线参数设置及效果图

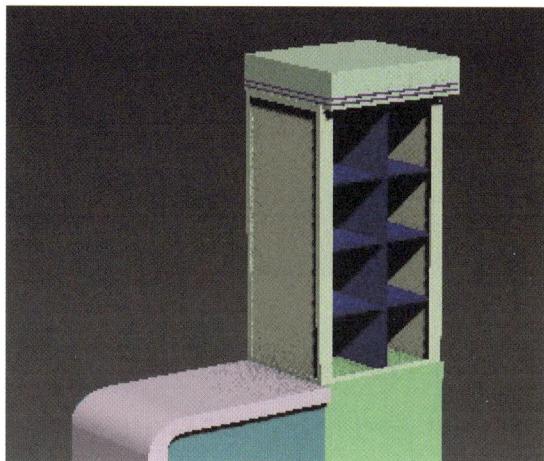

图8-19　创建顶端柜头

19 创建装饰玻璃。使用 长方体 工具在视图中创建一个长方体，参数设置：长度为400，宽度为540，高度为10。复制并使用 ✛（选择并移动）工具调节其位置。使用 圆柱体 工具在视图中创建一圆柱体，参数设置：半径10，高度55。复制并使用 ✛（选择并移动）工具调节其位置。效果如图8-20所示。

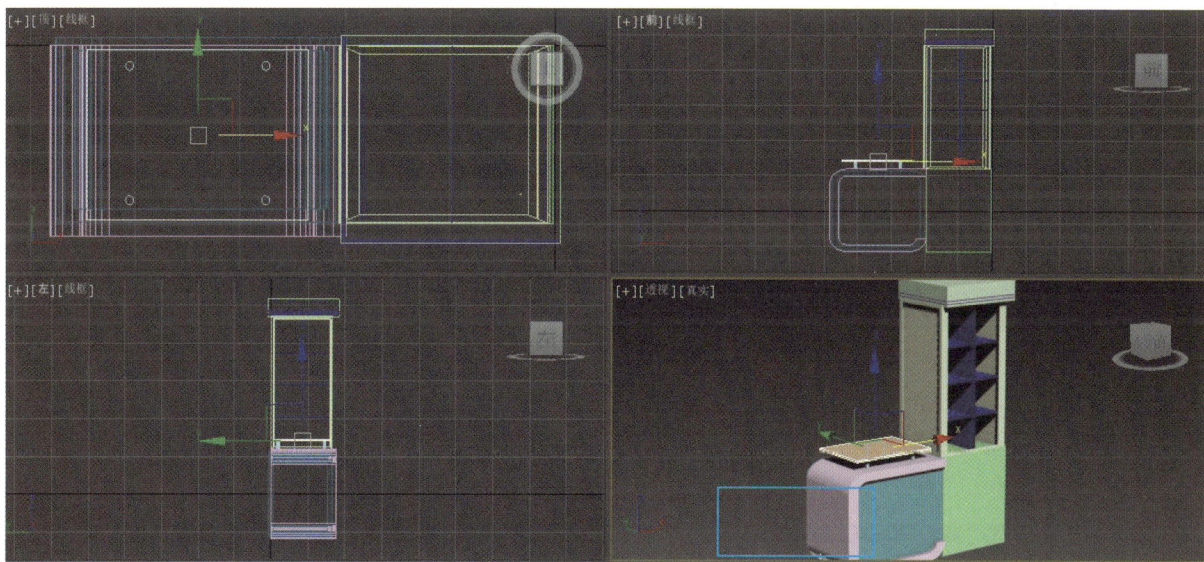

图8-20　创建装饰玻璃

20 创建造型展板。在左视图中绘制一样条线，按数字键<1>进入"顶点"子层级中，在左视图中选择样条线顶端的两个顶点，然后在"修改"命令面板"几何体"卷展栏中，设置 圆角 按钮右侧文本框中的数值为25。

21 按数字键<3>进入"样条线"子层级中，在"修改"命令面板"几何体"卷展栏中设置 轮廓 按钮右侧文本框中的数值为-50。效果如图8-21所示。

22 在"修改"命令面板中给样条线添加一个"挤出"修改命令，在其"参数"卷展栏中

项目8　制作展柜

设置挤出"数量"为500。如图8-21所示。

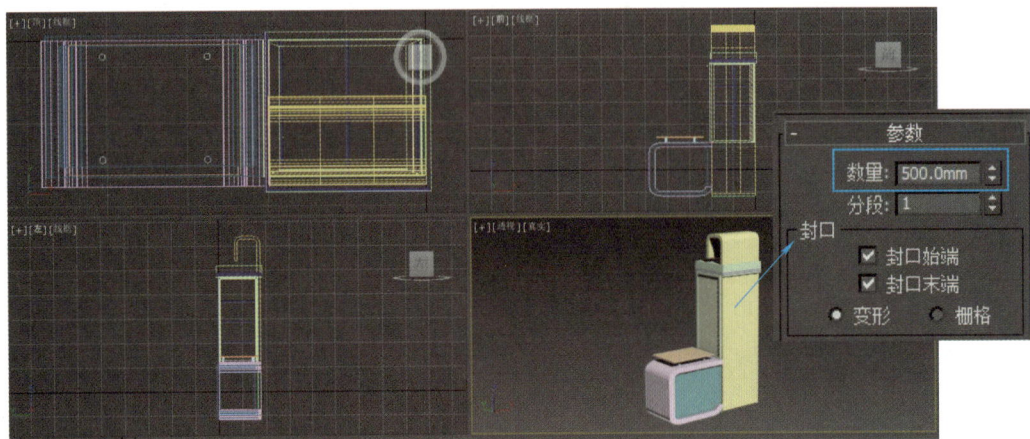

图8-21 创建造型展板

23 创建标志。在前视图中单击 ■（创建）→ ■（图形）→ ▭ 文本 按钮，在"参数"卷展栏文本框中输入"HUAWEI"，大小设置为40，如图8-22所示。在前视图中单击并创建文本。在"修改"命令面板中给文字添加一个"挤出"修改命令，并设置挤出"数量"为8。

24 参照步骤 **2**、**3** 创建"华为"文本，效果如图8-23所示。

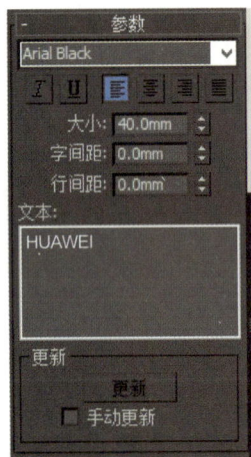

图8-22 创建标志参数设置

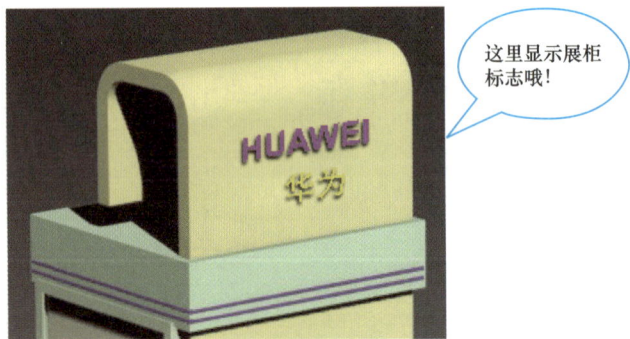

这里显示展柜标志哦！

图8-23 创建标志效果图

25 创建背景。在左视图中创建一个曲线，并将样条线挤出曲面，作为背景，如图8-24所示。将文件保存为"展柜模型.max"。

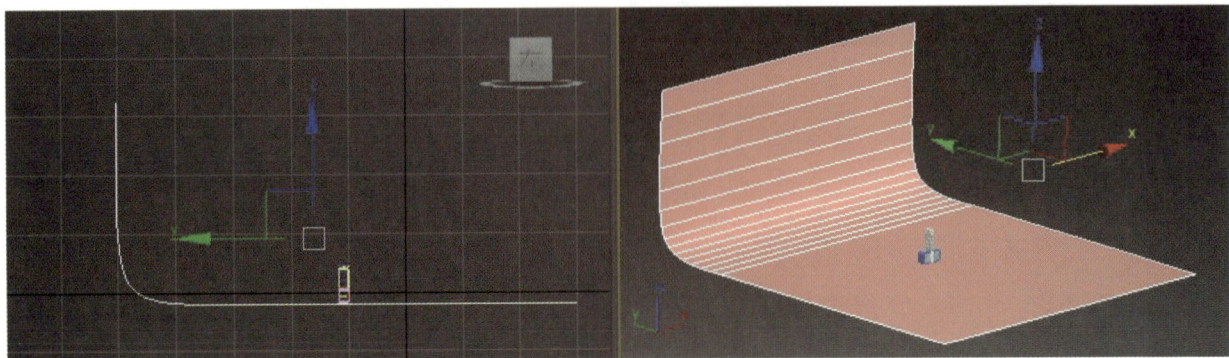

图8-24 创建曲线并挤出背景

项目8 制作展柜

必备知识

编辑多边形和可编辑多边形都是一种多边形建模方式。多边形物体也是一种网格物体，面板中的参数和"编辑网格"参数接近，但很多地方超过了"编辑网格"，使用可编辑多边形建模更为方便。多边形建模是将面的次对象定义为多边形，无论被编辑的面有多少条边界，都被定义为一个独立的面。这样，多边形建模在对面的次对象进行编辑时，可以将任何面定义为一个独立的次对象进行编辑。

1 将对象转换为"编辑多边形"或"可编辑多边形"操作方法：

① 右击物体或右击修改堆栈，选择"转换为可编辑多边形"；

② 在修改命令面板，添加"编辑多边形"修改命令。

2 "编辑多边形"或"可编辑多边形"的子对象

基本物体是由点、线、面等元素组成的，组成物体的每个基本造型称之为元素或次子对象，在3ds Max中包括五个次子对象：顶点、边、边界、多边形、元素，当在修改器列表中添加"编辑多边形"或"可编辑多边形"修改命令时，可在其下选择子对象。如图8-25所示。

顶点：以节点为最小单位进行选择；

边：以边为最小单位进行选择；

边界：以边界为最小单位进行选择；

多边形：以四边形为最小单位进行选择；

元素：以元素为最小单位进行选择。

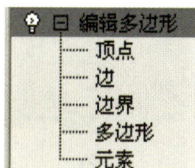

图8-25 编辑多边形子对象

3 次子对象参数：当选择不同次子对象时，各参数设置有所不同。如图8-26所示。

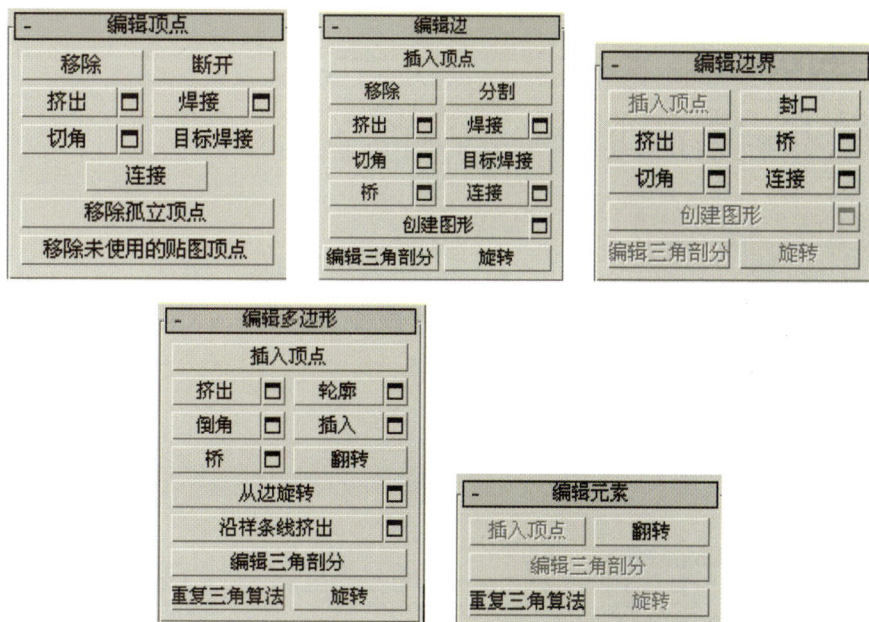

图8-26 五个次子对象卷展栏参数

4 编辑多边形和可编辑多边形主要参数设置。

在修改面板中添加编辑多边形，可以对所选对象相应参数进行修改编辑，在面板中显示的参数卷展栏内容如图8-27所示。

5 编辑多边形和可编辑多边形的异同。

"编辑多边形"和"可编辑多边形"命令，二者的使用方法基本相同，都可以分别编辑模型的顶点、边、边界、多边形和元素，但也存在着微小的差别。"编辑多边形"修改器可以保留修改器堆栈中的其他命令，可随时返回某一步进行修改，但是它不能运用部分快捷方式，运行效率也比较低；"可编辑多边形"的优势在于运行稳定，可以任意调节模型和设置动画，但是它不会保留原来的修改命令。

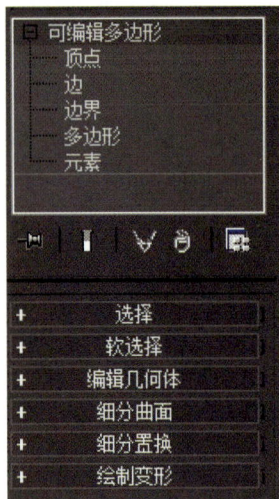

图8-27 参数设置

任务拓展

在3ds Max中，多边形建模主要有两种编辑方式，一种是将模型转换为"可编辑多边形"，另一种是添加"编辑多边形"修改器。这两种编辑方式基本相同，通过"编辑多边形"修改命令右侧的设置按钮，可以精确地设置编辑参数。

练习：1. 运用多边形建模制作垃圾桶模型，效果如图8-28所示。

温馨提示：
- 利用圆柱体制作垃圾桶主体；
- 利用编辑多边形时的连接命令增加分段数；
- 利用壳命令制作垃圾桶厚度；
- 利用平滑命令平滑主体物。

图8-28 垃圾桶效果图

2. 运用编辑多边形制作存钱罐模型，效果如图8-29所示。

温馨提示：
- 利用球体制作罐身；
- 利用编辑多边形的插入、挤出与切割命令来制作眼、鼻、脚。

图8-29 存钱罐效果图

任务 2 设置展柜材质与灯光

任务分析

本任务设置展柜的材质与灯光。展柜的材质制作主要包括金属、塑胶材质和展板材质，根据展柜的展示特性，本任务将展柜玻璃设置为磨砂玻璃，将装饰垫板设置为玻璃，运用多维子对象材质对造型展板进行贴图设置。

在展示设计中，灯光照明考虑展柜照明、装饰照明，在整个照明中展品的照明才是最重要的。

任务实施

该场景是用V-Ray渲染器进行渲染的，一些V-Ray材质的调节需要将渲染器设置为V-Ray渲染器才能生效。按<F10>键打开"渲染设置"对话框，在"公用"选项卡的"指定渲染器"卷展栏中将渲染器设置为"V-Ray Adv 2.40.03"，具体设置如图8-30所示。

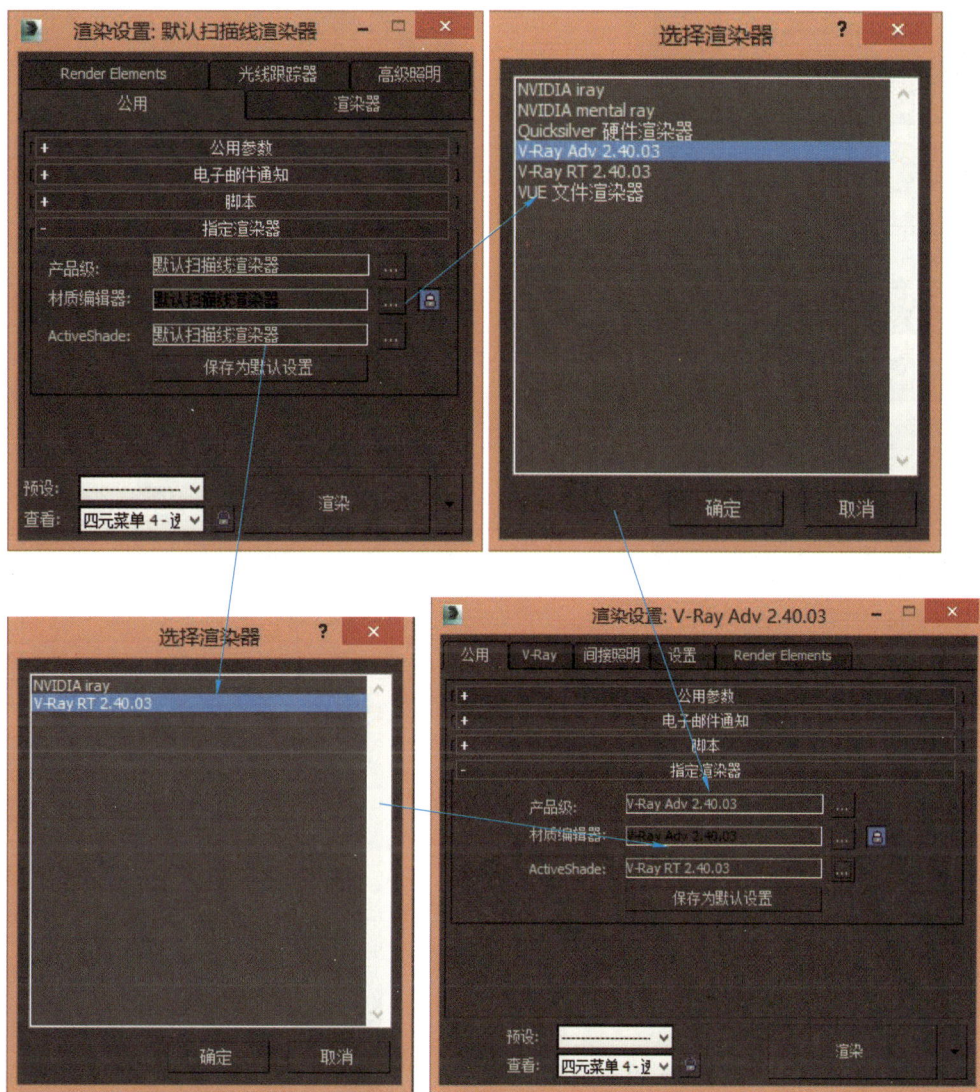

图8-30　设置V-Ray渲染器

1 设置磨砂玻璃材质。打开任务1中保存的文件"展柜模型.max"。按<M>键打开材质编辑器，在示例框中选择一个示例球命名为"磨砂玻璃"，然后单击 Standard （标准）按钮，在弹出的"材质/贴图浏览器"对话框中选择"V-RayMtl"选项，将材质设置为"VRay"材质，在"基本参数"卷展栏中将"漫反射"颜色值设置为：红色108，绿色205，蓝色225；设置"反射"颜色红、绿、蓝色均为23，调整"反射光泽度"为0.8，"细分"为24；设置"折射"颜色红、绿、蓝色均为227，调整"光泽度"为0.7，"细分"为24，勾选"影响阴影"选项，烟雾倍增为2.0，如图8-31所示。选择装饰玻璃及展柜底座将设置的材质指定给模型。

2 选择第二个示例球，命名为"透明玻璃"，在"基本参数"卷展栏中将"漫反射"颜色值设置为：红色155，绿色190，蓝色188；设置"反射"颜色红、绿、蓝色均为195，勾选"菲涅耳反射"；设置"折射"颜色红、绿、蓝色均为208，"折射率"为1.5，勾选"影响阴影"选项，选择"影响通道"为颜色+Alpha，如图8-32所示。选择展柜玻璃将设置的材质指定给模型。

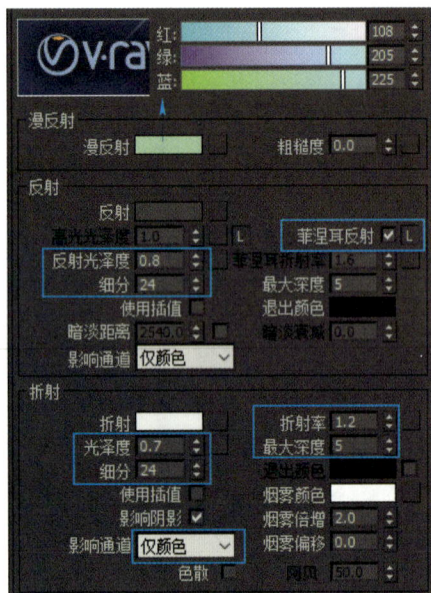

图8-31　磨砂玻璃材质设置

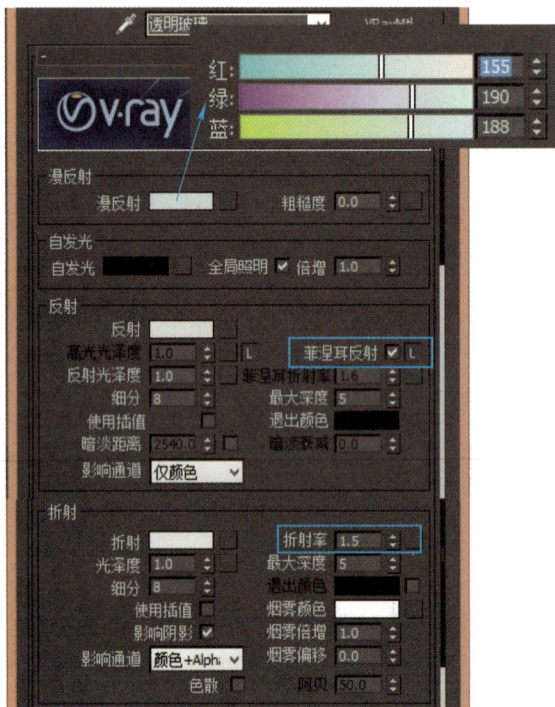

图8-32　透明玻璃材质设置

3 选择第三个示例球，命名为"金属"，将"漫反射"颜色设置为红、绿、蓝色均为102。将"反射"颜色设置为红、绿、蓝色均为185，设置"高光光泽度"为0.9，"反射光泽度"为0.96，"细分"为20，勾选"菲涅耳反射"选项，打开 L 按钮激活"菲涅耳折射率"，然后将"折射率"值设为16了，调节"最大深度"为8，如图8-33所示。

将金属材质赋给展柜上部框架及装饰玻璃固定钉。

4 选择第四个示例球，命名为"白色木质"，将"漫反射"颜色设置为红、绿、蓝色均为250。为"反射"通道添加一个"衰减"程序贴图，把

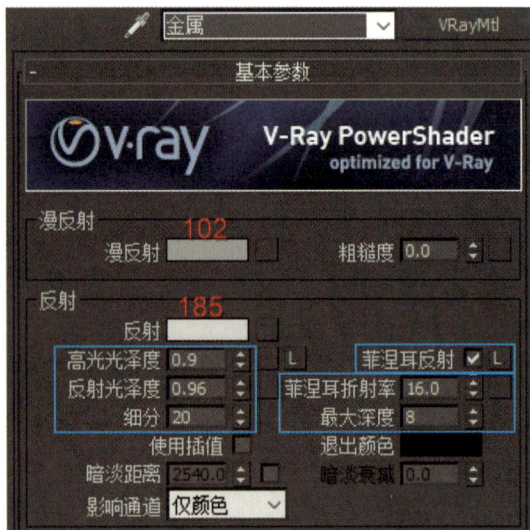

图8-33　金属材质设置

"侧"通道颜色设置为红、绿、蓝色均为200，选择衰减类型为"Fresnel"。设置"高光光泽度"为0.97."反射光泽度"为0.9，"细分"为18，"最大深度"为3，如图8-34所示。将木质材质赋给展柜底部中间柜子和柜头。

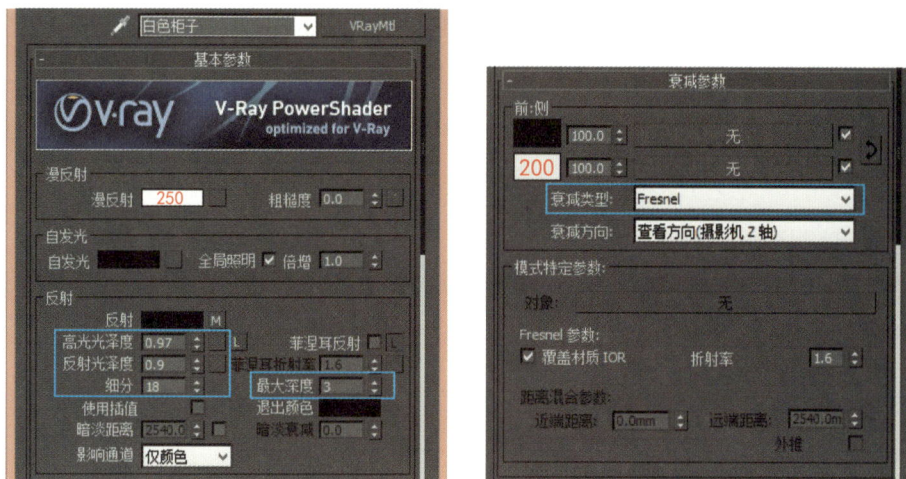

图8-34　白色木质材质设置

⑤ 参照④给标志设置材质。

⑥ 制作造型板材质。在场景中选择造型板，右击并执行快捷菜单中的"转换为/转换为可编辑多边形"命令，将其转换为可编辑多边形，按数字键<4>进入"多边形"子层级中，选择其前面的多边形面，如图8-35所示。

⑦ 在"修改"命令面板的"编辑几何体"卷展栏中单击 挤出 按钮右侧的"设置"按钮，在弹出的"挤出多边形"对话框中设置"挤出高度"为0。

⑧ 使用"选择并均匀缩放"工具，缩放挤出的多边形面，如图8-36所示。然后使用"选择并移动"工具将多边形面沿Z轴移动到如图8-37所示的位置。

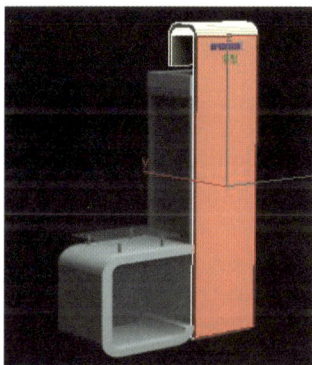

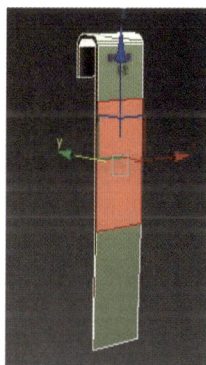

图8-35　选择"多边形"子对象　　　图8-36　缩放　　　图8-37　调节位置

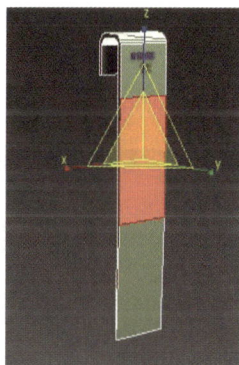

⑨ 在"修改"命令面板的"多边形属性"卷展栏中设置挤出的多边形面"材质ID"为1，其他多边形面的"材质ID"为2，如图8-38所示。

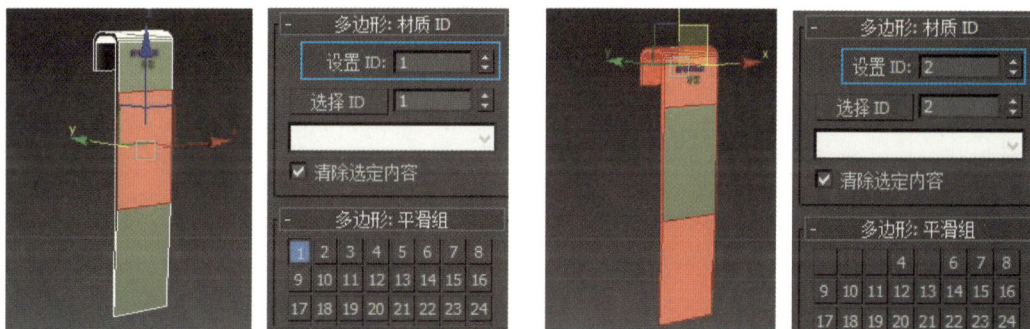

图8-38　分配材质ID

10 在材质编辑器的实例框中另选一个材质球，将其命名为"造型板"，在材质编辑器中单击 Standard（标准）按钮，在弹出的"材质/贴图浏览器"对话框中选择"多维/子对象"选项，将材质设置为多维子对象材质，在"多维/子对象基本参数"卷展栏中单击ID为1的子材质 Standard（标准）按钮，进入ID为1子材质的编辑面板中，在"Blinn基本参数"卷展栏中单击"漫反射"选项右侧的按钮，在弹出的"材质/贴图浏览器"对话框中选择"位图"选项，在弹出的"选择位置图像"对话框中给其指定一个手机广告位图作为ID1子材质的贴图。

11 在"多维/子对象"卷展栏中，单击ID为2的子材质编辑器，在其"Blinn基本参数"卷展栏中将"漫反射"颜色的红、绿、蓝分别设置为250、150、0，在"反射高光"选项组中将"高光级别"设置为20，将"光泽度"设置为25，如图8-39所示。

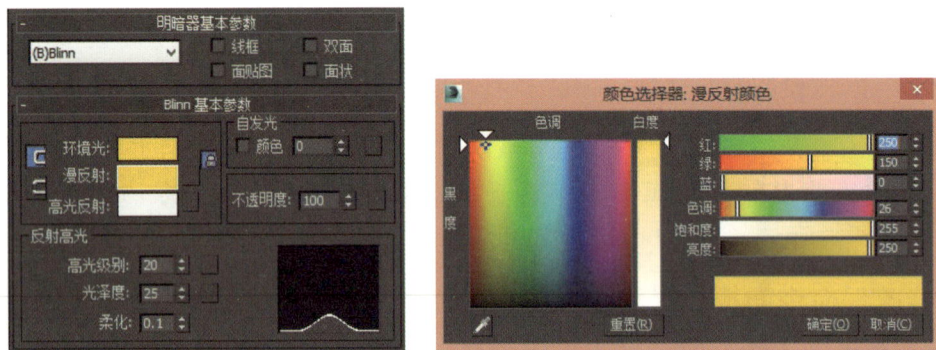

图8-39 设置ID为2子材质的基本参数

12 在"贴图"卷展栏中将"反射"贴图类型设置为"VR贴图"，并设置其反射"数量"为6，将该材质指定给造型板。

13 在"修改"命令面板中添加一个"UVW贴图"，在贴图中选择"面"。在ID为1的子材质贴图"坐标"卷展栏中，将W值设置为90。效果如图8-40所示。

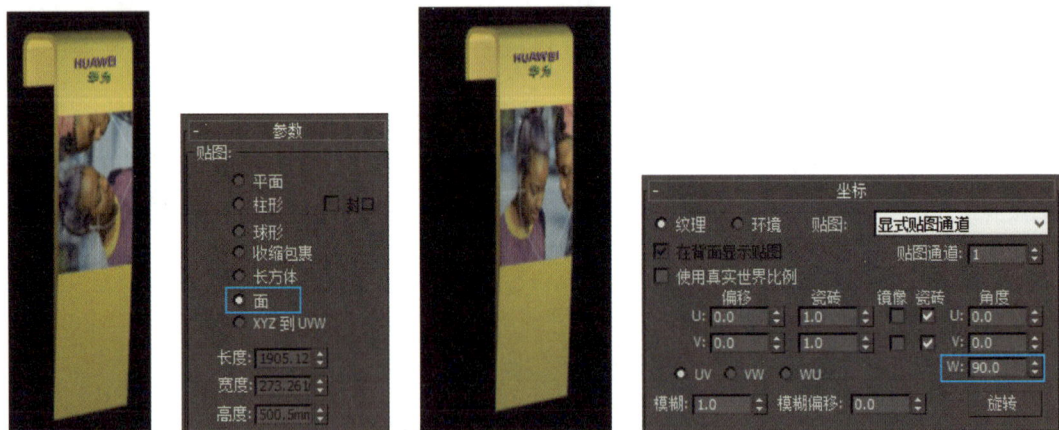

图8-40 修改贴图效果图示

14 环境灯光设置。选择 （创建）→ （灯光），将灯光创建类型设置为"V-Ray"，然后在"对象类型"卷展栏中单击 VR灯光 按钮，在顶视图中拖动光标创建灯光，并调节其参数和角度，倍增器为3.0，大小参数设置：半长度3132.572，半宽度2856.852，如图8-41所示。

15 创建摄影机。选择 （创建）→ （摄影机），在"对象类型"卷展栏中单击 目标 按钮，然后按<T>键切换到顶视图中，拖动光标创建目标摄影机，并将视图切换到摄影机视图中调节位置，如图8-42所示。

图8-41　创建灯光及参数设置

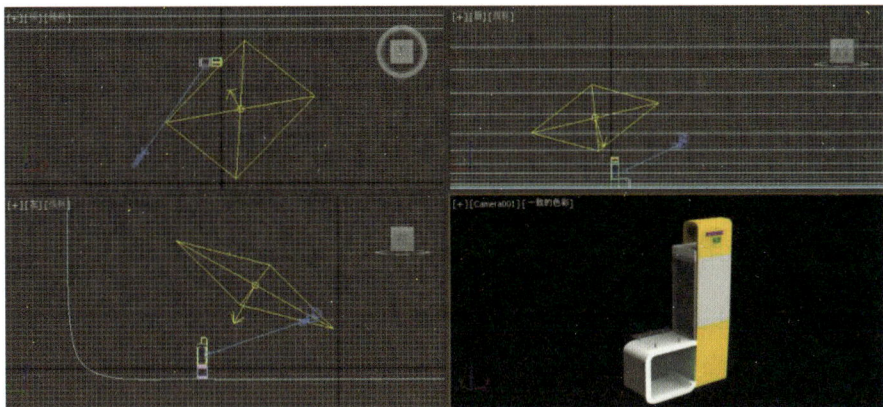

图8-42　创建VR灯光、摄影机并调整其位置

小技巧　在布置展柜照明时，既要保证所有的商品得到充分的光线，又要注重重点商品的特殊照明，做到"整体中有变化，变化中不失整体"的效果。

16 设置渲染参数。按<F10>键，打开"渲染场景"对话框，在"间接照明"选项卡中的"V-Ray::间接照明（GI）"卷展栏中选择"开"复选框，打开全局照明设置，如图8-43所示。

17 在"V-Ray::环境"卷展栏中的"全局照明环境（天光）覆盖"选项组中选择"开"复选框，打开天光照明，并设置天光"倍增器"为1，如图8-44所示。

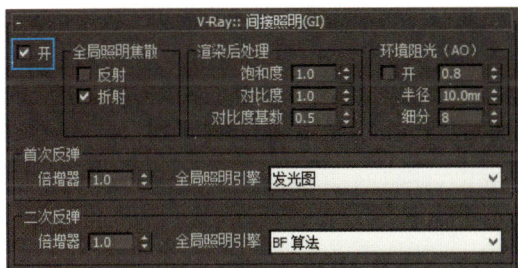

图8-43　V-Ray间接照明设置

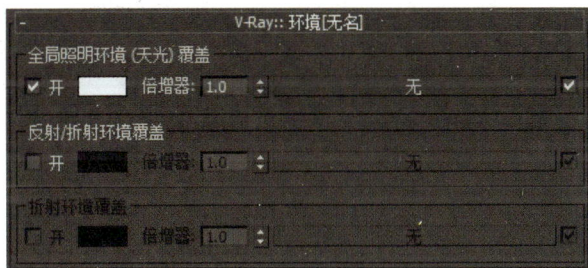

图8-44　V-Ray天光设置

18 在"V-Ray::图像采样器（反锯齿）"卷展栏中，在"图像采样器"选项中选择"自适应细分"类型（该选项为出图模式，在该模式下渲染出的图片精度较高）。在"抗锯齿过滤器"选项组中将过滤类型设置为"Catmull-Rom"，如图8-45所示。

19 在"间接照明"选项卡中的"V-Ray::发光图"卷展栏中，设置"内建预置"选项区域中的"当前预置"类型为"高"，如图8-46所示。

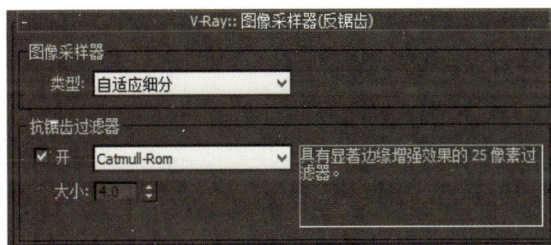

图8-45　设置出图模式

图8-46　设置光子贴图级别

项目8　制作展柜

20 在"公用"选项卡中的"公用参数"卷展栏中设置输出图像大小，然后在"渲染场景"对话框中单击"渲染"按钮，进行渲染出图，最终效果如图8-47所示。将文件保存为"展柜效果图.max"，渲染出图保存为"展柜效果图.jpg"。

图8-47　展柜效果图

必 备知识

1. V-RayMtl材质

V-RayMtl在V-Ray渲染器中是最常用的一种材质，用户可以通过它的贴图通道做出真实的材质，如反射、折射、模糊、凹凸、置换等，并且一个场景如果全部使用V-RayMtl材质会比使用3ds Max材质渲染速度快很多。V-RayMtl"基本参数"面板如图8-48所示。下面讲述主要参数：

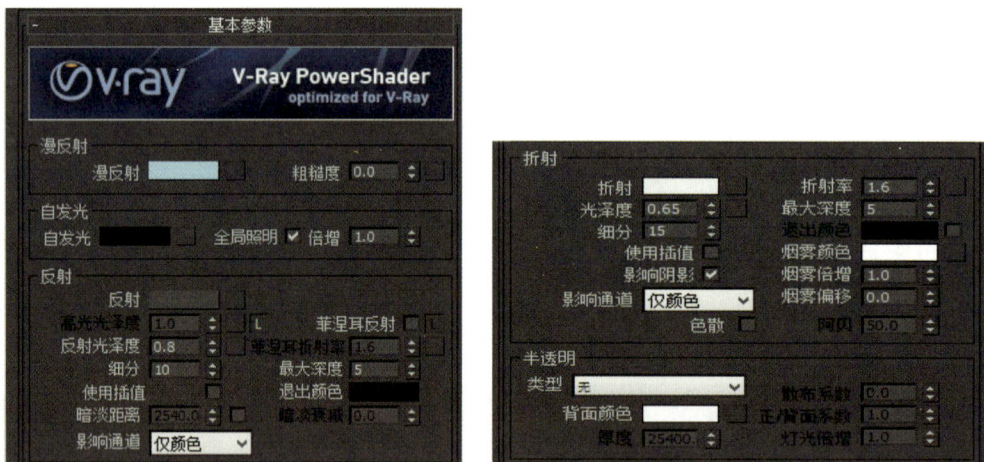

图8-48　V-RayMtl基本参数

（1）漫反射

1 漫反射：决定物体的表面颜色；

2 粗糙度：数值越大，粗糙效果越明显。

（2）反射

1 反射：这里的反射是靠颜色的灰度来控制，颜色越白反射越亮，颜色越黑反射越弱。

2 高光光泽度：控制材质的高光大小，默认情况下是和"反射光泽度"一起关联控制的，可通过单击旁边的■（锁定）按钮来解除锁定，从而可以单独调整高光的大小。

3 反射光泽度：所有物体都有反射光泽度。默认的1表示没有模糊效果，而比较小的值表示模糊效果较强烈。单击右边的■空白按钮，可以通过贴图的灰度来控制反射模糊的强弱。

4 细分：控制"反射光泽度"的品质，较高的值可以取得较平滑的效果，而较低的值让模糊区域有颗粒效果，细分值越大渲染速度越慢。

5 使用插值：当勾选该选项时，V-Ray能够使用类似于"发光贴图"的缓存方式来加快反射模糊的计算。

6 菲涅耳反射：勾选该项，反射强度与物体的入射角度有关系，入射角度越小，反射越强烈。

项目 8　制作展柜

7 最大深度：控制反射的最大次数。

（3）折射

1 折射：颜色越白，物体越透明，进入物体内部产生折射的光线也就越多；颜色越黑，物体越不透明，产生折射的光线也就越少。

2 光泽度：用来控制物体的折射模糊程度。

3 影响阴影：控制透明物体产生的阴影。

4 折射率：设置透明物体的折射率。真空的折射率是1，水的折射率是1.33，玻璃的折射率是1.5，水晶的折射率是2.0，钻石的折射率是2.4。

5 烟雾倍增：烟雾的浓度。值越大，雾越浓，光线穿透物体的能力越差。不推荐使用大于1的值。

2. 磨砂玻璃材质设置

发光玻璃的材质分为地面、磨砂玻璃、白球等材质。

1 漫射：白色或浅色。

2 反射：灰色，高光：0.8，光泽（模糊）：0.9。

3 折射：折射：255，光泽（模糊）：0.9，光折射率：1.5，勾选阴影，烟雾培增设置2.0。

任务拓展

材质与灯光效果是否真实是衡量一张效果图质量的重要因素。V-Ray对真实的光照效果、模拟自然光、天光及反射效果非常好，特别是以其设置简单、快速渲染成为人们首选的渲染器。

练习：1. 运用V-Ray灯光材质制作壁灯灯罩发光体材质，效果如图8-49所示。

温馨提示：
- 利用车削命令制作灯罩；
- 利用可渲染线命令与多边形建模制作壁灯；
- 利用V-Ray灯光材质制作灯罩发光体材质。

图8-49　壁灯灯罩发光体材质

2. 利用V-Ray材质制作酒瓶材质，效果如图8-50所示。

温馨提示：
- 设置V-Ray物理相机；
- 利用V-Ray材质制作酒瓶材质；
- 设置酒水的漫射、反射、折射参数。

图8-50　酒瓶材质效果图

任务 3 后期处理

任务分析

利用Photoshop对3ds Max作品进行后期处理，主要是对渲染出的效果图进行修饰，包括配景的融合、色调明暗的调整、图片精度的设置等。本任务根据展柜模型效果，配置相应的展示产品，以真实地体现出展示的效果。因此，在该实例中运用Photoshop软件给效果图添加一些电子产品图，展示展柜的背景和配合整个画面。

任务实施

1 用Photoshop软件（以下简称PS）打开"展柜效果图.jpg"文件。

2 将"展柜/素材/PS后期处理"文件夹中的"05.JPG"在PS中打开，选择 （钢笔）工具，在图像窗口中绘制路径，按<Ctrl+Enter>组合键，将路径转换为选区，如图8-51所示。

3 选择 （移动）工具，将选区图像拖曳到"展柜效果图.jpg"文件中，按<Ctrl+T>组合键，调整大小，选择 （移动）工具，将图像移动到如图8-52所示位置。

图8-51 图像选区

图8-52 图像缩放、移动位置

4 在PS中打开"02.JPG"文件，参照步骤**2**、**3**将手机图像进行缩放、移动。

5 确定拖曳过来的手机图像为当前图层，选择"滤镜/模糊/高斯模糊"菜单命令，在打开的高斯模糊对话框中设置"半径（R）"为0.4像素，单击确定（设置模糊的目的是因为该产品放置于玻璃后面），效果如图8-53所示。

6 参照步骤**4**、**5**将素材"03.JPG""04.JPG"图像放置展柜中。

7 在PS中打开"草.psd"文件，将图像进行缩放、移动，最终效果如图8-54所示。

图8-53 手机模糊设置及效果图

图8-54 展柜后期处理最终效果图

必 备知识

1. 熟悉Photoshop界面"工具箱"工具按钮（以Photoshop CS3为例）

打开Photoshop软件，工具箱默认位于工作界面的左侧，包含各种图形绘制和图像处理工具，如图8-55所示。工具箱及隐藏的工具按钮详细内容如图8-56所示。

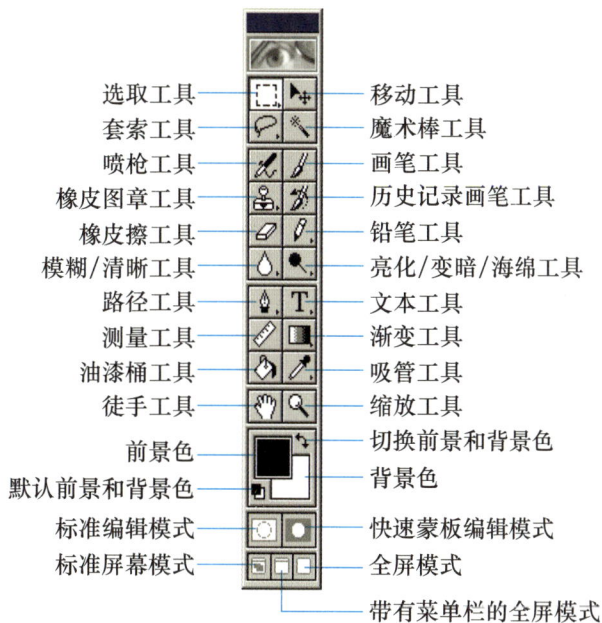

选取工具		移动工具
套索工具		魔术棒工具
喷枪工具		画笔工具
橡皮图章工具		历史记录画笔工具
橡皮擦工具		铅笔工具
模糊/清晰工具		亮化/变暗/海绵工具
路径工具		文本工具
测量工具		渐变工具
油漆桶工具		吸管工具
徒手工具		缩放工具
前景色		切换前景和背景色
默认前景和背景色		背景色
标准编辑模式		快速蒙板编辑模式
标准屏幕模式		全屏模式
		带有菜单栏的全屏模式

图8-55　Photoshop工具箱

用户指南

Ⓐ 选择工具
- ■ ➕ 移动 (V)
- ■ ▭ 矩形选框 (M)
- ◯ 椭圆选框 (M)
- ▯ 单列选框 (M)
- --- 单行选框 (M)

- ■ ◯ 套索 (L)
- ▷ 多边形套索 (L)
- ▷ 磁性套索 (L)
- ■ ✎ 快速选择 (W)
- ✧ 魔棒 (W)

Ⓑ 裁切和切片工具
- ■ 荘 裁切 (C)
- ■ ✂ 切片 (K)
- ✂ 切片选择

Ⓒ 修饰工具
- ■ ✐ 污点修复画笔 (J)
- ✐ 修复画笔 (J)
- ◈ 修补 (J)
- ◉ 红眼 (J)
- ■ ⚘ 仿制图章 (S)
- ⚘ 图案图章 (S)
- ■ ◢ 橡皮擦 (E)
- ◢ 背景橡皮擦 (E)
- ◢ 魔术橡皮擦 (E)

- ■ ◊ 模糊 (R)
- △ 锐化 (R)
- ✋ 涂抹 (R)
- ■ ◐ 减淡 (O)
- ◉ 加深 (O)
- ◯ 海绵 (O)

Ⓓ 绘画工具
- ■ ✐ 画笔 (B)
- ✐ 铅笔 (B)
- ✐ 颜色替换 (B)
- ■ ✐ 历史记录画笔 (Y)
- ✐ 历史记录艺术画笔 (Y)
- ■ ▭ 渐变 (G)
- ⚘ 油漆桶 (G)

Ⓔ 绘图和文字工具
- ■ ✒ 钢笔 (P)
- ✒ 自由钢笔 (P)
- ✦ 添加锚点 (P)
- ◇ 删除锚点 (P)
- ↖ 转换锚点 (P)

- ■ T 横排文字 (T)
- IT 竖排文字 (T)
- T 横排文字蒙版 (T)
- IT 竖排文字蒙版 (T)

- ■ ▸ 路径选择 (A)
- ▷ 直接选择 (A)

- ■ ▭ 矩形 (U)
- ▢ 圆角矩形 (U)
- ◯ 椭圆 (U)
- ⬡ 多边形 (U)
- ╲ 线条 (U)
- ✦ 自定形状 (U)

Ⓕ 注释、测量和导航工具
- ■ ▤ 注释 (N)
- ◀)) 语音注释 (N)
- ■ ✐ 吸管工具 (I)
- ✐ 颜色取样器 (I)
- ▱ 标尺 (I)
- 123 计数 (I)
- ✋ 抓手 (H)
- ◯ 缩放 (Z)

■ 指示默认工具　　　*显示在括号中的键盘快捷键　　　↑仅限Extended

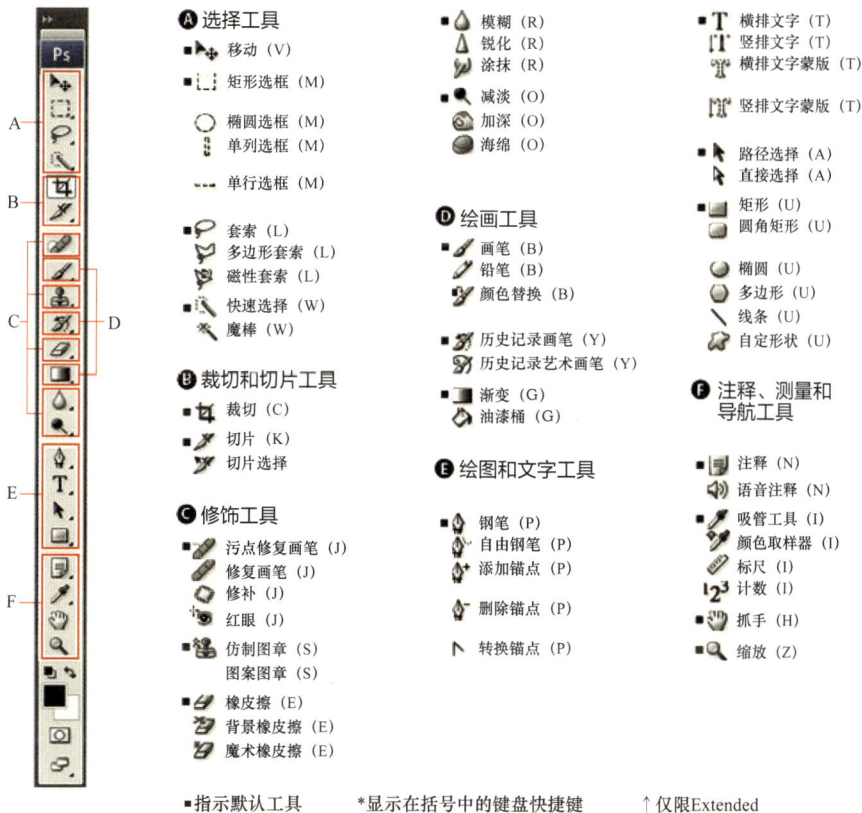

图8-56　工具箱及隐藏的工具

2. 选区工具应用

1 规则选区

运用矩形 、椭圆形 、单行 、单列 选框工具可创建规则选区。

操作方法：在工具箱中单击选区工具按钮 （快捷键M），在图像窗口中用鼠标拖动出规则选区。

按住<Shift>键拖曳鼠标，可以创建正方形选区。正圆选区同理。

在选取选区后，按住<Shift>键添加选区，按<Alt>键减去选区，按<Shift+Alt>组合键选区交叉，如图8-57所示。

2 不规则选区

不规则选区主要应用套索工具。套索工具包括套索工具、多边形套索工具和磁性套索工具。

套索工具 ：徒手不规则选取区域。主要用在精度不高的区域选择上。

多边形套索工具 ：徒手绘制多边形，可以选择一些比较规则的多边形。主要用在选择边界为直线、边界复杂的多边形的图案上。

图8-57　选区运算效果

磁性套索工具 ：可识别边缘的套索工具，可精确定位边界，轻松地创建复杂图像的选区，只要沿着外沿图像的外框进行拖动即可。

操作方法：单击套索工具按钮 （快捷键L），或单击其右下角的小三角形选择其他套索工具。

3 快速选区

对图像进行快速选区主要应用快速选区工具 、魔棒工具 （快捷键W）。

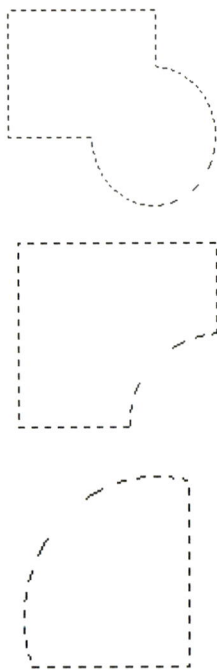

> **小技巧**
> 按<Ctrl+Shift+I>组合键将选区反选。

4 选区羽化

选取范围的边缘部分会产生渐变晕开的柔和效果。该模糊边缘将丢失选区边缘的一些细节。定义羽化边缘的数值范围为1～250像素。

操作方法：选择"选择/修改/羽化"菜单命令。或按<Ctrl+Alt+D>组合键，如图8-58所示。在打开的"羽化选区"窗口设置参数，如图8-59所示。

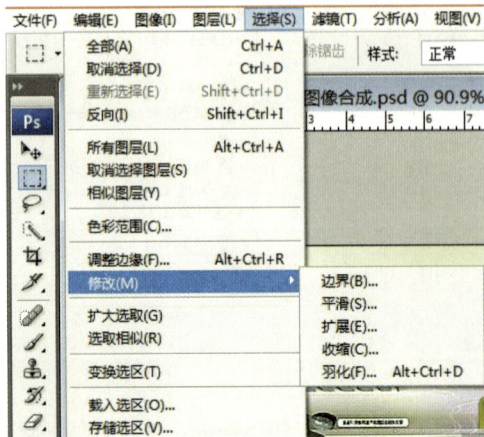

图8-58　选择"羽化"命令的菜单命令　　　　图8-59　"羽化选区"对话框

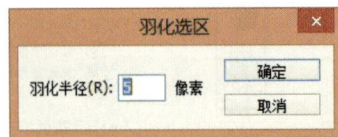

3．图像的移动和复制

利用"移动"工具 ✛ 可以在当前文件中移动图像的位置，也可以在两个图像之间完成图像的移动复制。

按<Alt>键拖动鼠标可以移动复制图形，按<Shift+Alt>组合键拖动鼠标可垂直或水平移动复制图形。

4．图像的变形操作

图像的变形包括缩放、旋转、斜切、扭曲、透视、变形等功能。

操作方法：

1 执行"编辑/自由变换"命令（或按<Ctrl+T>组合键）。

2 执行"编辑/变换/旋转（斜切、扭曲等）"命令，如图8-60所示。

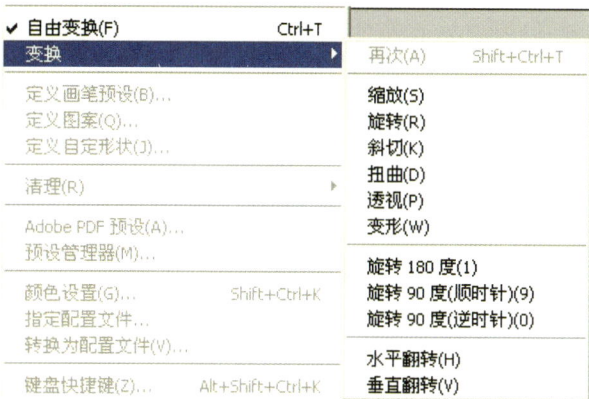

图8-60　图形变换菜单命令

任 务拓展

3ds Max完成场景设计后，总是要将三维模型渲染输出为位图文件，因此在完成一幅完整的效果图过程中，总是通过Photoshop软件进行后期处理。后期处理主要是对渲染出的效果图进行修饰，包括充实效果图中的图像元素、调整整个图像色调的明暗程度等。

练习：1．将3ds Max渲染的汽车展示效果图进行后期处理，如图8-61所示。

2．根据所提供的素材，如图8-62a所示，参考如图8-62b所示的最终效果图，对别墅进行后期处理。

图8-61　对汽车展示效果图进行后期处理

a)　　　　　　　　　　　　　　　b)

图8-62　别墅三维渲染效果图进行后期处理最终效果

🎓 项目评价

本项目是完成展柜模型制作及材质设置。利用建模熟练掌握标准模型、二维线形绘制图形的方法，通过编辑多边形重点来学习倒角、挤出、壳等修改命令；在展柜的材质制作中运用V-Ray材质，除了熟悉前面已学习的金属、塑胶及展板材质设置之外，还学会将展柜玻璃设置为磨砂玻璃，将装饰垫板设置为透明玻璃的方法。在展柜灯光设置中，利用VR—光源，实现展柜、装饰等真实的照明效果。后期处理，主要考虑展品与展柜风格的协调，给人赏心悦目的效果。

下面，给自己做个评价吧。

	很 满 意	满 意	还 可 以	不 满 意
项目的完成情况				
与同组成员沟通及协作情况				
掌握的知识点				
产品设计评价				
体会和经验				

实战强化

1. 利用标准基本体、图形创建、可编辑多边形等命令进行展柜建模，运用V-Ray进行材质、灯光设置，完成如图8-63所示效果图。

2. 对图8-63中的展柜进行自行创意的展示设计，并运用Photoshop软件进行后期处理，得到最终效果图。要求设计风格能充分反映内容主题（素材自备）。

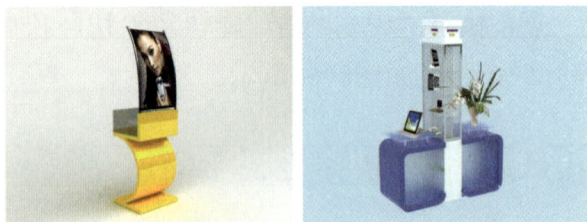

图8-63　展柜效果图

单元小结

在本单元，主要完成了三个场景的制作，了解了室内、室外和展示空间的基本架构。在制作的过程中，要遵循空间建造的基本流程，一般是先建立主体空间，再建立空间内物品，由主到次，由大到小，由整体到局部地搭建。

在室内空间的建造时，应先建立主体空间，然后创建窗户、门、天花板、地面和墙体，最后创建桌椅和其他室内物件。设计的时候应该参考实际尺寸，并注意各物件的比例协调。在材质方面，家具等木材质的反射效果要尽量减少，玻璃材质要注意放在最后设置。

在室外空间的建造时，要注意从地面开始建立，最后是周边环境和天空的创建，尺寸不能按实际尺寸，应该按比例缩小。周边环境要用贴图的方式完成，这样不会占用存储空间。

在展示空间的建造时，先制作展柜整体模型，不仅要使展柜适应整个场景，同时还要突出商家所要展示的展品。然后设置展柜材质与灯光，此处需考虑展柜的照明。最后进行修饰，真实体现展示效果。

学习单元4
角色设计

→ **单元概述**

    本单元通过两个项目的制作，学习在3ds Max中如何制作角色和角色的运动。掌握角色设计方法，角色的骨骼、蒙皮与动画制作方法。

→ **学习目标**

（1）知识目标

  ○ 认识角色人物创建的基本要求和方法。

  ○ 掌握利用多边形建模的方法和技巧。

  ○ 掌握角色骨骼、蒙皮与动画设置的方法。

（2）技能目标

  ○ 灵活运用3ds Max的多边形建模及修改方法进行角色创建。

  ○ 掌握角色骨骼、蒙皮的设置方法。

  ○ 掌握角色动画的设置与调整方法。

（3）素养目标

  ○ 严谨求实，培养学生良好的学习习惯与职业道德。

  ○ 分组实训，互帮互教，培养学生的团队协作能力和沟通能力。

  ○ 培养学生的审美情趣和艺术修养，感受艺术与美的熏陶，在科技与艺术所营造的现代艺术设计过程中享受成功与快乐。

项目9
制作玩具模型

项目描述

本项目要完成一个玩具角色模型"马里奥"的设计，将分成两个任务来完成。第一个任务是制作玩具模型头部。角色模型头部是区别其他模型的最重要特征，因此，在设计制作时要充分把握其造型。第二个任务是制作玩具模型身体。在设计身体部分模型时，除了要把握住角色模型身体的结构关系外，帽子、手和鞋等部分也是设计制作的重点。

为了突出玩具产品的特征，设计制作完基础的模型后，还需注重玩具模型本身的质感和效果。设计参考图如图9-1所示。

图9-1　设计参考图

任务 1 制作玩具模型头部

任务分析

在制作角色头部模型时根据个人习惯，可以选择从角色的局部开始制作，再完成整体模型；也可以选择先从整体的造型入手，再逐步细化局部模型。这里使用第二种方法，通过创建一个"长方体"在"转换为可编辑多边形"命令下，改变表面的点、线、面的位置关系，最终细化出角色的头部模型。

任务实施

1 创建玩具头部外形。单击■（创建面板）下几何体中的"长方体"按钮，在前视图创建一个"长方体"，设置长、宽、高均为30，分段数为4，效果如图9-2所示。

2 指定头部模型坐标。使用工具栏中的◆（选择并移动）工具选中模型，并在视图底部模型坐标中单击鼠标右键，将模型在视图中的坐标值指定为0，如图9-3所示。

3 对称头部模型。首先使用工具栏中的■（选择对象）工具选中模型，并在视图中单击鼠标右键，在弹出的快捷菜单中选择"转换为可编辑多边形"命令。接着在■（修改）命令面板中找到编辑多边形，使用选择栏下的■（多边形），选中模型右侧部分后按<Delete>键。最后在■（修改）命令面板中添加"对称"命令，并调整"镜像轴"的参数，效果如图9-4所示。

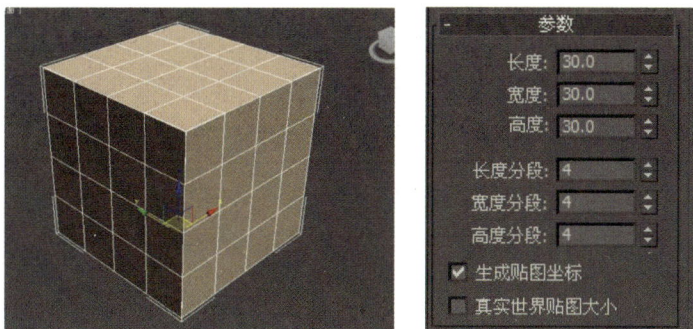

图9-2　创建玩具头部外形

图9-3　指定头部模型坐标

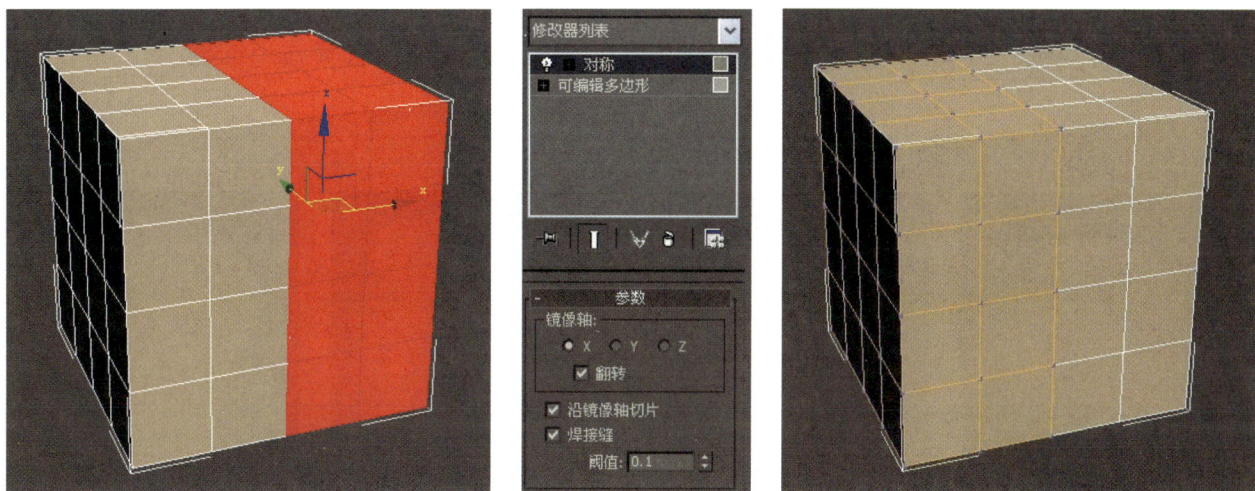

图9-4　对称头部模型

4 调整前视图头部模型轮廓。使用选择栏下的 ▦（点）选择方式，利用工具栏中的 ✛（选择并移动）工具，在前视图调整模型表面的点，完成效果如图9-5所示。

5 调整顶视图头部模型轮廓。继续使用选择栏下的 ▦（点）选择方式，通过工具栏中的 ✛（选择并移动）工具，在顶视图调整模型表面的点，完成效果如图9-6所示。

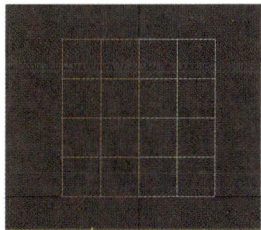

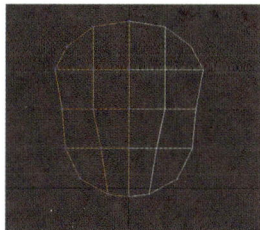

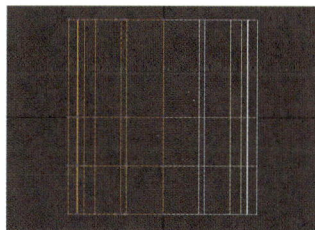

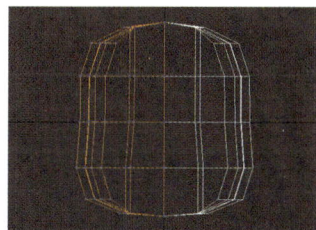

图9-5　调整前视图头部模型轮廓　　　　图9-6　调整顶视图头部模型轮廓

6 调整左视图头部模型轮廓。继续使用选择栏下的 ▦（点）选择方式，通过工具栏中的 ✛（选择并移动）工具，在左视图调整模型表面的点，完成效果如图9-7所示。

7 细化头部模型轮廓。激活左视图，使用选择栏下的 ▦（点）选择方式，单击鼠标右键，在弹出的快捷菜单中选择"剪切"命令，在模型表面添加"点"。接着通过工具栏中的 ✛（选择并移动）工具，对模型表面的点进行移动调节，完成效果如图9-8所示。

项目9　制作玩具模型

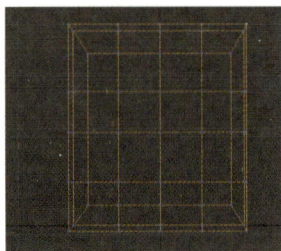

图9-7　调整左视图头部模型轮廓　　　　图9-8　细化头部模型轮廓

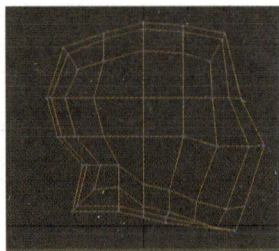

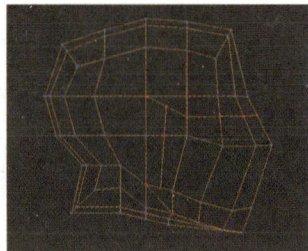

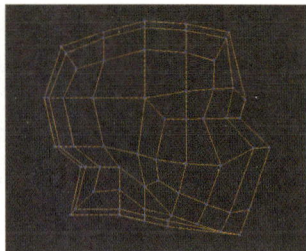

8 制作颈部模型。首先使用选择栏下的▣（多边形）选择方式，在透视图中通过工具栏中的✛（选择并移动）工具选中颈部模型的多边形，并通过编辑多边形下的"挤出"命令，完成颈部模型的挤出。接着按<Delete>键将中间部分多余的"面"删除，最后再调整位于颈部模型的"点"，完成效果如图9-9所示。

9 制作模型眼部。激活透视图，使用选择栏下的▦（点）选择方式，单击鼠标右键，在弹出的快捷菜单中选择"切角"命令，制作出眼睛的轮廓。接着使用选择栏下的▣（多边形）选择方式，单击鼠标右键，在弹出的快捷菜单中选择"挤出"命令，将选中的"面"向内挤出，制作出眼睛的形状，效果如图9-10所示。

图9-9　制作颈部模型　　　　图9-10　制作模型眼部

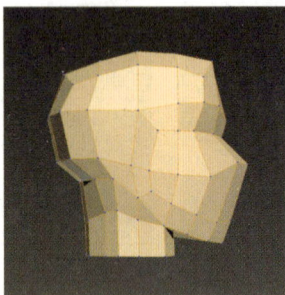

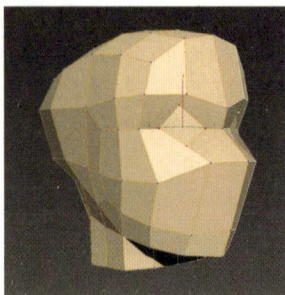

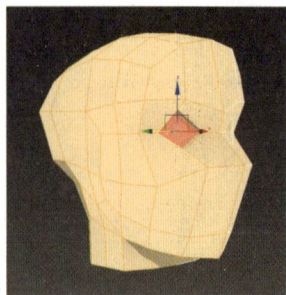

10 制作模型鼻子。激活透视图，使用选择栏下的▦（点）选择方式，单击鼠标右键，在弹出的快捷菜单中选择"剪切"命令，在模型表面添加"点"制作出鼻子的轮廓，并通过编辑多边形下的"挤出"命令，挤出鼻子模型。接着使用选择栏下的▨（边）选择方式，单击鼠标右键，在弹出的快捷菜单中选择"剪切"命令，在挤出的鼻子轮廓中添加"线"，通过调节鼻子表面的"点""线"位置完成鼻子模型的创建，效果如图9-11所示。

11 完善模型眼睛。激活透视图，使用选择栏下的▦（点）选择方式，单击鼠标右键，在弹出的快捷菜单中选择"剪切"命令，接着在模型眼睛周围添加"点"，再通过工具栏中的✛（选择并移动）工具调整"点"的位置，这样眼睛的轮廓就清晰了，效果如图9-12所示。

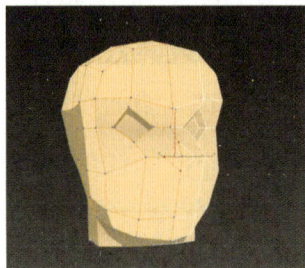

图9-11　制作模型鼻子　　　　图9-12　完善模型眼睛

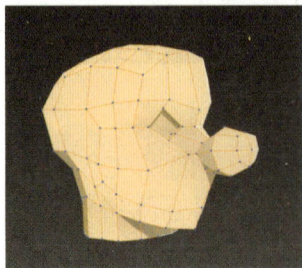

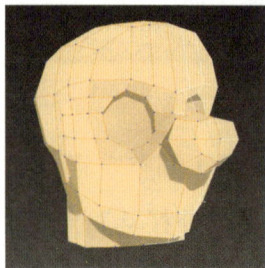

12 细化模型眼睛轮廓。首先使用选择栏下的▨（边）选择方式，并选中眼睛周围的

"边"，单击鼠标右键，在弹出的快捷菜单中选择"连接"命令，再通过工具栏中的✜（选择并移动）工具调整"边"的位置，细化眼睛轮廓，最后再单击鼠标右键，在弹出的快捷菜单中选择"剪切"命令，在眼睛周围添加"边"完善模型，效果如图9-13所示。

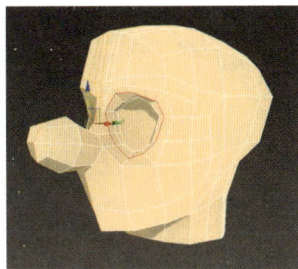

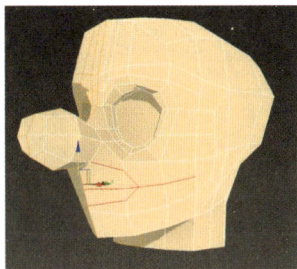

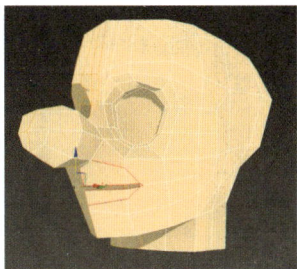

13 制作模型嘴部轮廓。首先使用选择栏下的◢（边）选择方式，单击鼠标右键，在弹出的快捷菜单中选择"剪切"命令，在模型嘴部位置绘制出嘴部外形。接着使用◢（边）选中嘴部中间的"边"，单击鼠标右键，在弹出的快捷菜单中选择"切角"命令，并将刚切出的"面"按<Delete>键删除，效果如图9-14所示。

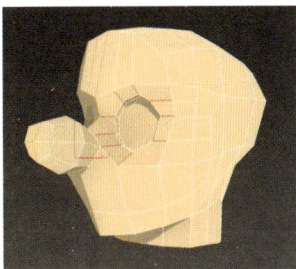

图9-13　细化模型眼睛　　　　　　　　　　图9-14　制作模型嘴部轮廓

14 制作模型嘴部细节。首先使用选择栏下的◢（边）选择方式，单击鼠标右键，在弹出的快捷菜单中选择"剪切"命令，在模型嘴部位置绘制出嘴部细节。再利用工具栏中的✜（选择并移动）工具调整"边"的位置，完善模型嘴部细节，效果如图9-15所示。

15 完善模型特征。激活透视图，使用选择栏下的⣿（点）选择方式，再利用工具栏中的✜（选择并移动）工具调整"点"的位置，完善模型的角色特征，最终效果如图9-16所示。

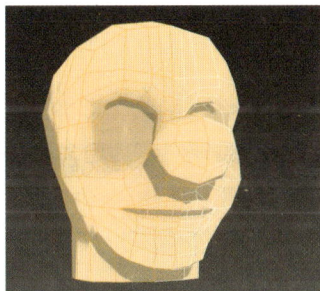

图9-15　制作模型嘴部细节　　　　　　　　图9-16　完善模型特征

16 创建模型耳朵。单击✦（创建）面板下几何体中的"长方体"按钮，在左视图创建一个"长方体"，设置长、宽、高分别为12、10、2，分段数为3、3、2，效果如图9-17所示。

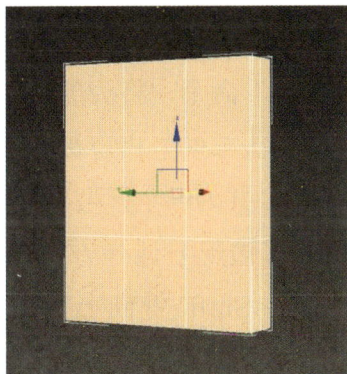

图9-17　创建模型耳朵

17 调整耳朵模型。首先使用工具栏中的 ▣（选择对象）工具选中模型，并在视图中单击鼠标右键，在弹出的快捷菜单中选择"转换为可编辑多边形"命令。在左视图使用选择栏下的 ▦（点）选择方式，再利用工具栏中的 ✛（选择并移动）工具调整"点"的位置，调整出耳朵模型的基本轮廓，效果如图9-18所示。

18 细化耳朵模型。首先使用选择栏下的 ▣（多边形）选择方式，选中模型中的"面"，再利用工具栏中的 ↻（旋转）工具调整所选"面"的位置。接着单击鼠标右键，在弹出的快捷菜单中选择"插入"命令，设置插入值为1，效果如图9-19所示。

图9-18　调整耳朵模型　　　　　　　图9-19　细化耳朵模型

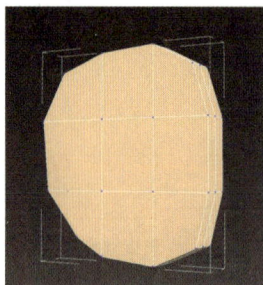

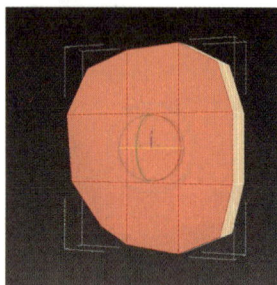

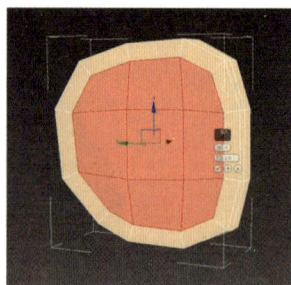

19 制作耳郭。首先使用选择栏下的 ▣（多边形）选择方式，选中模型中的"面"，单击鼠标右键，在弹出的快捷菜单中选择"挤出"命令，设置挤出值为-1。接着单击鼠标右键，在弹出的快捷菜单中选择"插入"命令，并使用工具栏中的 ✛（选择并移动）工具调整"面"的位置，效果如图9-20所示。

20 细化耳郭造型。使用选择栏下的 ✎（边）选择方式，选中耳郭内的一条"边"先使用"环形"命令再执行"连接"命令，细化耳郭内轮廓。接着选中"面"，执行"挤出"命令，设置挤出值为-1。最后利用工具栏中的 ✛（选择并移动）工具调整耳郭内的造型，效果如图9-21所示。

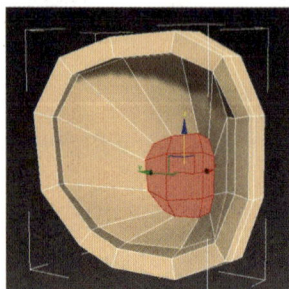

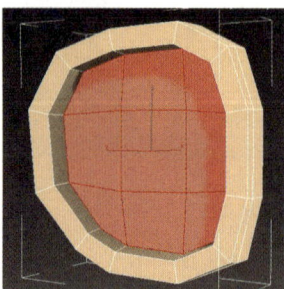

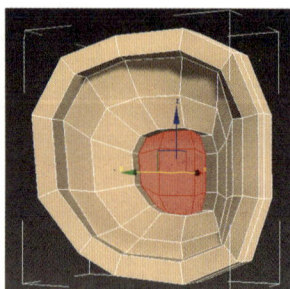

图9-20　制作耳郭　　　　　　　　图9-21　细化耳郭造型

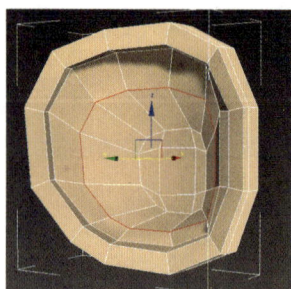

21 焊接模型。使用工具栏中的 ✛（选择并移动）工具、↻（旋转）工具和 ▣（缩放）工具继续调整模型外形轮廓。接着选中头部模型执行"附加"命令，将头部模型和耳朵模型合并为同一个物体。最后使用选择栏下的 ▦（点），选中耳朵与头部模型相连接部分的"点"，单击鼠标右键，在弹出的快捷菜单中选择"塌陷"命令，将它们合并为一个模型，完成效果如图9-22所示。

22 制作头发模型。首先使用选择栏下的 ▣（多边形）选择方式，选中模型中的"面"。接着使用工具栏中的 ✛（选择并移动）工具并按住<Shift>键向上拖动，复制出头发轮廓的模型，在弹出的对话框中选中"克隆到对象"。最后在 ▣（修改）命令面板中添加"对称"命令，完成效果如图9-23所示。

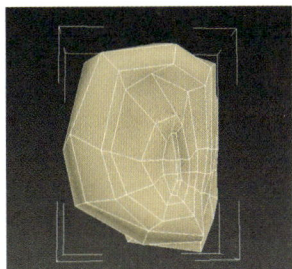

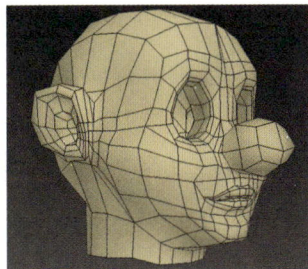

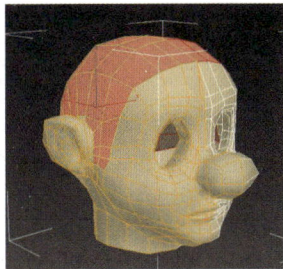

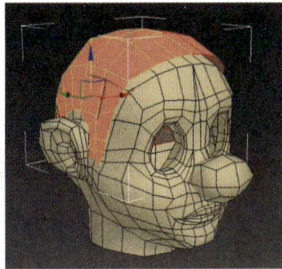

图9-22　焊接模型　　　　　　　　　图9-23　制作头发模型

23 细化头发模型。首先使用选择栏下的 █（边）选择方式，在头发模型的边缘执行"剪切"命令绘制出"边"。接着使用工具栏中的 █（选择并移动）工具调整头发模型的边缘，把它移入到头部模型内，完成效果如图9-24所示。

24 完善头发模型。首先使用选择栏下的 █（点）选择方式，通过使用 █（选择并移动）工具调整"点"的位置，完善头发模型的角色特征。接着打开 █（材质编辑器），设置材质球的"漫反射"颜色R、G、B分别为63、43、27，并指定给头发模型，效果如图9-25所示。

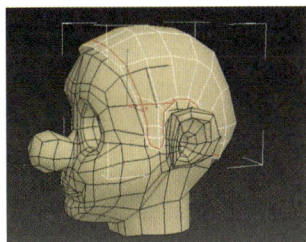

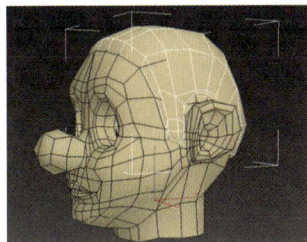

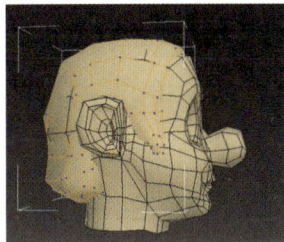

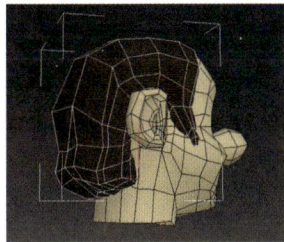

图9-24　细化头发模型　　　　　　　图9-25　完善头发模型

25 创建眼球模型。首先单击 █（创建）面板下几何体中的"球体"按钮，在前视图创建一个"球体"，并在视图中单击鼠标右键，在弹出的快捷菜单中选择"转换为可编辑多边形"命令。接着使用选择栏下的 █（多边形）选择方式，选中"球体"前面的"面"，使用工具栏中的 █（选择并移动）并按住<Shift>键向前拖动，复制出眼珠的模型。最后打开 █（材质编辑器），设置材质球的"漫反射颜色"R、G、B分别为（R255、G255、B255）、（R0、G162、B255）、（R0、G0、B0），并指定给眼球模型，效果如图9-26所示。

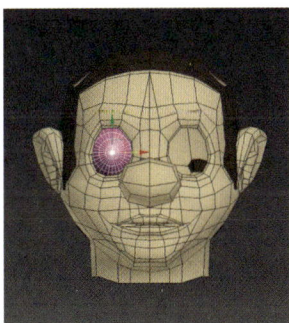

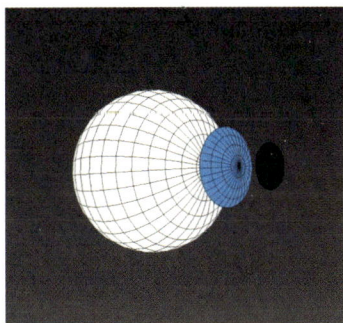

图9-26　创建眼球模型

26 调整眼球模型。首先将制作完成的眼球各部分执行"组"命令，并调整眼球位置与头部模型匹配。接着选中眼球模型后执行 █（镜像）命令，在弹出的"镜像"对话框中设置镜像轴为"X"，在"克隆当前选择"中选中"复制"单选按钮。最后利用工具栏中的 █（选择并移动）工具，使眼球模型与头部模型匹配，完成效果如图9-27所示。

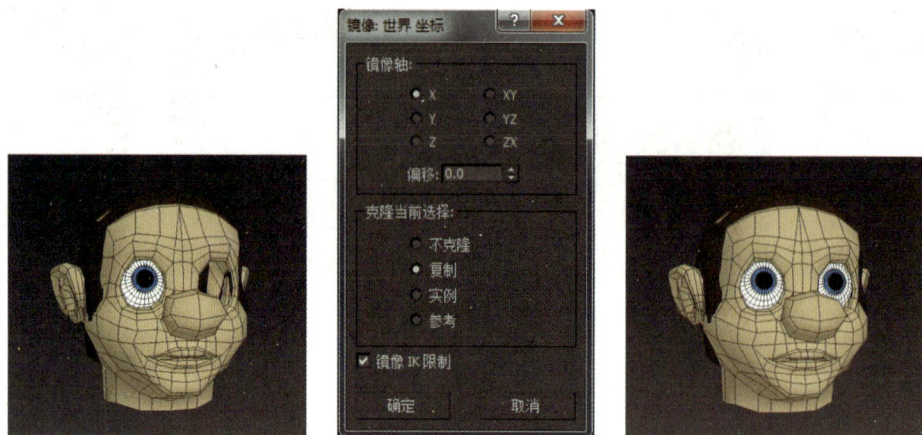

图9-27　调整眼球模型

27 创建眉毛和胡子模型。首先单击 ■（创建）面板下几何体中的"平面"按钮，在前视图创建一个"平面"，并在视图中单击鼠标右键，在弹出的快捷菜单中选择"转换为可编辑多边形"命令。再使用选择栏下的 ■（点）选择方式，利用工具栏中的 ■（选择并移动）工具调整"点"的位置，调整出眉毛模型的轮廓。接着再用同样的方法制作胡子模型。最后选中眉毛模型后执行 ■（镜像）命令，复制出另一侧的眉毛模型，并调整眉毛和胡子模型的位置，打开 ■（材质编辑器），设置材质球的"漫反射"颜色R、G、B分别为63、43、27并指定给模型，完成效果如图9-28所示。

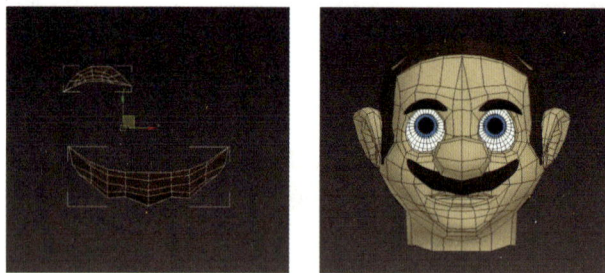

图9-28　创建眉毛和胡子模型

必备知识

1. 头部结构

1 头部骨骼：头部骨骼称颅骨，可划分为脑颅骨和面颅骨两部分，如图9-29所示。脑颅骨包含额骨、颞骨、顶骨和枕骨；面颅骨包括颧骨、鼻骨、上颌骨和下颌骨。

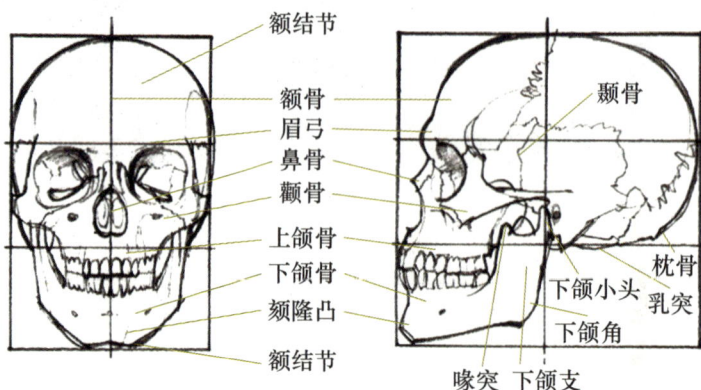

图9-29　头部骨骼

项目9 制作玩具模型

2 头部肌肉：头部肌肉对面部外形和表情起着重要作用。头部肌肉可分为表情肌和咀嚼肌两类。表情肌是连接颅骨与皮肤之间的一些很薄的肌肉，它的收缩使面部产生表情；咀嚼肌止于下颌骨，可运动颞下颌关节产生咀嚼运动。

表情肌主要包括额肌、眼轮匝肌、皱眉肌、降眉间肌、鼻肌、颧肌、上唇方肌、犬齿肌、下唇方肌、口轮匝肌、颏肌、三角肌、颊肌、笑肌、枕肌等，如图9-30所示。

咀嚼肌主要包括咬肌和颞肌，如图9-30所示。

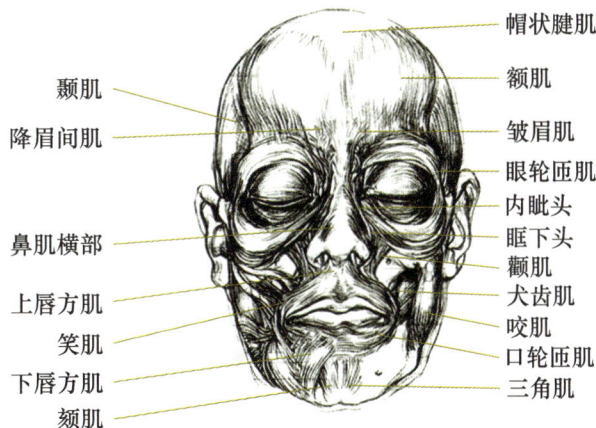

图9-30 头部肌肉

2. 五官结构

面部五官包括眼、眉、鼻、嘴、耳。五官是构成人体头部外形最重要的组成部分。

1 眼：眼睛由眼球、眼眶和眼睑三部分组成，如图9-31所示。

2 眉：眉毛位于眼眶上部的眉弓上，分上下两列生长，如图9-32所示。

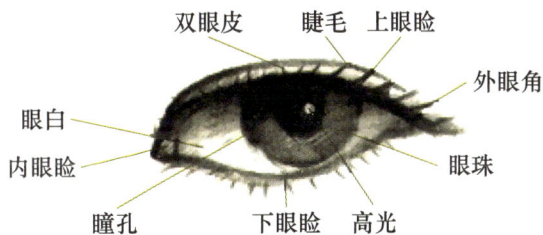

图9-31 眼睛

图9-32 眉

3 鼻：鼻子突出的部分位于面部中央，从上至下分为鼻根、鼻梁、鼻翼、鼻尖和鼻孔等部分，如图9-33所示。

4 嘴：嘴位于鼻子底下，外形包括上下嘴唇、人中和牙齿等，如图9-34所示。

5 耳：耳朵对称长在头部两侧，耳朵的外形包括耳轮、对耳轮、三角窝、耳屏、对耳屏和耳垂，如图9-35所示。

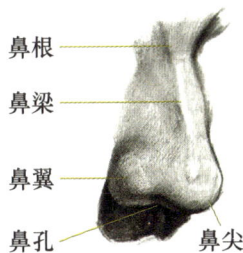

图9-33 鼻

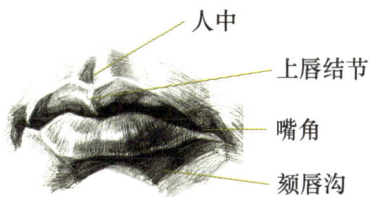

图9-34 嘴

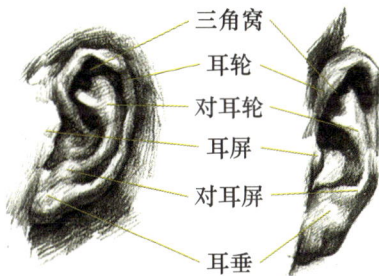

图9-35 耳

五官组合：人物的头部由于个体之间差异，形成个体特征。不同的个体特征可以用"田、由、国、用、目、甲、风、申"这八个字形来概括，如图9-36所示。

头部的形体差异除了个体特征以外，在年龄上和性别上也存在较大差异。

图9-36　脸型

3. 发型

头发应体现头部的主要形体特征，发式不但可以反映人物的性别，而且也是表现人物性格与爱好的重要方面，发式的变化多种多样，但是在表现时都要注意头发的组织、穿插和结构的透视缩变，如图9-37所示。

图9-37　发型

任 务拓展

结合所给示例模型，完成如图9-38所示的角色头部模型练习。

提示　1）使用"可编辑多边形"命令，完成角色头部设计。

2）完成角色五官模型制作。

3）赋予角色模型皮肤材质并渲染输出。

图9-38　角色头部模型

任务 ② 制作玩具模型身体

任 务分析

制作玩具的身体模型与制作头部模型的方法相同，首先从整体的造型入手，再逐步细化局部模型。从创建一个"长方体"开始，接着在"转换为可编辑多边形"命令下，逐步细化并最终完成身体的制作。制作身体模型时，有些部位的模型需要独立制作后再与身体模型合并。

任 务实施

1 创建身体模型轮廓。单击■（创建）面板下几何体中的"长方体"按钮，在前视图创建一个"长方体"，设置长、宽、高分别为30、30、70，分段数分别为4、4、6，效果如图9-39所示。

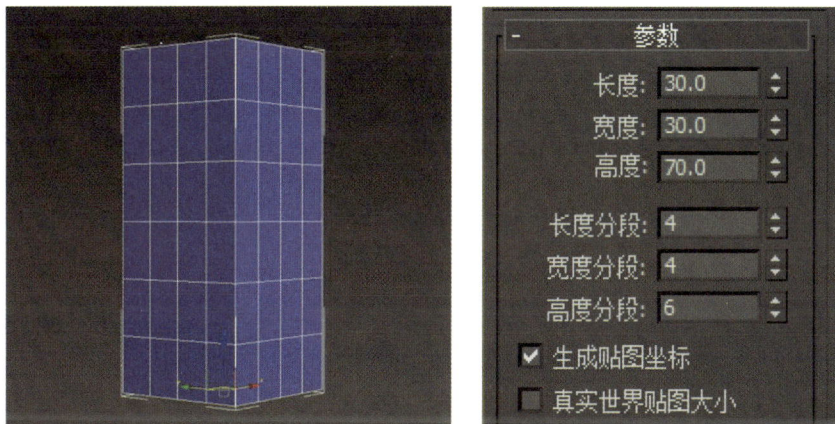

图9-39　创建身体模型轮廓

2 模型对称。首先使用工具栏中的■（选择并移动）工具选中模型，再将模型在视图中的坐标值指定为0。接着对模型执行"转换为可编辑多边形"命令，然后在■（修改）命令面板中找到编辑多边形，使用选择栏下的■（多边形），选中模型右侧部分后按<Delete>键。最后在■（修改）命令面板中添加"对称"命令，并调整"镜像轴"的参数，效果如图9-40所示。

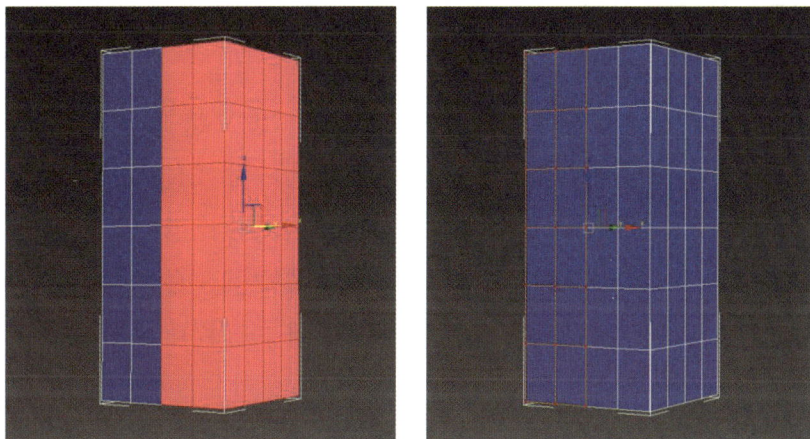

图9-40　模型对称

3 细化身体模型轮廓。使用选择栏下的 ▦（点）选择方式，选中"长方体"表面的"点"，再利用工具栏中的 ✛（选择并移动）工具，对模型表面的点进行移动调节，完成身体轮廓的制作，效果如图9-41所示。

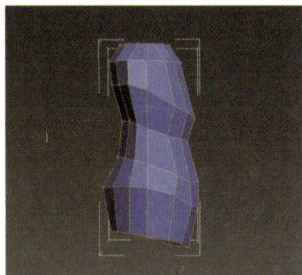

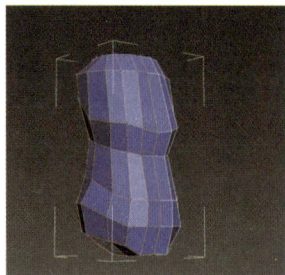

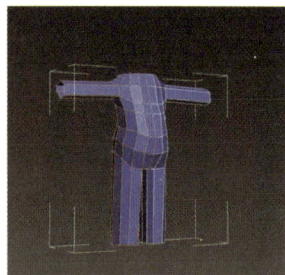

4 创建胳膊和腿部模型。首先激活透视图，使用选择栏下的 ▦（点）选择方式，再利用工具栏中的 ✛（选择并移动）工具调整"点"的位置。接着使用选择栏下的 ▦（多边形）选择方式，选中模型用于挤出胳膊和腿部的"面"，再执行"挤出"命令，调整效果如图9-42所示。

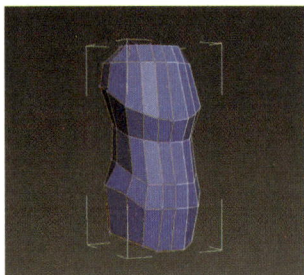

图9-41 细化身体模型轮廓   图9-42 创建胳膊和腿部模型

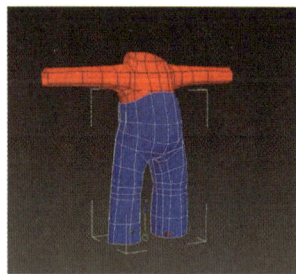

5 细化胳膊和腿部模型。首先使用选择栏下的 ◿（边）选择方式，再利用"剪切"命令，在胳膊和腿部模型的关节位置，剪切出"边"。接着使用工具栏中的 ✛（选择并移动）工具调整模型的"边"，使模型的整体比例关系更准确，完成效果如图9-43所示。

6 创建衣服和裤子模型。首先使用选择栏下的 ▦（多边形）选择方式，选中用于制作模型上身部分的"面"并执行"分离"命令。接着使用选择栏下的 ◿（边）选择方式，选中模型下身部分的"边"，通过工具栏中的 ✛（选择并移动）工具调整模型。最后打开 ▦（材质编辑器），设置材质球的"漫反射"颜色分别为（R255、G255、B255）、（R0、G26、B221），并把材质分别赋予衣服和裤子，效果如图9-44所示。

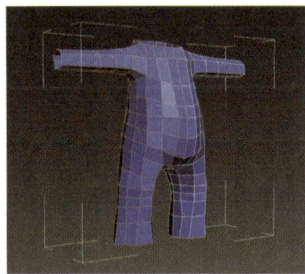

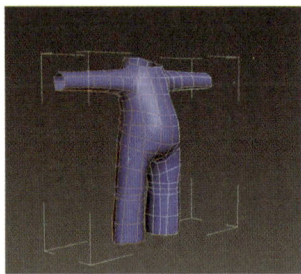

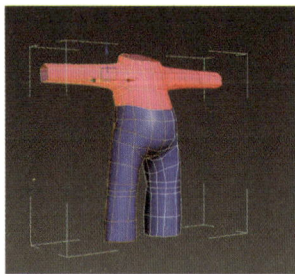

图9-43 细化胳膊和腿部模型   图9-44 创建衣服和裤子模型

7 细化衣服和裤子模型。首先使用选择栏下的 ◿（边）选择方式，选中模型下身部分背后的"边"，再使用工具栏中的 ✛（选择并移动）工具，并按住<Shift>键向上拖动，复制出裤子背带的轮廓，用同样的方法反复多次操作。接着继续使用工具栏中的 ✛（选择并移动）工具调整裤子背带上"边"的位置。最后制作裤子的装饰扣子，单击 ✳（创建）面板下几何体中的"球体"按钮，在前视图创建一个"球体"，使用工具栏中的 ◪（缩放）工具，将"球体"缩放至适合的比例，完成效果如图9-45所示。

8 完善衣服和裤子模型。首先使用选择栏下的 ◿（边）选择方式，选中模型关节部分的"边"，执行"循环"命令选择一圈的边，然后再执行"切角"命令，在弹出的对话框中设置

"连接边分段"为3。接着使用工具栏中的 （选择并移动）工具调整模型的"边"，完善衣服和裤子模型，效果如图9-46所示。

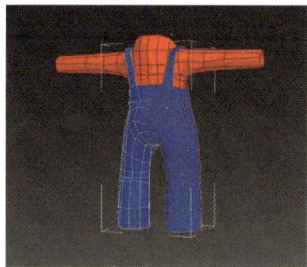

图9-45　细化衣服和裤子模型　　　　　　　　　图9-46　完善衣服和裤子模型

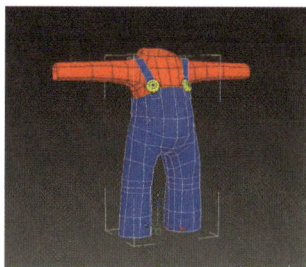

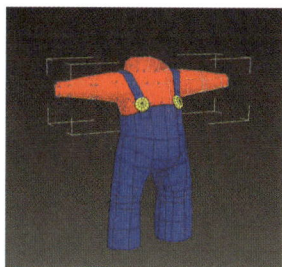

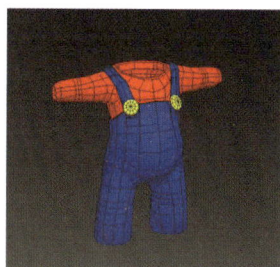

9 创建角色手模型。单击 （创建）面板下几何体中的"长方体"按钮，在透视图创建一个"长方体"，设置长、宽、高分别为8、7、3，分段数分别为4、3、1，效果如图9-47所示。

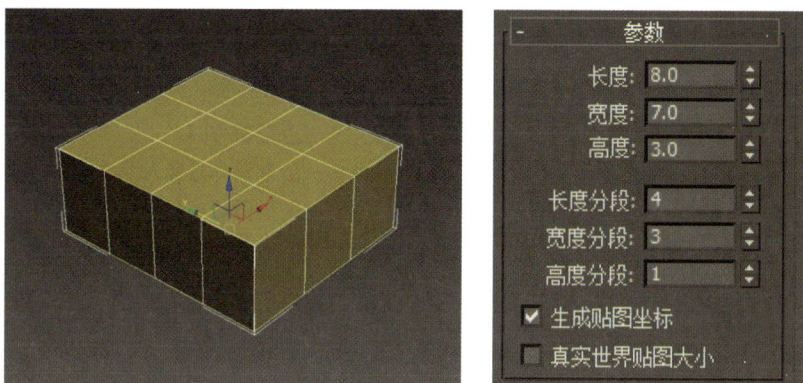

图9-47　创建角色手模型

10 调整手模型。首先将模型执行"转换为可编辑多边形"命令，然后在 （修改）命令面板中找到编辑多边形，使用选择栏下的 （多边形）选择方式，选中"面"，执行"挤出"命令，在弹出的对话框中设置"挤出多边形高度"为8，效果如图9-48所示。

11 细化角色手指模型。首先使用选择栏下的 （边）选择方式，选中手指模型侧面的"边"，执行"环形"命令后再执行"连接"命令，在弹出的对话框中设置"连接边分段"为2。接着选中手指模型前面的"边"，执行"环形"命令后再执行"连接"命令，在弹出的对话框中设置"连接边分段"为1。最后使用工具栏中的 （选择并移动）工具调整手指模型中"边"的位置，完成效果如图9-49所示。

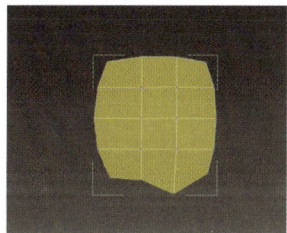

图9-48　调整角色手模型　　　　　　　　　　　图9-49　细化角色手指模型

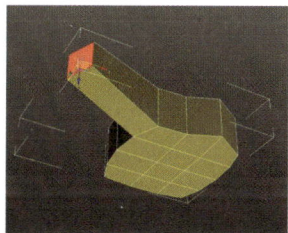

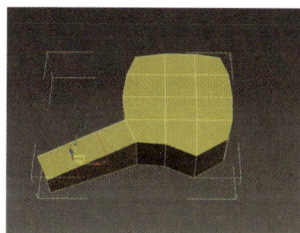

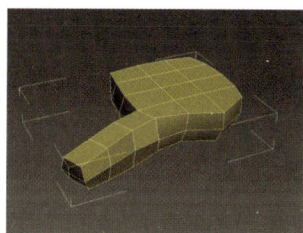

12 制作手指模型细节。首先使用选择栏下的 （边）选择方式，选中手指关节处的"边"，执行"循环"命令后再执行"切角"命令，在弹出的对话框中设置"连接边分段"为

2。选中关节连接处的"边"，执行"环形"命令后再执行"连接"命令，在弹出的对话框中设置"连接边分段"为1。最后使用工具栏中的 ⊕（选择并移动）工具调整手指模型中"边"的位置，完成效果如图9-50所示。

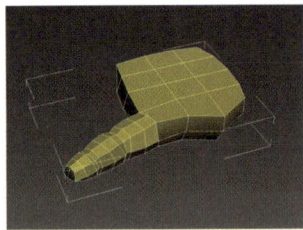

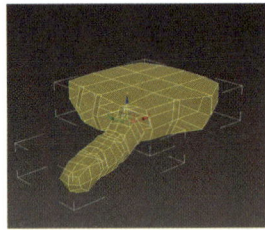

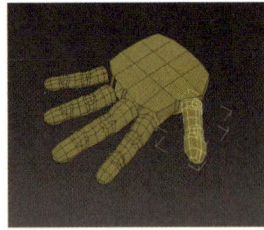

13 复制修改角色手指模型。首先使用选择栏下的 ◢（边）选择方式，并使用工具栏中的 ⊕（选择并移动）工具，调整手指模型中"边"的位置，细化手指模型。接着选中模型中手指的"面"执行"分离"命令，在弹出的"分离"对话框中单击"确定"按钮。接着使用工具栏中的 ⊕（选择并移动）工具并按住<Shift>键拖动，复制出其余的手指模型，在弹出的对话框中选中"克隆到对象"。最后使用工具栏中的 ⊕（选择并移动）工具调整手指模型中的"边"，使手指模型的大小和轮廓与手掌相匹配，完成效果如图9-51所示。

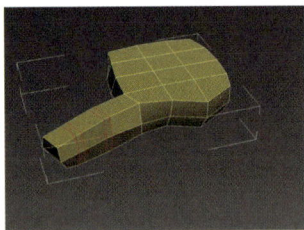

图9-50　制作手指模型细节　　　　　　　图9-51　复制修改角色手指模型

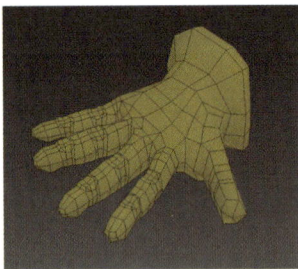

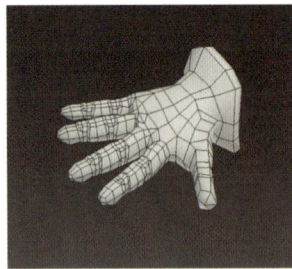

14 完善角色手指模型。首先选中手掌模型，在 ◢（修改）命令面板中找到编辑多边形，使用编辑几何体下的"附加"命令，分别单击视图中的手指模型。接着使用选择栏下的 ▦（点），分别选中手掌模型与手指模型所对应的点，执行"塌陷"命令。最后使用工具栏中的 ⊕（选择并移动）工具调整手掌模型中手腕处"边"的轮廓，完成效果如图9-52所示。

15 完成角色手指模型。首先打开 ◩（材质编辑器），设置材质球的"漫反射"颜色R、G、B分别为255、255、255，并指定给模型。接着选中角色的身体模型，单击 ◢（修改）按钮，进入修改面板，选择"编辑几何体"卷展栏下的"附加"命令，单击视图中的手部模型。最后使用选择栏下的 ▦（点）选择方式，分别选中角色身体模型与手掌模型所对应的点，执行"塌陷"命令，完成效果如图9-53所示。

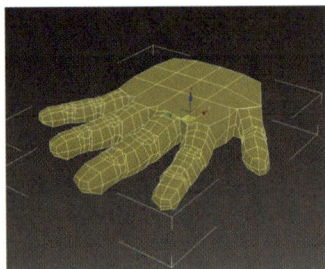

图9-52　完善角色手指模型　　　　　　　图9-53　完成角色手指模型

16 创建帽子模型。首先单击 ✦（创建）面板下几何体中的"长方体"按钮，在前视图创建一个"长方体"，分段数为4、2、2，接着使用工具栏中的 ◩（选择对象）工具选中模型，并在视图中单击鼠标右键，在弹出的快捷菜单中选择"转换为可编辑多边形"命令，再使用选择栏下的 ▦（多边形），进入修改模式。最后在 ◢（修改）命令面板中添加"对称"命令，并调整"镜像轴"的参数，效果如图9-54所示。

17 细化帽子模型轮廓。首先使用选择栏下的 ▦（多边形）选择方式，选中模型前面的"面"，执行"挤出"命令，再将位于中间部分多余的"面"按<Delete>键删除。接着使用选

择栏下的 ▨（边）选择方式，选中帽子表面的"边"，先执行"环形"命令再执行"连接"命令，最后使用工具栏中的 ✛（选择并移动）工具调整模型轮廓造型，效果如图9-55所示。

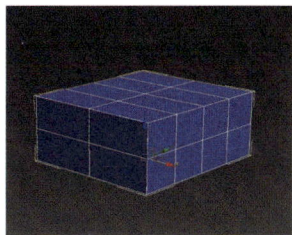

图9-54　创建帽子模型　　　　　　　　图9-55　细化帽子模型轮廓

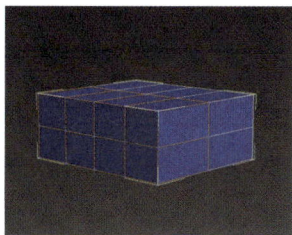

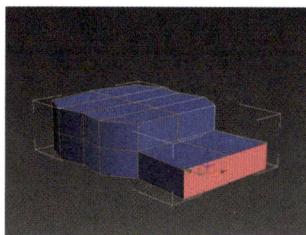

18 完善帽子模型。首先使用选择栏下的 ▦（多边形）选择方式，选中帽子模型内部的"面"，执行"挤出"命令，设置挤出的值为负数，再使用工具栏中的 ✛（选择并移动）工具调整模型。接着使用选择栏下的 ▨（点）选择方式，使用 ✛（选择并移动）工具调整"点"的位置，完善帽子模型的特征，效果如图9-56所示。

19 完成帽子模型制作。选中帽子模型，使用工具栏中的 ✛（选择并移动）工具、↻（旋转）工具和 ▥（缩放）工具修改帽子，使之与头部模型匹配。接着使用选择栏下的 ▨（点）选择方式，继续通过使用 ✛（选择并移动）工具调整"点"的位置，进一步完善帽子模型。最后打开 ▦（材质编辑器），设置材质球的"漫反射"颜色R、G、B分别为255、0、0，并指定给帽子模型，最终完成效果如图9-57所示。

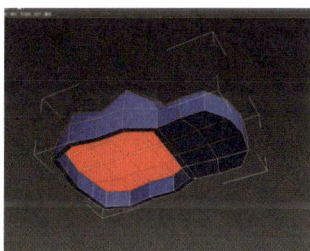

图9-56　完善帽子模型　　　　　　　　图9-57　完成帽子模型制作

20 创建鞋子模型。单击 ✳（创建）面板下几何体中的"长方体"按钮，在透视图中创建一个"长方体"，设置长、宽、高分别为16、10、9，分段数为4，接着使用工具栏中的 ▨（选择对象）工具选中模型，并在视图中单击鼠标右键，在弹出的快捷菜单中选择"转换为可编辑多边形"命令。最后在 ◢（修改）命令面板中添加"对称"命令，并调整"镜像轴"的参数，效果如图9-58所示。

图9-58　创建鞋子模型

21 细化鞋子模型。首先使用选择栏下的 ▦（点）选择方式，再利用 ✛（选择并移动）工具调整"点"的位置，完善鞋子模型轮廓。接着使用选择栏下的 ▣（多边形）选择方式，选中鞋子模型底部的"面"，执行"挤出"命令，并再次使用 ✛（选择并移动）工具调整鞋底"点"的位置，完善鞋子模型，效果如图9-59所示。

22 完成模型制作。首先打开 ▦（材质编辑器），设置材质球的"漫反射"颜色R、G、B分别为63、43、27，并指定给鞋子模型。接着使用 ✛（选择并移动）工具调整鞋子的位置。最后选中角色的身体模型，单击 ◀（修改）按钮进入修改面板，在"编辑几何体"卷展栏中，选择"附加"命令，选择视图中的鞋子模型，将鞋子模型附加到身体模型中，最终完成效果如图9-60所示。

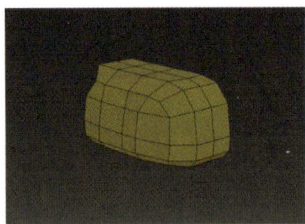

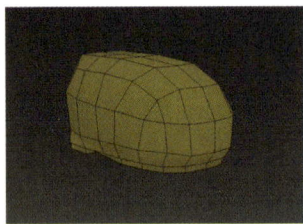

图9-59　细化鞋子模型　　　　图9-60　完成模型制作

必备知识

1. 角色造型比例

设计动画卡通角色时，需要考虑多方面的因素，其中人体的比例是尤为重要的一环，人体比例的不同定位对卡通动画的整体风格有着重要的影响。

（1）写实角色的比例关系

写实角色是指按照正常的人体比例创造出来的卡通角色，适用于表现较为严肃或者刻意营造真实生活氛围的题材。

人体外形从整体看是一个具有对称、均衡、比例、和谐、变化统一等形式美因素的完整形态，比例是形式美的主要法则之一，它是指事物整体与局部以及局部之间的关系。人体比例通常以头为单位，一个普通成年人的身体高度约为7个半头长。头身是身高与头部的比例，n头身代表身高为头高的n倍。

人体比例因种族、性别、年龄、体型及个体不同存在较大差异。如1～2岁幼儿的身高为4个头长，5～6岁儿童的身高为5个头长，9～10岁儿童的身高为6个头长，14～15岁少年的身高为7个头长，如图9-61所示。

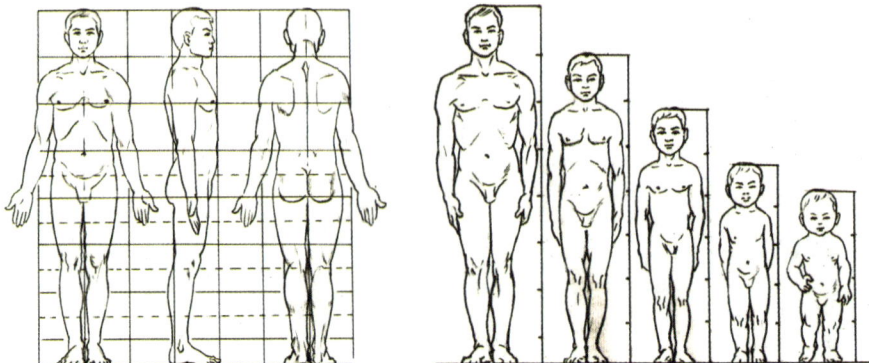

图9-61　人体比例

（2）半Q版角色的比例关系

半Q版比例指的是头身比例在写实与Q版之间，一般为3:4头身。这样的角色兼具写实与Q版的部分优点，在表现性质上的灵活性较大，可以表现较为严肃的剧情，也可以表现轻松幼稚的剧情，如图9-62所示。

（3）Q版角色的比例关系

Q版角色造型是指角色头部被扩大，身体比例被缩小、缩短的造型。Q版角色显得可爱、儿童化。Q版角色造型的比例一般是3:2头身，如图9-63所示。

上述半Q版或Q版角色的比例关系并非绝对，要视具体角色的情况确定。

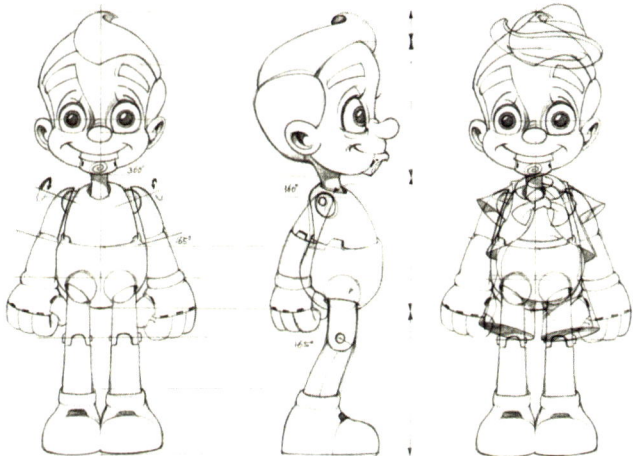

图9-62 半Q版角色的比例   图9-63 Q版角色的比例

在设计过程中对于人物的比例、形态、结构以及表情变化等要求都十分严格，不仅要注意年龄、外貌、外形、服饰等外在特征，更要充分了解人物的职业、民族、文化背景等资料，并揣摩由于不同因素可能造成的人物性格和气质差异。

2. 卡通角色的造型设计

1 漫画风格造型设定：漫画风格的动画造型并不意味着简单的变形或者无目的的夸张。塑造一个角色必须由表及里用心体验，每一部分的夸张变形都是基于角色特有性格的外化需要，同时又要符合特定要求。

造型要有明显的符号化特点，做到简洁而丰富。符号化特征是指所塑造的动画角色要区别于同一类型的造型设定样式。

在造型设计工作中，需要重视其造型形态与构成要素的组合关系。造型的结构包含外在形态结构和内在各部分的具体结构。外在形态结构是指确定造型中大的结构，比例关系是否恰当合理、是否具有美感。内在各部分的具体结构是指如关节点、骨骼及局部的结构，这关系着角色的运动特征与动作表情的设计。

在进行多个角色的造型设计时，每个造型要服从整体的造型风格，并排列出不同层次和清晰的主配角关系，构成形态的多样性、视觉秩序的统一性和审美的丰富性。

2 写实风格造型设定：写实是指按照事物真实的样式来表达的方式。

写实风格就是角色呈现出一个"真"字，比例、形状、结构、色彩都是按照真实的人物或动物进行设计的。

写实风格的角色要求造型严谨，直观易懂，容易使人进入剧情，引起情感共鸣，容易被大众接受。

任 务拓展

结合所给示例模型，完成如图9-64所示的角色人物制作练习。

提示　1）使用"可编辑多边形"命令，完成角色身体设计。

2）完成角色模型手部的制作。

3）为角色模型调节材质并渲染输出。

图9-64　角色人物制作

项目评价

本项目学习了角色模型的制作方法，主要以多边形建模方式为主，根据人物的特征和游戏角色的特点来建造三维人物角色。

请对自己的学习情况进行评价。

	很 满 意	满 意	还 可 以	不 满 意
项目的完成情况				
与同组成员沟通及协作情况				
掌握的知识点				
产品设计评价				
体会和经验				

项目10
设置角色骨骼、蒙皮与动画

🎓 项目描述

　　本项目是要完成角色骨骼、蒙皮与动画设置，将分成四个任务来完成。第一个任务是添加角色骨骼。利用3ds Max中的角色动画系统（Character Studio，简称CS系统）为角色创建Biped（两足动物骨骼）。第二个任务是连接目标约束。利用注视约束控制器约束角色眼睛的注视方向。第三个任务是调节身体蒙皮。运用Physique（体形）工具将模型和骨骼进行匹配关联，建立在肌肉拱起和肌腱拉伸基础上的真实皮肤变形和控制。第四个任务是制作角色上楼梯动画。通过Biped关键帧工具轻松调节出想要的任意动作形态。设计草图如图10-1所示。

　　一般来说，在进行角色骨骼、蒙皮与动画设置之前，首先要准备好角色的模型并为其添加好材质与贴图。一切准备就绪之后，就可以开始了。

图10-1　设计草图

任务 1 添加角色骨骼

任务分析

　　Biped（两足动物骨骼）模型是具有两条腿的体形，如人类、幻想类角色或动物角色，每个两足动物模型都是为动画而设计的骨架，它被创建为一个互相连接的骨骼层次。两足动物的骨骼创建完成后或者在创建的过程中，都可以根据其默认设置更改其基本结构。因为其默认设置针对的对象主要是人类，所以在关节运动上会受到一些限制，例如，膝关节的旋转，只能依单轴，而且旋转角度有一定限制，这对一些拟人的角色更为有利，可以大大提升骨骼创建与调整的效率。

任 务实施

利用3ds Max中的角色动画系统（Character Studio）为角色创建Biped，相比起以往每一节骨骼都要单独创建和调整着实便捷太多了。现在，只需轻松地单击一两个键，整套骨骼就已经成型，只需要对其大小、位置进行二次调整，使之与模型完全匹配就可以了。下面一起来动手，为角色添加骨骼。

1 重置3ds Max。

2 打开文件。单击屏幕左上角的█按钮，在菜单中单击█ 打开（打开）按钮，选择素材文件"项目10-1.max"，这是一个建好角色的兔子模型，如图10-2所示。

3 在创建命令面板█上单击█（系统），在"对象类型"卷展栏中单击"Biped"按钮，此时"Biped"按钮突出显示，表示激活"Biped"命令。在前视图拖曳出一个两足动物骨骼，命名为Bip001，如图10-3所示。

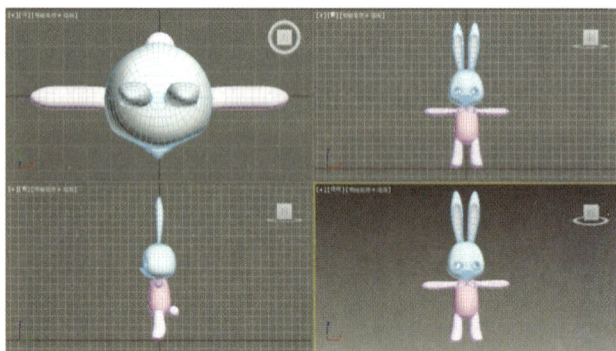

图10-2 模型导入场景示意图

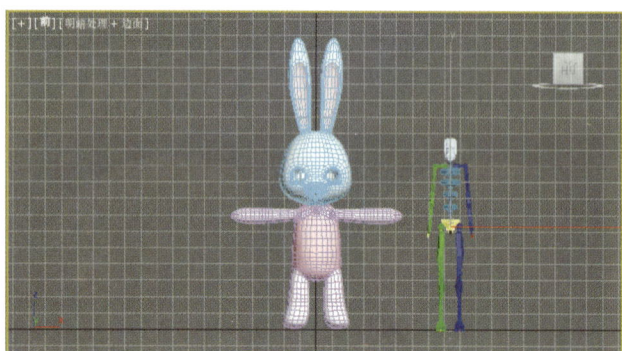

图10-3 骨骼创建示意图

4 选中兔子模型，按<Alt+W>组合键将模型变为透明，方便观察调整骨骼。然后按<H>键，打开"从场景选择"对话框，选中刚创建的两足动物骨骼Bip001，如图10-4所示。

5 打开█（运动）命令面板，单击 Biped 卷展栏下的█（体形模式）按钮，激活体形模式，如图10-5所示。

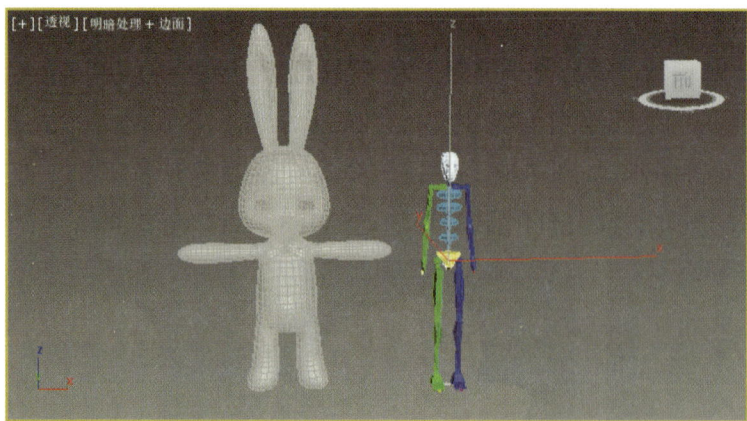

图10-4 兔子模型透明显示示意图

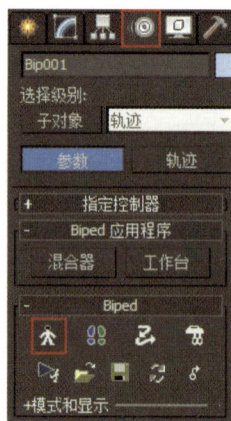

图10-5 激活体形模式

6 展开"结构"卷展栏，修改相关参数，如图10-6和图10-7所示。

7 使用█（选择并移动）工具将左侧的每一部分骨骼和模型进行对位，并用█（选择并均匀缩放）工具进行比例调节，如图10-8所示。

8 双击骨骼Bip001 L Clavicle，选中锁骨及其子对象，在 ◎（运动）面板 复制/粘贴 卷展栏中激活 ✱（创建集合）命令，然后单击下方的 ◙（复制姿态），再单击 ◙（向对面粘贴姿态）按钮，此时左手锁骨及其子对象的姿势镜像复制到右手，非常快捷方便，如图10-9～图10-11所示。

9 按照上述方法将其他具有对称属性的部分进行粘贴复制。这样，一个简单的两足动物骨骼就制作完成了，如图10-12所示。

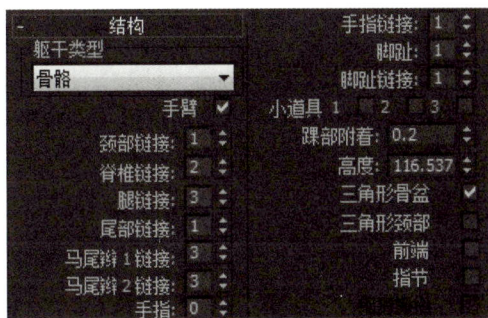
图10-6　修改相关参数

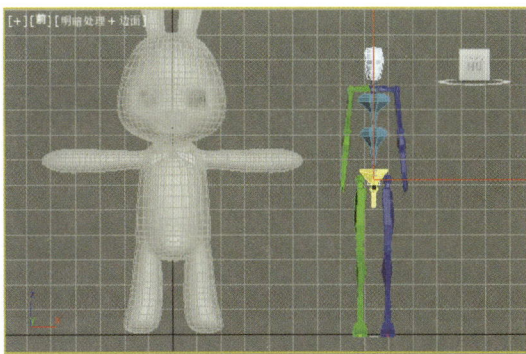
图10-7　骨骼结构调整示意图

图10-8　左边姿态调整完成图

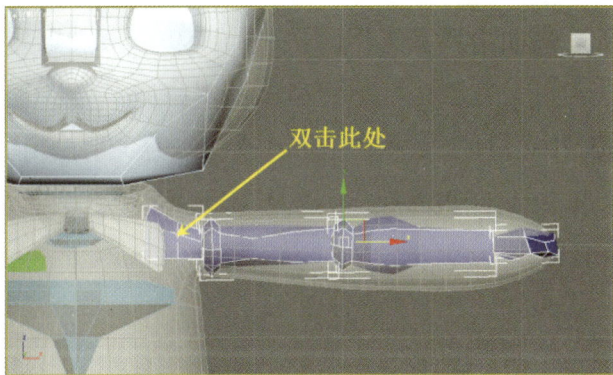
图10-9　双击锁骨位置示意图

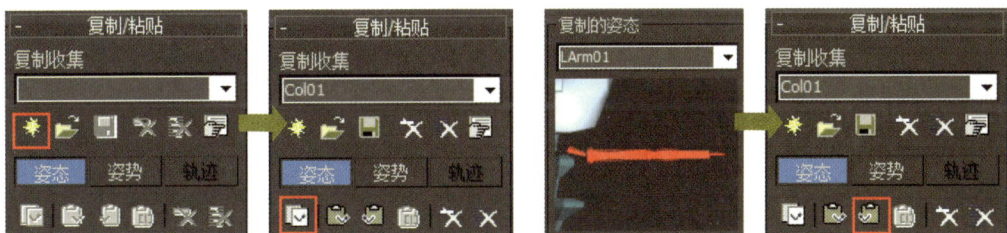
图10-10　复制姿态设置

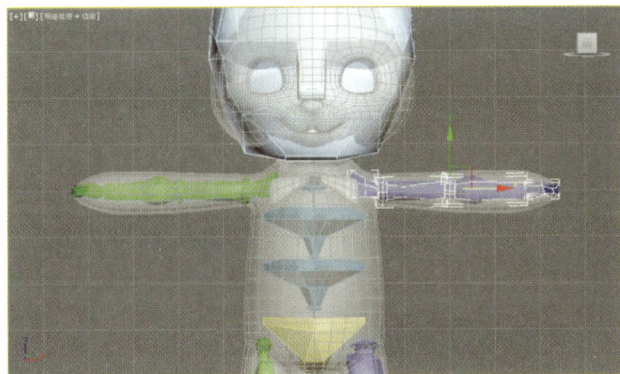
图10-11　手部姿态复制粘贴完成图

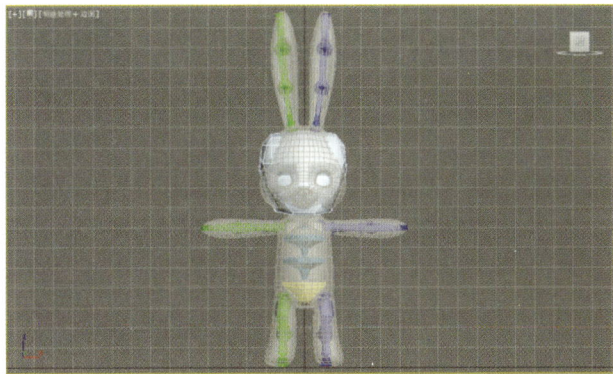
图10-12　两足骨骼完成图

必 备知识

系统在整套两足动物骨骼创建之初就为每一块骨头做好了命名，而且其命名具有科学性。例如，当前所创建的两足骨骼里面有一块叫"Bip001 L UpperArm"，"Bip001"是指这一套骨骼的序号，场景中每创建一套，它的序号就递增下去。"L"是Left（左边）的英文首字母，"UpperArm"是英文上臂的意思，整个合起来就表示001号两足动物骨骼左上臂的那一块骨头。其他命名方式以此类推。一般情况下无须再进行自定义。控制整个两足动物骨骼的构件叫枢心点，名称是"Bip001"，它隐藏在"Bip001 Pelvis"盆骨之内。如果不是通过主工具栏 ![icon]（按名称选择）弹出对话框里面的列表进行选择，则一般很难选中。这点要特别注意。此外，在修改两足骨骼属性时，要注意在工具栏坐标系统和变换中心下拉菜单中选择"局部"和"使用坐标变换中心" ![icon]，否则进行旋转缩放时容易出错，如图10-13和图10-14所示。

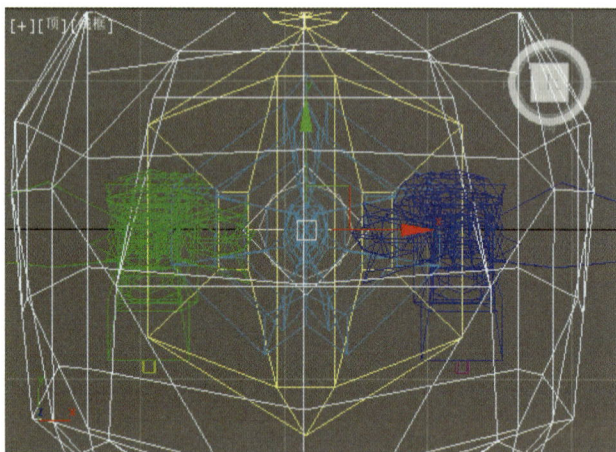

图10-13　从顶视图看枢心点

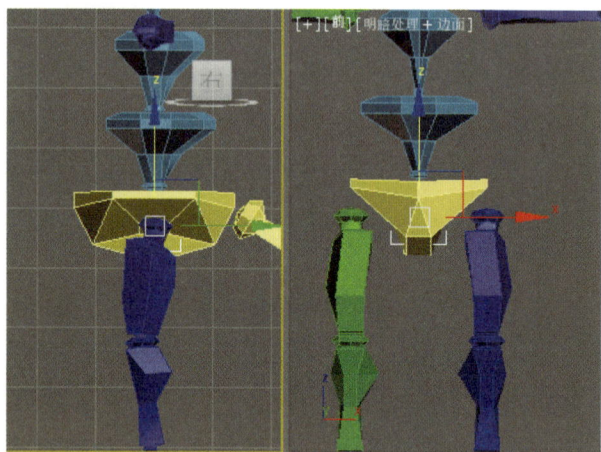

图10-14　从右视图和前视图看枢心点

任 务拓展

创建完拟人的卡通兔骨骼后，是否想向人物角色骨骼挑战呢？请参考图10-15完成人物角色两足动物骨骼的添加。

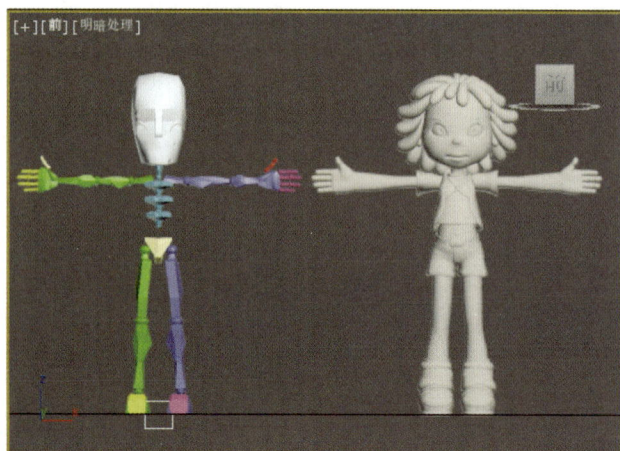

图10-15　参考图

项目10　设置角色骨骼、蒙皮与动画

任务 ② 连接目标约束

任 务分析

本任务将运用到注视约束控制器对兔子的眼睛进行装配，目的是使兔子的眼球随着目标的移动而转动。在任务开始之前，要创建好兔子的眼睛并贴好材质。现在就开始吧。

1 导入合并文件。单击屏幕左上角的 ▣ 按钮，选择 ➡ 导入（打开导入）→ ▣ （合并）命令，选择素材文件"项目10-2.max"，这是一对已经附上材质的兔子眼睛模型。将其合并到场景之后调整大小并移动到合适的位置，如图10-16所示。

2 创建注视约束控制器。在命令面板执行 ▣ （创建）→ ▣ （图形）→ ▭ 圆 ▭ 命令，在前视图创建一个圆，用鼠标右键单击主工具栏中的 ✛ （选择并移动）工具，在弹出的对话框中将X轴的绝对坐标值设为0，如图10-17所示。

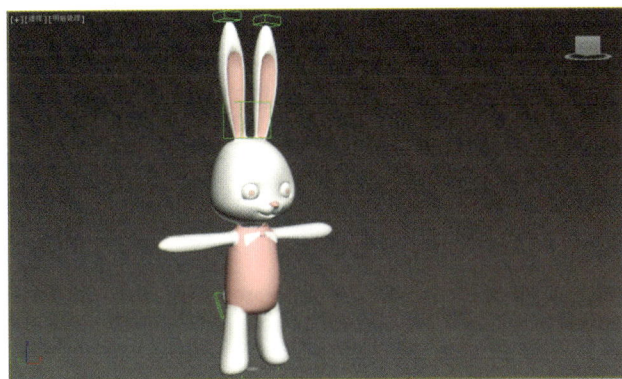

图10-16　兔子眼睛模型合并到场景　　　　图10-17　调整X轴绝对坐标值

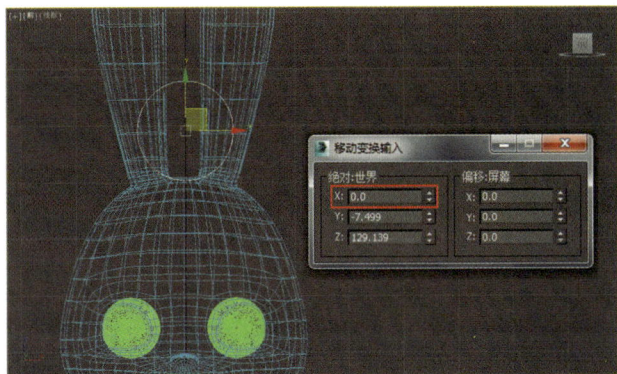

3 在命令面板执行 ▣ （创建）→ ▣ （图形）→ ▭ 文本 ▭ 命令，在前视图创建文本，然后转到 ◢ （修改）面板，将文本更改为"EYE"并调整其大小使之与刚创建的圆适配。用鼠标右键单击主工具栏上的 ✛ （选择并移动）工具，在弹出的对话框中将X轴的绝对坐标值设为"0"，Y轴为0，如图10-18所示。

4 选择文本"EYE"，单击 ▣ （层次）面板→ ▭ 轴 ▭ （轴）→"调整轴"卷展栏下的 ▭ 仅影响轴 ▭ 按钮，然后单击 ▭ 居中到对象 ▭ （居中到对象）按钮，最后再一次单击 ▭ 仅影响轴 ▭ 按钮退出即可，如图10-19所示。

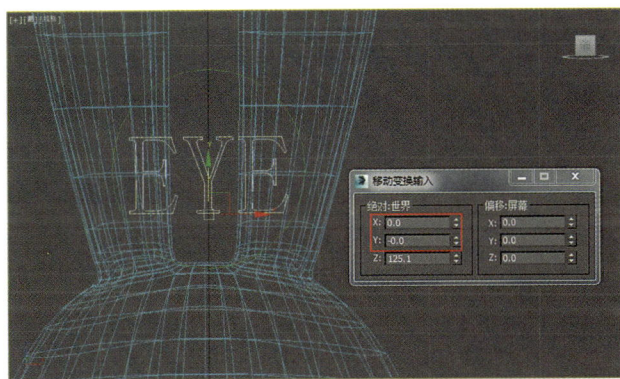

图10-18　调整X、Y轴世界坐标示意图　　　　图10-19　EYE移动位置示意图

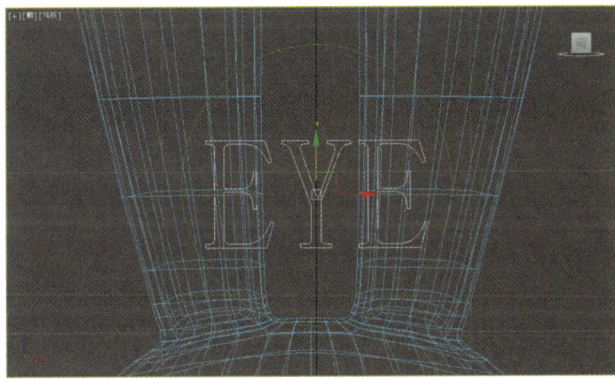

5 选择圆形，单击鼠标右键将其转换为可编辑样条线，然后将文本"EYE"附加到圆形，接着在右视图将其移动到眼睛的前方并重命名为"EYE-CTRL"，如图10-20和图10-21所示。

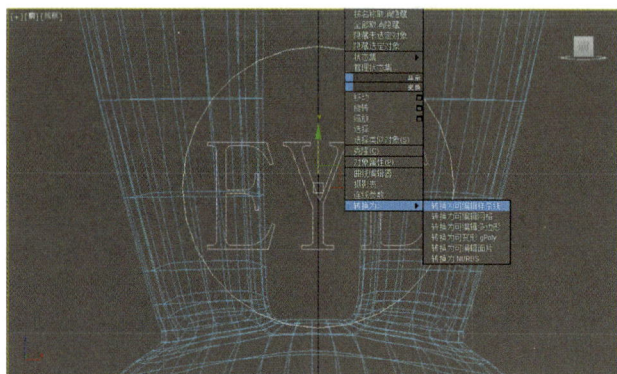

图10-20　转换为可编辑样条线操作　　　　图10-21　调整后位置示意图

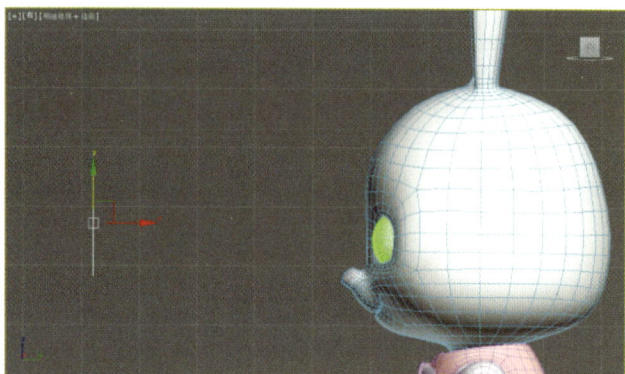

6 隐藏头部和身体的模型，只留下眼睛模型和控制器。在命令面板执行 ▓（创建）→ ▓（辅助对象）→ ▓ 点 命令，在右视图创建点。然后单击主工具栏上的 ▓（对齐）按钮，将点与"EYE-L"对齐，如图10-22和图10-23所示。

7 选择"EYE-L"，单击主工具栏上的 ▓（选择并链接），将其从轴心点牵引出来的虚线与刚创建的点"Point001"链接起来，完成后可以通过单击鼠标右键打开"EYE-L"的对象属性，如果父对象显示虚拟点名称为"Point001"，则表示链接成功，如图10-24所示。

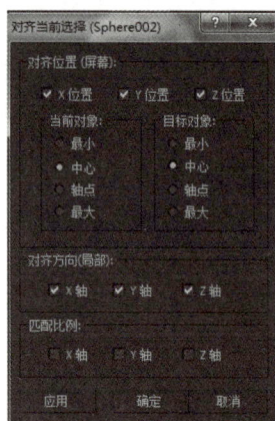

图10-22　设置参数1　　　图10-23　对齐示意图1　　　图10-24　设置参数2

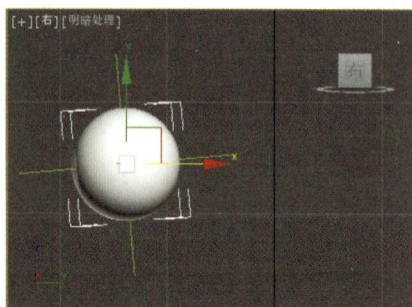

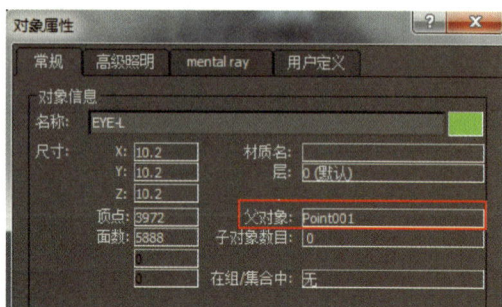

8 根据上述方法，为"EYE-R"创建点"Point002"，然后将"EYE-R"与"Point002"对齐后进行链接，如图10-25所示。

9 打开 ▓ 显示面板，在"按类别隐藏"卷展栏下，取消勾选 ▓ 骨骼对象，此时骨骼在窗口出现。同时选中"Point001"和"Point002"，然后单击主工具栏上的 ▓（选择并链接），将两个虚拟点与头部骨骼链接起来。单击 ▓（旋转）工具旋转头部骨骼，此时眼球跟随头部骨骼运动，如图10-26所示。

10 在命令面板执行 ▓（创建）→ ▓（图形）→ ▓ 文本 命令，在前视图创建文本，然后转到 ▓（修改）面板，将文本更改为"R"，改变其大小，将轴心位置居中到对象。单击主工具栏上的 ▓（对齐）按钮，拾取"EYE-CTRL"作为目标对象，在弹出的对话框中设置对齐参数，再单击"确定"按钮退出，如图10-27和图10-28所示。

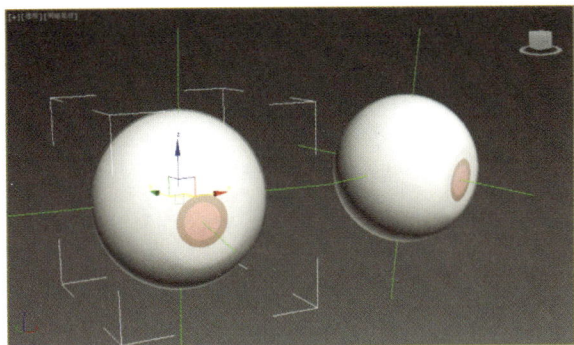

图10-25　点"Point002"创建示意图

图10-26　眼球跟随头部运动示意图

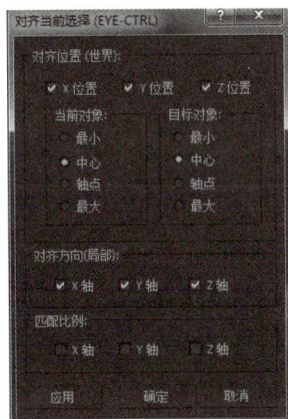

图10-27　设置参数3

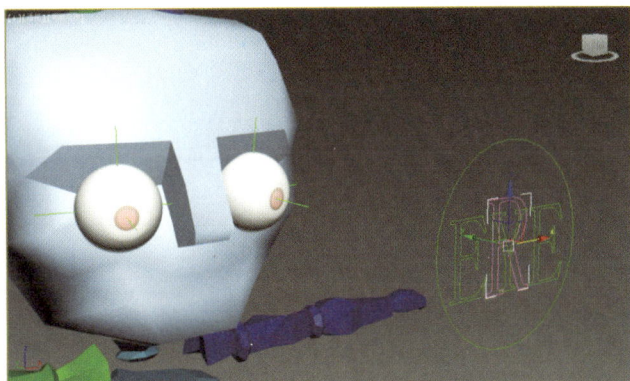

图10-28　对齐示意图2

11 将文本"R"与虚拟点"Point002"对齐。选择文本"R"，单击主工具栏上的 ▦ （对齐）按钮，拾取虚拟点"Point002"作为目标对象，在弹出的对话框中设置对齐参数，再单击"确定"按钮退出，如图10-29和图10-30所示。

图10-29　设置参数4

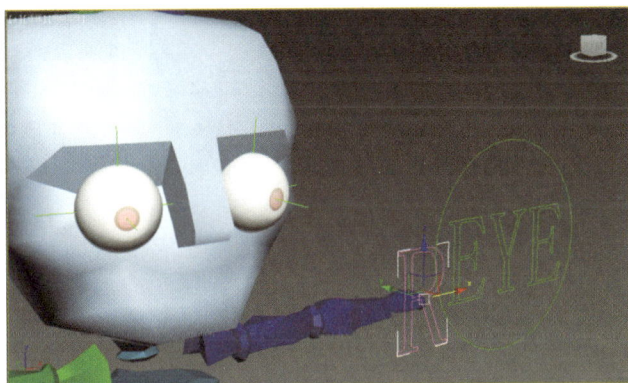

图10-30　对齐示意图3

12 根据步骤 **10** 和步骤 **11** 所述方法，创建文本"L"，首先将其与"EYE-CTRL"对齐，然后再与虚拟点"Point001"对齐，如图10-31～图10-34所示。

13 同时选中文本"L"与"R"，将它们与"EYE-CTRL"进行链接，使"L"与"R"能随着"EYE-CTRL"一起移动。打开 ▣ （显示）面板，隐藏骨骼对象，如图10-35和图10-36所示。

14 选中虚拟点"Point002"，执行 动画(A) → 约束(C) → 注视约束 命令，将点牵引出的虚线连到"R"上，此时瞳孔位置发生了偏移，打开 ▨ （修改）面板，在"注视约束"卷展栏中将"选择注视轴"调整为Z，瞳孔位置恢复正常，如图10-37和图10-38所示。

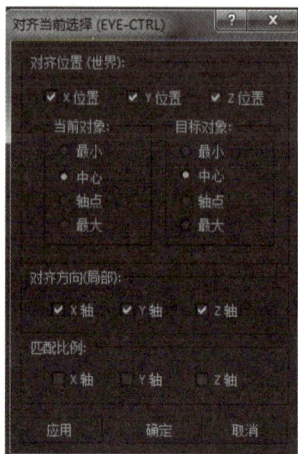

图10-31　设置参数5

图10-32　对齐示意图4

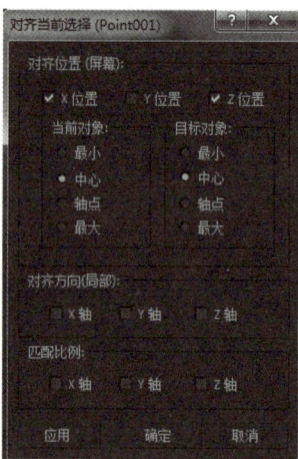

图10-33　设置参数6

图10-34　对齐示意图5

图10-35　链接示意图

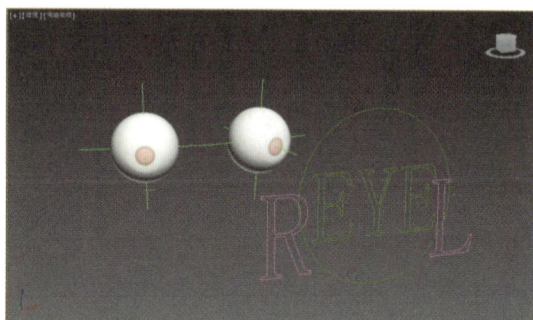

图10-36　骨骼隐藏示意图

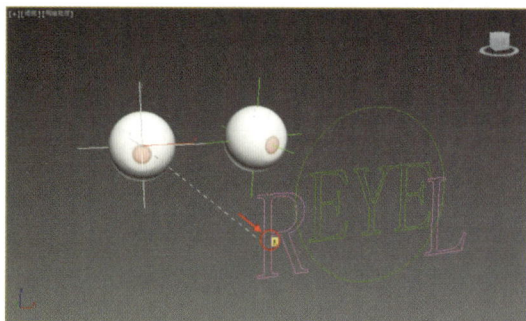

图10-37　拾取注视目标示意图

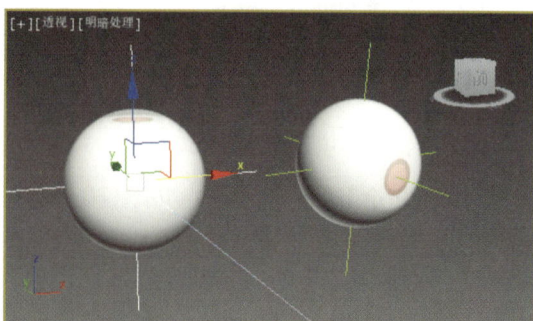

图10-38　瞳孔角度改变示意图

15 同理，执行"注视约束"命令，将虚拟点"Point001"与"L"进行约束，然后在修改面板将"选择注视轴"调整为Z，选择旁边的"翻转"复选框，调整瞳孔方向，如图10-39和

图10-40所示。

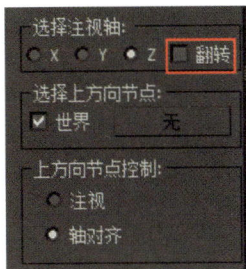

图10-39　设置轴

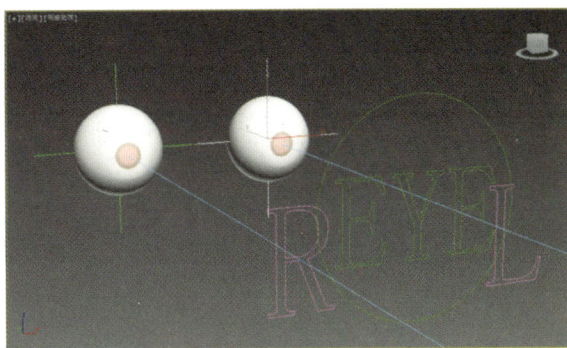

图10-40　调整后的效果

16 在"注视约束"卷展栏中将两眼的视线长度调整为0，取消视线长度的显示。接着在"上方向节点控制"栏中选中"注视"单选按钮。现在移动"EYE-CTRL"，眼球会随之旋转。至此，眼球的注视约束就完成了，如图10-41和图10-42所示。

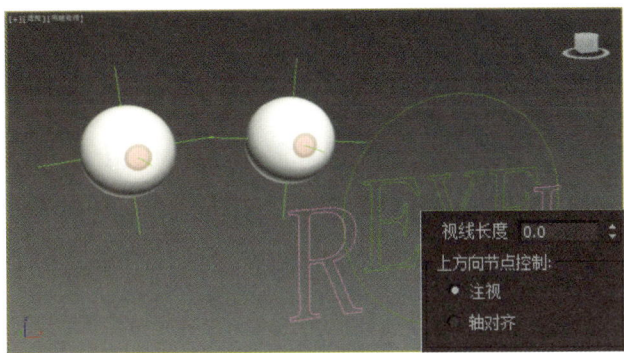

图10-41　调整眼球运动

图10-42　眼球转动

必备知识

"注视约束"用于约束一个对象的方向，使其总是注视着目标对象。注视约束能够锁定一个对象的旋转角度，使其轴心点始终指向目标对象。在角色动画中，通常使用"注视约束"来制作眼球转动的动画，将模型约束到正前方的虚拟对象上，利用虚拟对象的移动来控制眼球的转动效果。注视约束中有多个可调节的参数，如图10-43所示。

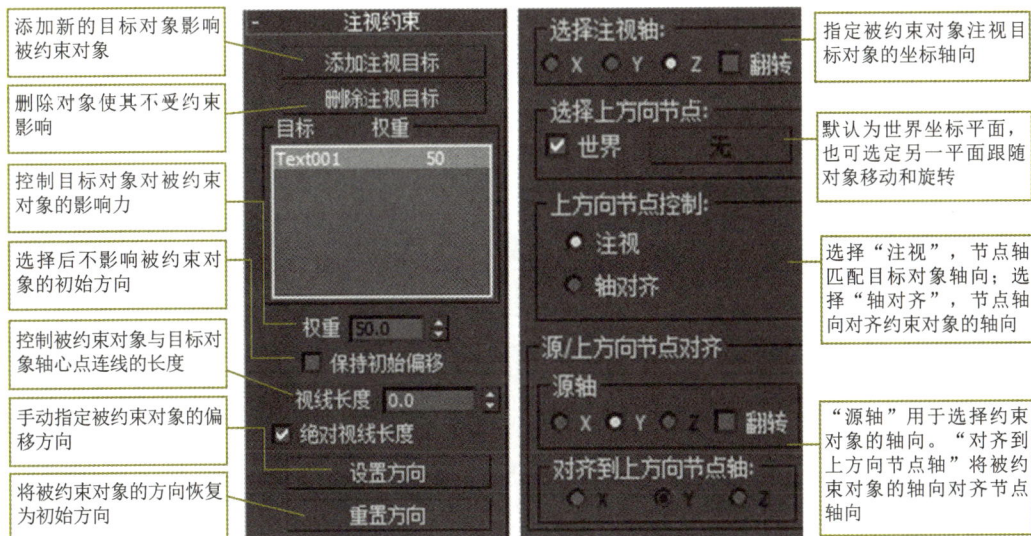

图10-43　注视约束

任务拓展

参考图10-44完成人物角色的眼球注视约束。

图10-44　眼球注视约束示意图

任务 ③ 调节身体蒙皮

任务分析

创建Biped对象的最终目的是给角色添加动作，因此，就需要将骨骼绑定到模型上。蒙皮是将网格模型附加到骨骼上，从而使骨骼能够驱动模型做出各种各样的动作。在3ds Max的Character Studio中，可以利用Physique修改器使蒙皮变形与骨骼移动相匹配，使蒙皮跟随骨骼结构变形。现在就开始为卡通兔创建蒙皮。

任务实施

1 将在任务2创建的眼球注视约束的相关组件隐藏起来，以线框模式显示卡通兔模型。打开 ▣ 显示面板，在"按类别隐藏"卷展栏中取消勾选"骨骼对象"，此时骨骼在视口出现，如图10-45所示。

2 选中卡通兔，打开 ◢（修改）面板，在堆栈器中为其添加一个Physique修改器。打开Physique修改器下面的"Physique"卷展栏，激活 ▮（附加到节点）按钮，拾取Biped对象的桎心点，弹出Physique初始化对话框，保持默认参数，单击右下方的"初始化"按钮退出即可。隐藏骨骼，显示Physique链条，如图10-46和图10-47所示。

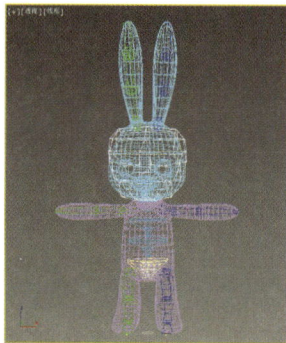

图10-45　显示骨骼

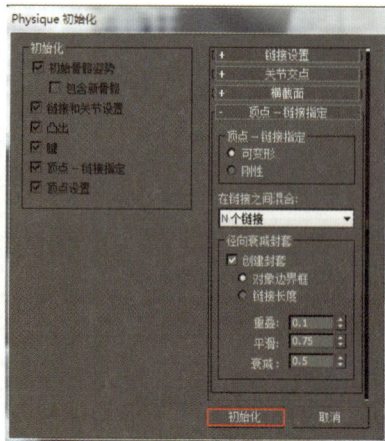

图10-46　设置参数7

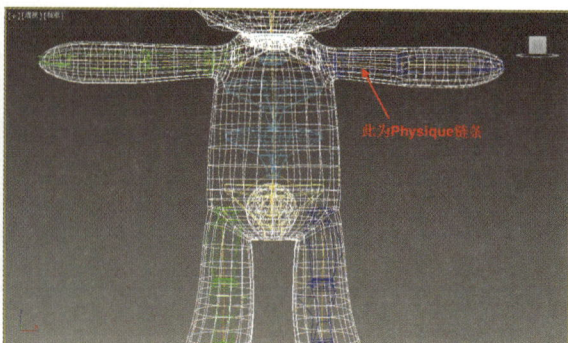

图10-47　显示Physique链条示意图

3 显示骨骼，旋转左手上臂的骨骼。发现手部模型与骨骼不匹配，如图10-48所示。

4 隐藏骨骼，选择模型，进入Physique修改器的"封套"子层级。选择上臂和前臂对应的Physique链条，分别修改内部和外部封套的径向缩放、父对象重叠、子对象重叠和强度数值，使模型与骨骼匹配，如图10-49～图10-53所示。

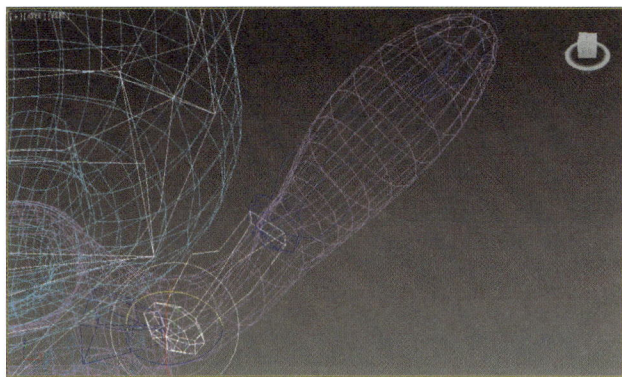

图10-48　旋转骨骼示意图

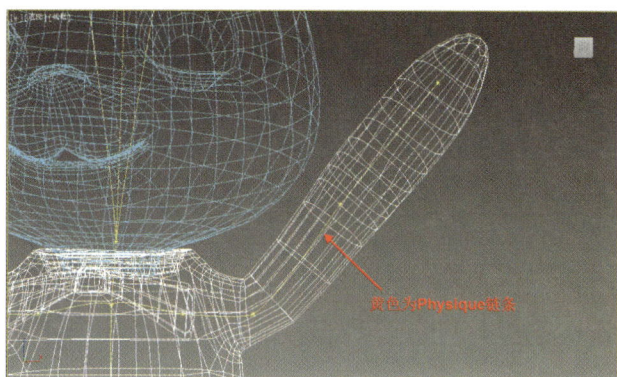

图10-49　骨骼对应的Physique链条示意图

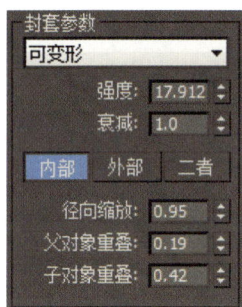

图10-50　设置参数8

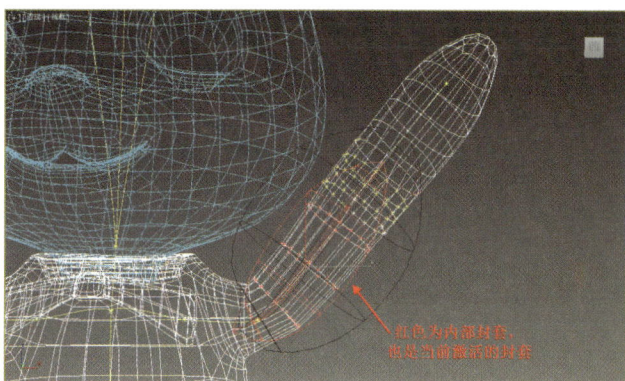

图10-51　封套

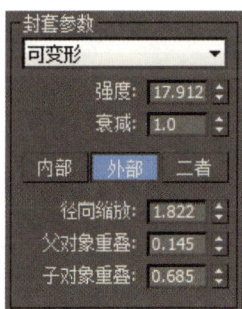

图10-52　设置参数9

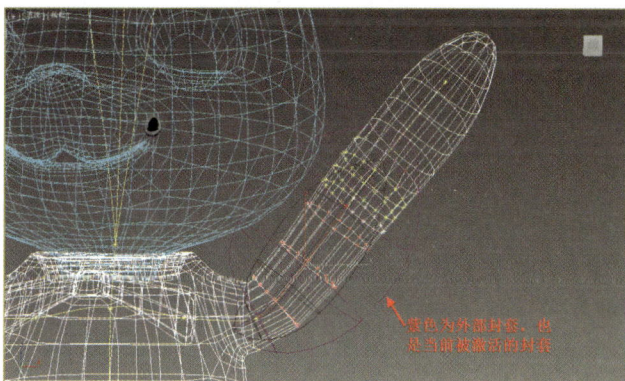

图10-53　调整封套

5 激活"二者"，执行"编辑命令"选项中的"复制"命令，然后选择右上臂，再选择"编辑"命令中的"粘贴"命令，可以将封套从左上臂复制到右上臂，如图10-54～图10-59所示。

6 根据上述方法完成封套的参数调整，大致完成后会发现一些细微的地方还需要修改，如图10-60和图10-61所示。

7 选择模型，进入Physique修改器的"顶点"子层级。选择需要修改的顶点。单击 锁定指定 按钮先将顶点锁住，然后激活 输入权重 ，在弹出的对话框中选择要修改的骨骼，然后调整权重

值，此时可以观察到已锁定顶点的位置发生了变化，修改完毕后关闭对话框，单击 取消锁定指定

按钮为顶点解锁，如图10-62～图10-66所示。

8 找到腿部有瑕疵的地方，选中卡通兔模型，进入Physique修改器的"链接"子层级。选中对应的链条。然后在修改面板的"链接设置"卷展栏中调整张力参数，直到有皱褶的地方得到修复，如图10-67～图10-70所示。

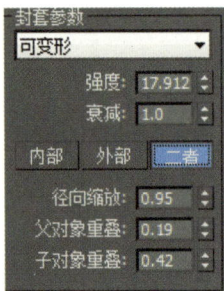

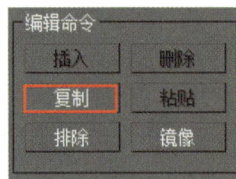

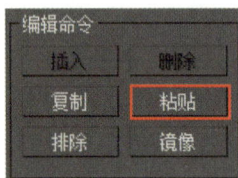

图10-54 设置参数10	图10-55 复制封套	图10-56 设置参数11

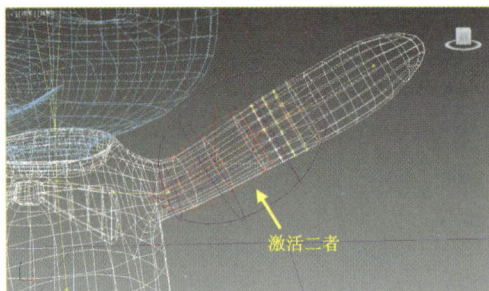

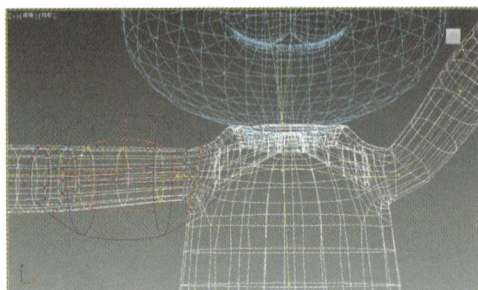

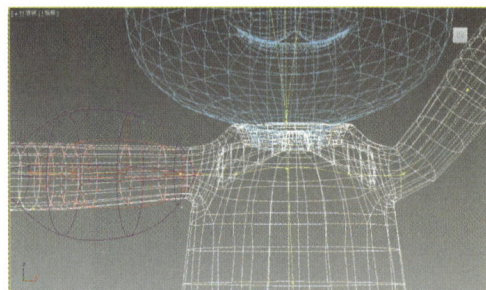

图10-57 右上臂原封套示意图	图10-58 设置参数12	图10-59 右上臂封套粘贴后示意图

图10-60 封套基本完成示意图	图10-61 调整

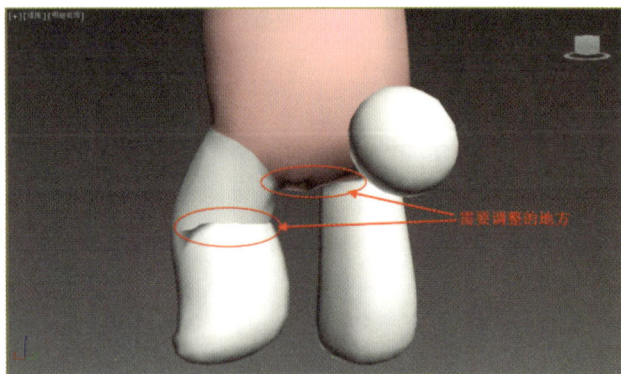

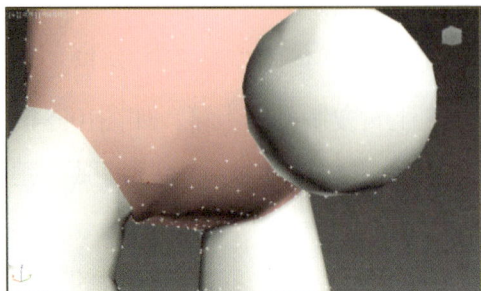

图10-62 顶点选择示意图	图10-63 锁定指定

图10-64　输入权重

图10-65　取消锁定指定

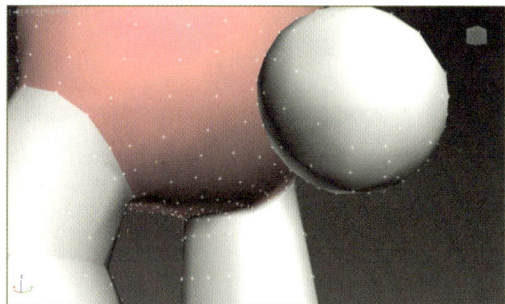

图10-66　权重修改完成示意图

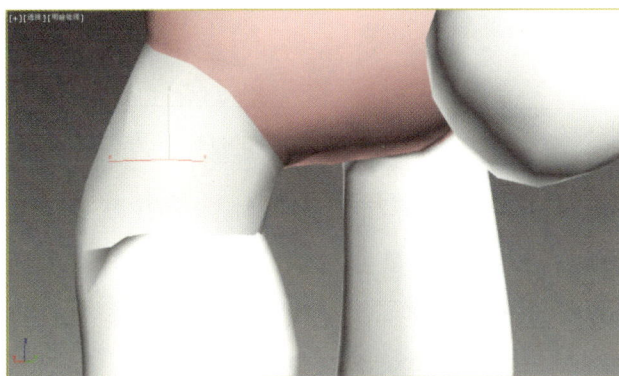

图10-67　皱褶示意图

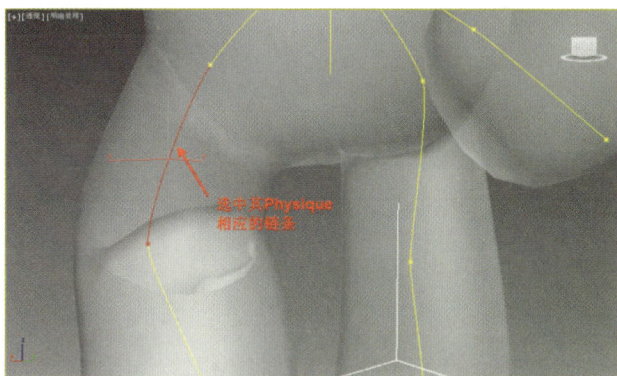

图10-68　调整

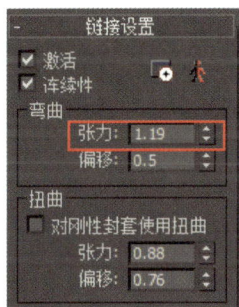

图10-69　设置参数13

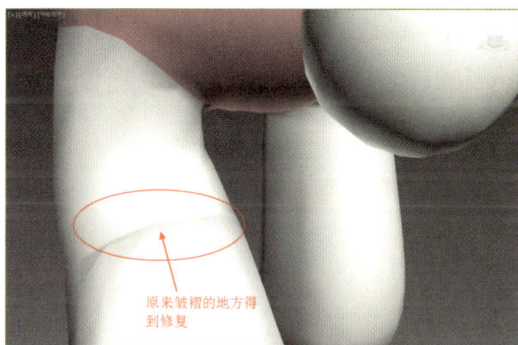

图10-70　调整后的效果

9 按照上述调整顶点和链接的方法继续完善模型的蒙皮设置，直到Physique蒙皮调整完毕。取消隐藏兔子的眼睛，观看整个模型，如图10-71和图10-72所示。

图10-71　蒙皮完成示意图

图10-72　取消隐藏眼睛示意图

必备知识

　　模型的细致程度对蒙皮最终效果会有一定影响。应该在模型最原始的基本线条阶段进行蒙皮，此时模型上的线条和顶点较少，调整蒙皮会更容易。但是，一定要确保基础模型上有足够的点用于蒙皮控制，使其能够平滑地变形。添加了Physique修改器之后，使用平滑修改器对模型进行修改可以得到较为细致的效果，如图10-73和图10-74所示。

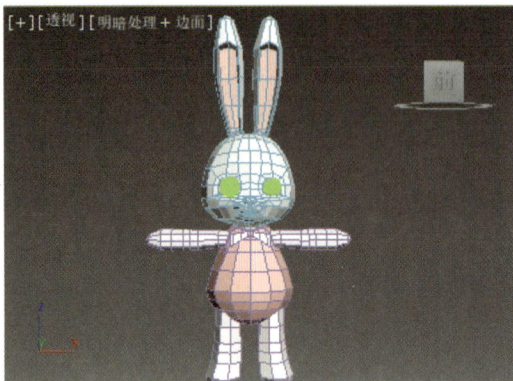

图10-73　基本线条示意图

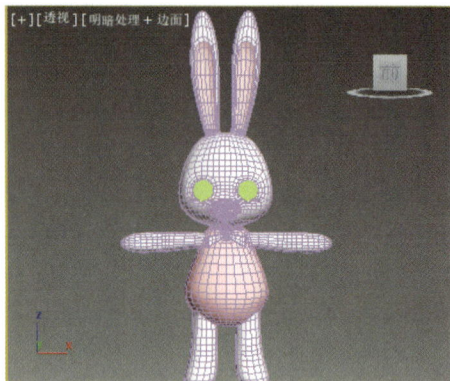

图10-74　平滑后示意图

　　在添加Physique修改器之前应当塌陷堆栈，这样可以使计算机发挥最佳性能并减少一定的工作量，使Physique得以正确运行。但需要注意的是，在塌陷复合对象或已经修改好对象之后，就不可以再对它的参数进行修改。所以，应尽可能在塌陷之前保存两个3ds Max源文件，一个是原始的、可编辑的对象和修改器，另一个是已经塌陷好的网格对象。

任务拓展

　　卡通兔的Physique蒙皮是不是很简单。建议大家参考图10-75和图10-76完成一个人物角色的Physique蒙皮。

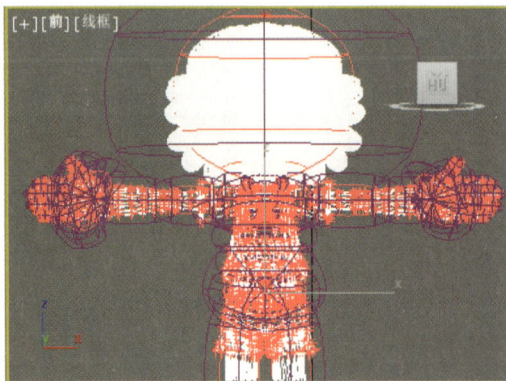

图10-75　角色身体蒙皮示意图

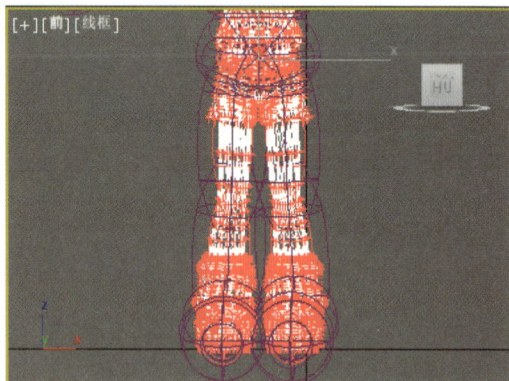

图10-76　角色腿部蒙皮示意图

任务 **4** 制作角色上楼梯动画

任务分析

　　完成前几项任务之后，终于可以为卡通兔设计动作了。角色动画最常见的就是走、跳、跑。要让兔子自然、不做作地表现出这些平常的动作，还得好好地研究它们的运动规律。3ds Max里面的Biped对象不仅可以为两足动物设定好一整套骨骼，还具有足迹模式，可以轻松创建或编辑角色行走、跳跃和跑步的运动动画。除此之外，当足迹动画完成后，还能独立调整其中的关键帧，满足角色动作的个性表现。下面，就一起来完成角色上楼梯的动画吧。

⊞任务实施

1️⃣ 打开素材文件"学习单元4/项目10/4-1.max"，这是兔子在楼梯前的一个场景模型，如图10-77所示。

2️⃣ 选择头部骨骼，选择 ◉（运动）面板→"Biped"卷展栏→ 🐾（足迹模式）命令，如图10-78所示。

图10-77　场景模型示意图

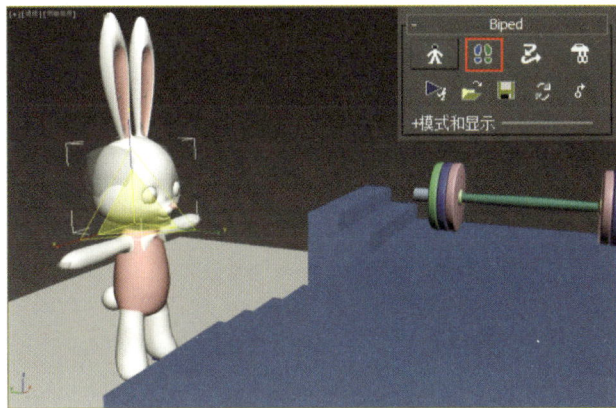

图10-78　激活足迹模式

3️⃣ 激活足迹模式之后，单击"足迹创建"卷展栏中的 🐾（创建多个足迹）按钮。在弹出的对话框中将"足迹数"设为18，然后单击"确定"按钮退出，如图10-79和图10-80所示。

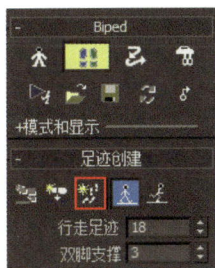

图10-79　设置参数14

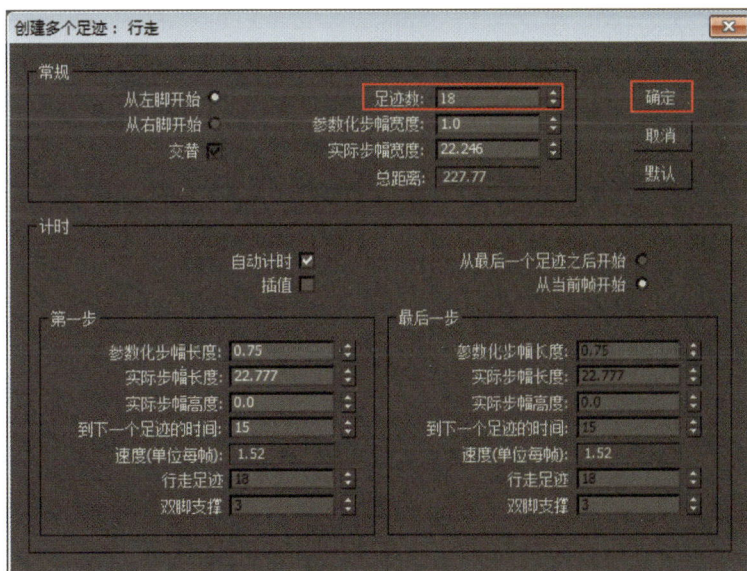

图10-80　创建多个足迹

4️⃣ 此时在场景中生成了18个足迹图标，而且这些图标处于同一个平面中，如图10-81和图10-82所示。

5️⃣ 激活顶视图，将每个足迹移到相应的楼梯台阶里，如图10-83所示。

6️⃣ 激活右视图，再将每个足迹移动到相应的台阶上面，如图10-84所示。

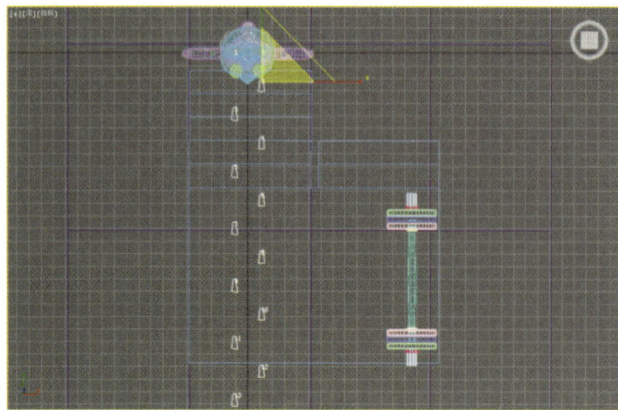
图10-81 顶视图中的足迹图标

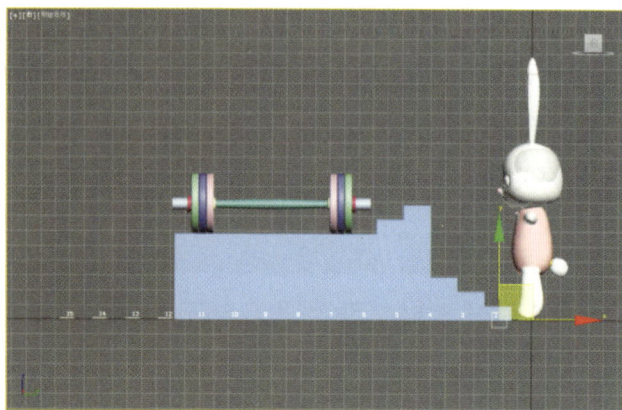
图10-82 右视图中的足迹图标

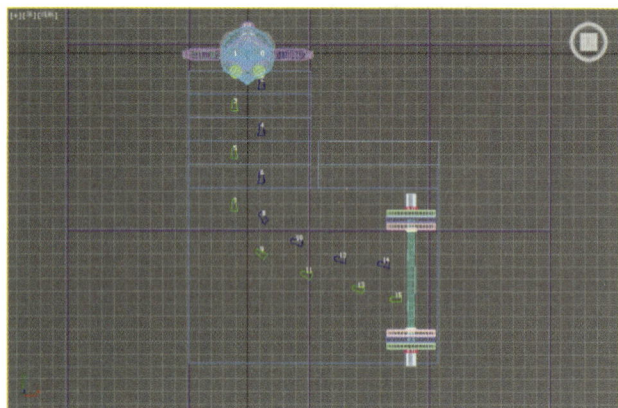
图10-83 顶视图足迹调整示意图

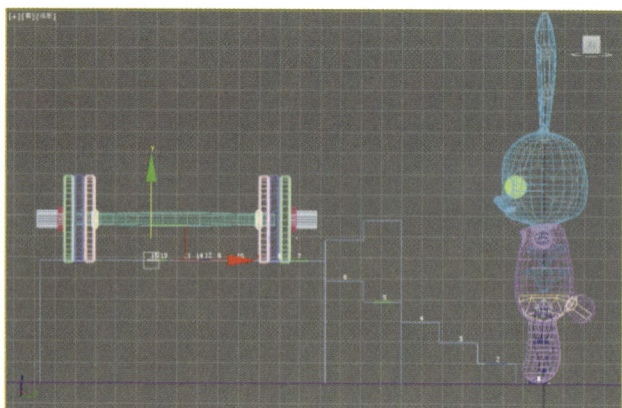
图10-84 右视图足迹调整示意图

7 调整完成后，单击 (运动)面板中"足迹操作"卷展栏中的 (为非活动足迹创建关键点)按钮，生成足迹动画。拖动时间轴滑块或直接单击 (播放动画)按钮即可，如图10-85和图10-86所示。

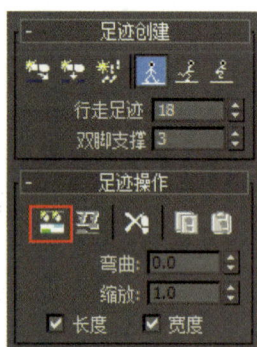
图10-85 足迹

图10-86 动画示意图

8 仔细观察，发现兔子的手臂穿插在衣服中。退出 (足迹模式)，返回时间轴第0帧，选择右前臂的骨骼，移动调整其位置，使手臂不与衣服相交。设置完成单帧动作之后，单击"关键点信息"卷展栏中的 (设置自由关键点)按钮保存动作设置，如图10-87～图10-89所示。

9 右前臂第一帧动画设置完成后，单击"关键点信息"卷展栏中的 (下一个关键点)按钮，时间轴指向第30帧，再次用"选择并移动"工具调整手臂位置，完成之后单击 (设置自由关键点)按钮保存动作设置即可，如图10-90～图10-93所示。

项目10 设置角色骨骼、蒙皮与动画

10 按照上述方法继续调整手臂的其他关键点信息，直到整个运动过程手部与衣服没有明显的穿插现象即可。调整完成后可以将骨骼隐藏，如图10-94所示。

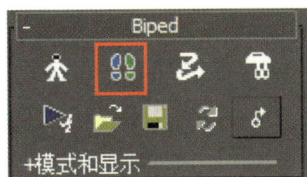

图10-87　Biped

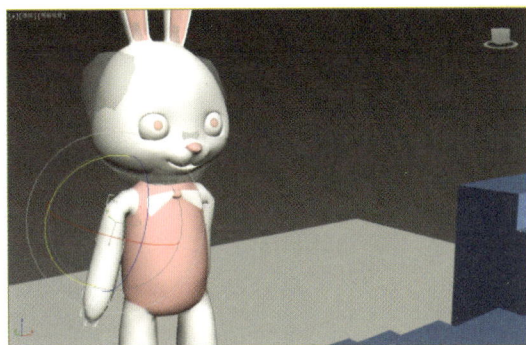

图10-88　第0帧右臂调整完成示意图

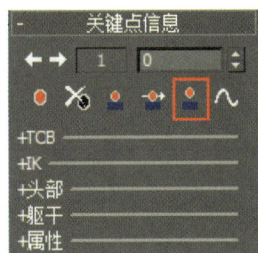

图10-89　关键点信息1

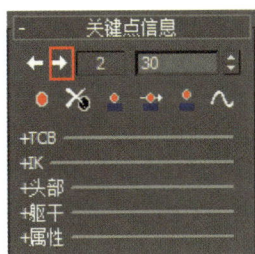

图10-90　关键点信息2

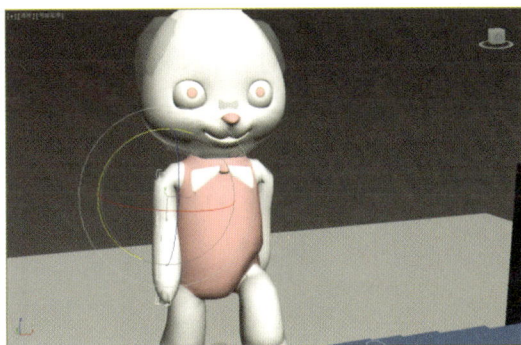

图10-91　第30帧右臂调整前姿势

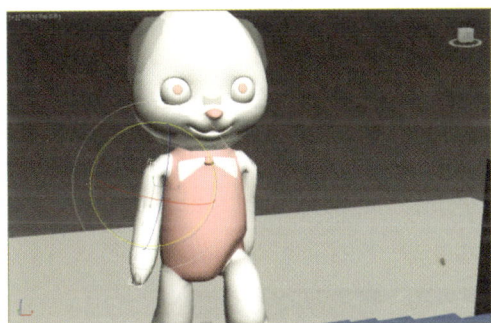

图10-92　调整手臂位置

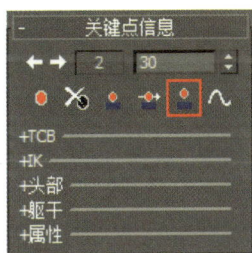

图10-93　关键点信息3

图10-94　隐藏骨骼示意图

11 单击 ▶（播放动画）按钮检测兔子上楼梯动画的过程，如图10-95所示。

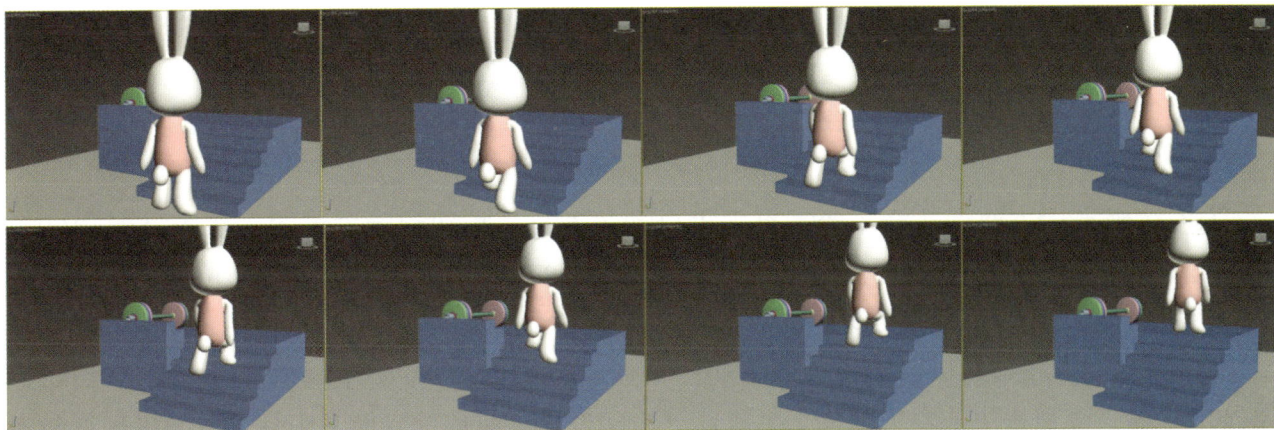

图10-95　播放截图

项目10　设置角色骨骼、蒙皮与动画

12 为兔子续加一个举哑铃的自定义动作。单击界面右下方的 （时间配置）按钮，将结束时间调整到350。单击"确定"按钮关闭时间配置窗口后，时间轴的长度由原来的263帧延长到350帧，如图10-96所示。

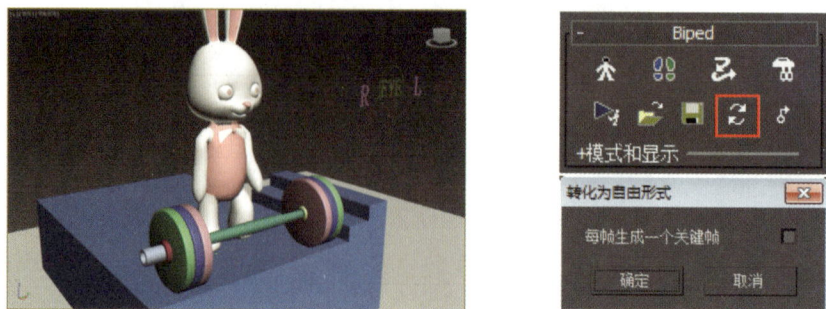

图10-96　定义动画时间

13 显示并选择兔子的全部骨骼，单击 （运动）面板中的"Biped"卷展栏→ （转化）按钮，弹出"转化为自由形式"对话框，无须选择"每帧生成一个关键帧"选项，直接单击"确定"按钮即可，此时将足迹模式设置的动画转化为时间轴上的关键帧，如图10-97所示。

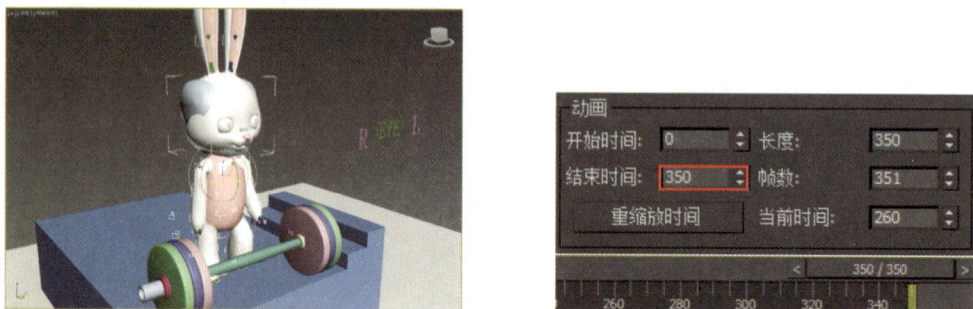

图10-97　把设置的动画转化为时间轴上的关键帧

14 选择骨骼"Bip001 Spine"（脊椎骨骼），将时间轴拖到250帧，单击"自动关键点"按钮记录关键帧，用 （旋转）工具将其调整到合适的位置，使兔子做出弯腰的动作，完成后再调整其头部、双手前臂和手掌、耳朵的骨骼，动作调整完成后再次单击"自动关键点"按钮，此时将结束该动作，如图10-98所示。

图10-98　调整动画

15 按照上述方法，选择哑铃，单击"自动关键点"按钮记录关键帧，在第250、260、265、291、301、309、314、318、320、322、323、324帧分别设置哑铃的Z轴位置为78、85、85、155、155、78、91、78、84.17、78、78.576、78，如图10-99所示。

16 根据哑铃Z轴的位置，设置兔子动作和眼球转动的方式。单击"自动关键点"按钮记录关键帧后，需要用"选择并移动"工具和"旋转"工具对局部骨骼和眼球进行关键帧调整。调整过程中可以单击播放按钮观察动画效果，如果不满意则再作调整。至此自定义动画制作完

项目10　设置角色骨骼、蒙皮与动画

成，如图10-100所示。

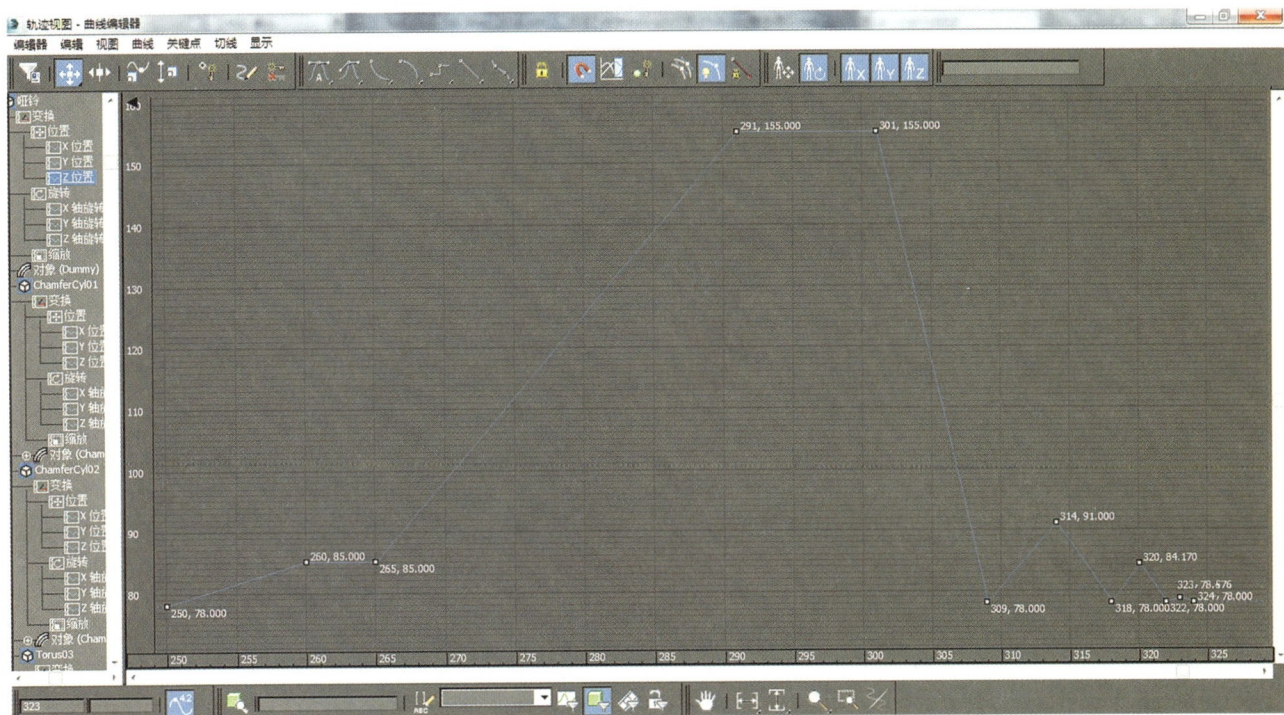

图10-99　轨迹视图显示哑铃Z轴的关键点信息

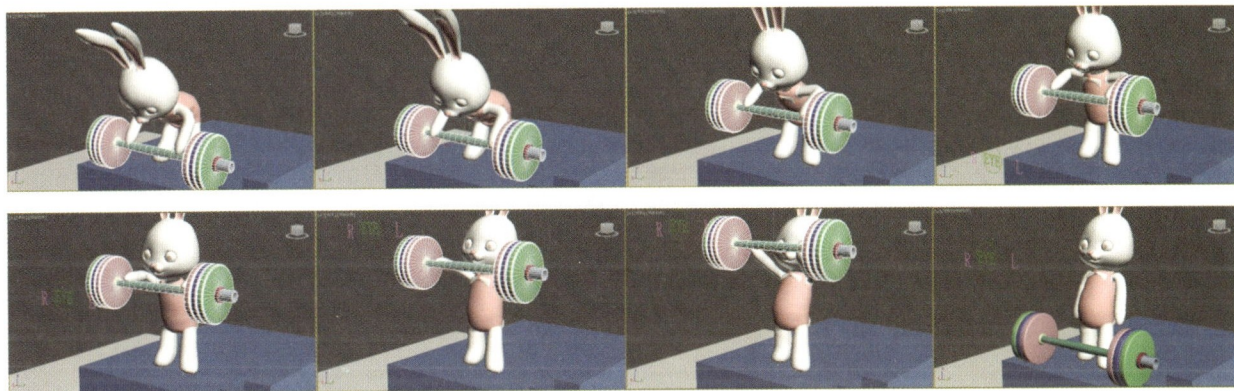

图10-100　调整动作后截图

必 备知识

在Biped对象的足迹模式设置中，可以通过参数调整来更改其行走的路线。在默认状态下，足迹会始终保持在一条直线上，但如果想Biped对象行走弯曲路线，则可以在"足迹操作"卷展栏中设置其"弯曲"参数，如图10-101和图10-102所示。

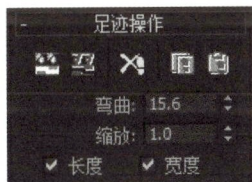

图10-101　足迹操作

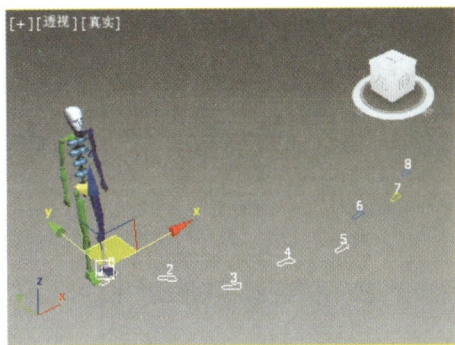

图10-102　设置弯曲参数后的足迹示意图

项目评价

完成本项目后，学习了角色骨骼、蒙皮与动画设置，至此，已经能够掌握一个角色从建立到动画的整个过程。下面给自己的学习做出评价吧。

	很 满 意	满 意	还 可 以	不 满 意
项目的完成情况				
与同组成员沟通及协作情况				
掌握的知识点				
产品设计评价				
体会和经验				

实战强化

经过本项目四个任务的学习后，你是否对3ds Max的动画制作有了更深的认识呢？下面请参考图10-103，从创建骨骼、实现注视约束、Physique蒙皮到动画设计完成一个人物角色的动画制作。

图10-103　角色动作示意图

单元小结

角色动画是动漫游戏设计中最重要的一个环节。首先是建模，角色通常用多边形建模，用这种方法创建的物体表面由直线组成。多边形的建模方法是一种非常直观的建模技术，虽然目前并存有NURBS曲面建模和细分曲面建模等高级建模方法，但多边形建模技术在许多游戏与动画公司中，仍然是优先选择的建模和动画技术。

其次是蒙皮，骨骼蒙皮是非常关键的步骤，由于把骨骼和角色模型联系在一起，使骨骼对模型产生支配作用，并且可以调节每节骨骼的影响力，这个过程简称为"封套"。调节骨骼的影响力是比较枯燥的工作，实际制作时往往会在此花费大量的时间。每一节骨骼都要进行仔细的设定，还要不断测试，观察每节骨骼在运动时所带动的蒙皮扭曲是否正常。

最后是设置角色的动画，角色动画是建立在基础动画上的，为了方便制作，系统直接提供了Bone骨骼生成器，更有甚者，Character Studio直接提供一套完整人物骨骼系统，节省了动画制作人员的工作时间。

参 考 文 献

[1] 火星时代．3ds Max 2010 大风暴[M]．北京：人民邮电出版社，2010．

[2] 黄石，李志远，陈洪．游戏架构设计与策划基础[M]．北京：清华大学出版社，2010．